宽窄品牌精品烟叶生产标准体系

◎ 罗　诚　王新伟　孙　鹏　主编

中国农业科学技术出版社

图书在版编目（CIP）数据

宽窄品牌精品烟叶生产标准体系／罗诚，王新伟，孙鹏主编 . —北京：中国农业科学技术出版社，2019. 11

ISBN 978-7-5116-3665-2

Ⅰ . ①宽…　Ⅱ . ①罗…②王…③孙…　Ⅲ . ①烟叶-栽培技术-标准体系　Ⅳ . ①S572-65

中国版本图书馆 CIP 数据核字（2018）第 093385 号

责任编辑　史咏竹
责任校对　李向荣

出　版　者　中国农业科学技术出版社
　　　　　　北京市中关村南大街 12 号　邮编：100081
电　　　话　（010）82105169（编辑室）　（010）82109702（发行部）
　　　　　　（010）82109709（读者服务部）
传　　　真　（010）82106650
网　　　址　http://www.castp.cn
经　销　者　各地新华书店
印　刷　者　北京建宏印刷有限公司
开　　　本　787mm×1 092mm　1/16
印　　　张　26.5
字　　　数　613 千字
版　　　次　2019 年 11 月第 1 版　2019 年 11 月第 1 次印刷
定　　　价　116.00 元

《宽窄品牌精品烟叶生产标准体系》
编 委 会

主　　编　罗　诚　王新伟　孙　鹏

副 主 编　段旺军　潘旭浩　杨　杰　王程栋

　　　　　冯长春　马　鹏

参编人员（以姓氏笔画为序）

　　　　　丁　为　马　鹏　王　勇　王程栋

　　　　　王新伟　冯长春　朱先州　朱　点

　　　　　伍德洋　刘东阳　孙　鹏　杨　杰

　　　　　杨　勇　李东亮　肖　勇　罗　诚

　　　　　罗　维　郑福端　屈健康　段旺军

　　　　　闻　静　姜连强　钱　宇　高　峻

　　　　　郭明全　熊　冰　潘旭浩

目　　录

第一部分　基础标准

第二部分　产地选择标准

第三部分　品种选择关键技术标准

第四部分　育苗关键技术标准

第五部分　移栽关键技术

第六部分　大田生产管理关键技术

第七部分　绿色防控关键技术

第八部分　采收烘烤关键技术

第九部分　烟叶质量控制关键技术

第十部分　生产管理服务

第一部分　基础标准

宽窄精品烟叶原料生产综合标准体系

1 范围

本标准规定了烤烟生产的种子品种、育苗移栽、田间管理、病虫害防治、采收烘烤、分级扎把、产品质量、收购贮运及生产收购管理服务等全部过程主要环节的综合标准。

2 规范性引用文件

下列文件中的条款通过本标准的引用而成为本标准的条款。凡是注日期的引用文件，其随后所有的修改（不包括勘误的内容）或修订版均不适应于本标准，然而，鼓励根据本标准达成协议的各方研究是否可使用这些文件的最新版本。凡是不注日期的引用文件，其最新版本适用于本标准。

GB/T 18771.1—2002 烟草术语第一部分：烟草栽培、调制与分级

YC/T 142—2010 烟草农艺性状调查方法

GB 3095—2012 环境空气质量标准

GB 9137—1988 保护农作物的大气污染最高允许浓度

GB 5084—2005 农田灌溉水质标准

GB 15618—1995 土壤环境质量标准

NT/391—2000 绿色食品 产地环境技术条件

YC/T 19—1994 烟草种子

YC/T 122—1994 烟草种子贮藏与运输

YC/T 238—2008 烟用聚乙烯吹塑地膜

32-GB 23222—2008 烟草病虫害分级及调查方法

33-GB 23223—2008 烟草病虫害药效试验方法

GB/T 2635—1992 烤烟

YC/T 25—1995 烤烟实物标样

GB/T 19616—2004 烟草成批原料取样的一般原则

GBT 23220—2008 烟叶储存保管方法

3 烤烟综合标准体系

烤烟综合标准体系明细见表1。

表 1　烤烟综合标准体系

标准类型	标准名称
基础标准	宽窄精品烟叶原料生产综合标准体系
	烟草术语定义
	烟草农艺性状调查测量方法
产地选择关键技术	烟叶产地环境标准
	烟田土壤环境质量要求
	烟田土壤取样及分析技术规程
	土壤环境质量标准
	环境空气质量标准
	保护农作物的大气污染物最高允许浓度
	农田灌溉水质标准
	无公害烟叶　产地环境
	基本烟田布局规划
品种选择关键技术标准	红花大金元品种标准
	云烟 87 品种标准
	中烟 100 品种标准
	K326 品种标准
	中烟 103 品种标准
	中烟 201 品种标准
	烤烟品种评价规程
	烟草品种抗病性鉴定
	烟草品种抗虫性评价技术规程
	烟草种子
	烟草种子储藏与运输
	烤烟生产籽种供应规程
育苗关键技术标准	专业化、工场化育苗管理规范
	烤烟漂浮育苗基质
	烟草育苗基本技术规程
	烟草集约化育苗基本技术规程
	烤烟漂浮育苗技术规程
	烤烟壮苗标准
移栽关键技术标准	烤烟整地、起垄、覆膜技术规程
	烟用聚乙烯吹塑地膜
	烤烟移栽技术规程
	烤烟井窖式移栽技术规程
	烤烟小苗膜下移栽技术规程

（续表）

标准类型	标准名称
大田生产管理关键技术标准	烤烟生产轮作规范
	烟田土壤改良技术规程
	烟田土壤水分管理技术规程
	烟田灌溉技术规程
	烤烟测土配方平衡施肥技术规程
	烤烟打顶抑芽技术规程
	烟叶结构优化工作规程
	优质烤烟田间长相标准
	烟草肥料合理使用技术规程
绿色防控关键技术标准	烟草病虫害预测预报工作规范
	烟草病虫害分级及调查方法
	病虫害药效试验方法
	烤烟病虫害综合防治技术规程
	烟草主要病虫害绿色防控技术规程
	烟蚜茧蜂防治烟蚜技术规程
	农药合理使用技术规范
	烟草用农药质量要求
	烤烟缺营养元素症鉴定方法
采收烘烤关键技术标准	烤烟成熟采收技术规程
	烤烟分级扎把技术规程
	烤烟密集烘烤技术规程
	密集烤房建造技术规范
烟叶质量控制关键技术标准	烟草成批原料取样的一般原则
	烤烟实物标样
	烟叶质量内控标准
	烟叶质量风格特色感官评价方法
	烟叶质量检验技术规程
	烟叶产品质量安全规程
	烟叶收购质量控制标准
	烟叶质量检验技术规程
	烟叶产品质量安全规程
	烟草及烟草制品水溶性糖的测定
	烟草及烟草制品总植物碱的测定
	烟草及烟草制品总氮的测定
	烟草及烟草制品钾的测定
	烟草及烟草制品 氯的测定 连续流动法
	烟草及烟草制品 试样的制备和水分测定 烘箱法

（续表）

标准类型	标准名称
生产管理服务标准	现代烟草农业生产模式
	现代烟草农业组织形式
	烟用物资管理发放规程
	烟用物资供应服务标准
	标准化烟叶收购站管理规程
	烟叶生产技术指导服务标准
	烟叶生产技术培训管理规程
	烟叶质量追踪流程

4 支持性文件

无。

5 附录（资料性附录）

序号	记录名称	记录编号	填制/收集部门	保管部门	保管年限
—	—	—	—	—	—

烟草术语定义

1　范围

GB/T18771 的本部分规定了烟草栽培、调制与分级常用的部分术语。

本部分适用于烟草行业。

2　烟草类型

2.1　烟草　tobacco

烟草在植物学分类上属于茄科（Solanceae）烟草属（Nicotiana）。目前已发现的烟草属有 66 个种，其中多数是野生种，人类栽培利用的只有两种，一个是普通烟草（*Nicotiana tabacum* L.）（2.9），又称红花烟草（2.9）；另一个是黄花烟草（*Nicotiana rustica* L.）（2.8）。

2.2　烤烟　flue-cured tobacco

在烤房（4.17）内利用火管或其他方式加热调制（4.4）的烟叶，是卷烟工业的主要原料。

2.3　晒烟　sun-cured tobacco

利用阳光照晒调制（4.4）后的烟叶颜色（5.25）分为晒红烟和晒黄烟等。

2.4　晾烟　air-cured tobacco

在无阳光直接照射的阴凉通风场所调制（4.4）的烟叶。按调制（4.4）后烟叶颜色（5.25）深浅分为浅色晾烟［白肋烟（2.6）、马立兰烟（2.5）］和深色晾烟。

2.5　马立兰烟　Maryland tobacco

因原产于美国马里兰州而得名的一种浅色晾烟（2.4），是混合型卷烟的原料之一。

2.6　白肋烟　burley tobacco

属于一种浅色晾烟（2.4），烟株的茎和叶脉呈乳白色，叶片有较强的吸收料液能力和填充性能，是混合型卷烟的主要原料之一。

2.7　香料烟　oriental tobacco

又称土耳其型烟或东方型烟。先晾至萎蔫后再晒制，株型和叶片小，具有较强的芳香香气，吃味好，是混合型卷烟和晒烟型卷烟的重要原料。

2.8　黄花烟草　*Nicotiana rustica* L.

按植物学分类，为人类栽培烟草（2.1）的两个种之一，花色淡黄至绿黄，花冠长度约为普通烟草（2.9）的一半。生育期较短，耐冷凉。

2.9 普通烟草 *Nicotiana tabacum* L.

按植物学分类，为人类栽培烟草（2.1）的最主要的一个种。其花冠呈漏斗状，长度约为 3~5 cm，花色多为粉红色至深红色，全株有腺毛。是卷烟工业主要原料。

3 烟草栽培

3.1 烟草包衣丸化种子 pelleted seed of tobacco

用种衣剂和粉料等包裹后形成丸粒化的烟草（2.1）种子。

3.2 播种期 sowing period

种子播入苗床的日期。

3.3 出苗期 full seedling stage

50%幼苗子叶完全展开的日期。

3.4 小十字期 two true leaves stage

50%幼苗在第三真叶出现时，第一、第二真叶与叶子大小相近，交叉呈十字形的日期。

3.5 成苗期 time of seedling desired to plant

50%幼苗达到适栽和壮苗要求，可进行移栽的日期。

3.6 苗床期 seedling stang

从播种至成苗这段时期。

3.7 移栽期 transplanting stage

烟苗栽植大田的日期。

3.8 还苗期 seedling restituion stage

烟苗从移栽至成活这段时期。移栽后 50%以上烟苗根系恢复生长、叶色较青、日晒不萎，心叶开始生长，烟苗即为成活。

3.9 伸根期 root spreading stage

烟苗从成活至团棵这段时期。

3.10 团棵期 rosette stage

50%烟株达到团棵标准。此时叶片 12~13 片，叶片横向生长的宽度与纵向生长的高度比例约 2:1，形似半球时称为团棵期。

3.11 旺长期 fast growing period

50%烟株从团棵至现蕾这段时期。

3.12 现蕾期 flower-bud appearing stage

10%烟株的花蕾完全露出的日期称为现蕾始期；50%烟株的花蕾完全露出的日期称为现蕾盛期。

3.13 开花期 flowering stage

10%烟株第一中心花开放的日期称为开花始期；50%烟株烟株第一中心花开放的日期称为开花盛期。

3.14 烟叶成熟期 leaf maturity stage

烟株现蕾后至烟叶采收（6.8）结束这段时期。

3.15 蒴果成熟期 maturity period of capsule

50%烟株半数蒴果呈黄褐色的日期。

3.16 大田生育期 growth duration after transplant

从移栽至烟叶采收（6.8）结束（留种田至种子采收结束）的整个生长阶段。

3.17 假植 temporary transplantation

烟苗有 4~5 片真叶时，将烟苗植入假植苗床或营养袋、营养体上进行培育壮苗的一种农艺措施。

3.18 锻苗 seedlings hardening

移栽前采取逐渐揭开塑料薄膜让烟苗直接受阳光照射和停止浇水等措施，促使烟苗提高抗逆能力的一种农艺措施。

3.19 种植密度 stand density；plant population

单位面积烟田实际种植的烟株数。通常以株/公顷表示。

3.20 早花 premature flowering

在干旱、低温等不利气候条件下，烟株在未达到本品种叶数特性或在正常栽培生长条件下应有的高度和叶数时就过早现蕾开花的现象。

3.21 底烘

烟株的下部烟叶尚未达到成熟（5.13）时期，在不利生长条件下提早变黄或枯萎，进而干枯的现象。

3.22 打顶 topping

摘除烟株顶端，杜绝烟株内部营养物质为开花结果而消耗，促使营养物质供应烟叶生长，提高烟叶质量和产量的一种农艺措施。分现蕾打顶、初花打顶等。

3.23 抹杈 suckering；sucker picking

烟株打顶（3.22）后腋芽长 3 cm 左右时把腋芽摘除的过程。

3.24 抑芽剂 suckercide；sucker killing agent

对烟株的腋芽具有杀伤或抑制其生长作用的物质。

3.25 留杈 keep suckers on stalk

烟株出现早花（3.20）或某种需要时，采取打顶促使腋芽长出后只保留 1~2 个腋芽加以培育的栽培措施。

3.26 黑暴烟 stout

到了成熟（5.13）期烟叶仍保持较深绿色、叶片脆较大、黏性小且不落黄的烟株。

3.27 成熟特征 characters of maturity

田间烟叶成熟（5.13）时，烟叶外观上呈现的一些特征，如叶色呈现黄绿色，中部及上部烟叶呈现黄斑，烟叶表面茸毛（腺毛）脱落，有光泽，主脉变白发亮，叶尖和叶缘下垂，茎叶角度增大等。

3.28 鲜烟叶 green leaf；fresh leaf

采收（6.8）后至调制（4.4）前的烟叶。

4 烟草调剂

4.1 绑烟 stringing；sewing

为了便于调剂（4.4），用细绳将采收（6.8）的鲜烟叶（3.28）每 2~3 片为一束绑在专用的烟杆（4.2）上以便于调制（4.4）。

4.2 烟杆 stick；tobacco sticks

烘烤（4.5）烟叶使用的用于绑烟（4.1）的专用竹竿或木杆等。

4.3 烟折 pair of bamboo grates

竹蔑编织而成的用于夹住晒制烟叶的一种用具。

4.4 调制 curing

应用自然温湿度或人工加温和控制温、湿度的方法，促使采收（6.8）后的烟叶化学成分向有利于品质好的方面转化、叶色变化适当、烟叶达到干燥的工艺过程。

4.5 烘烤 flue-curing

采收（6.8）后的烟叶挂在烤房内用人工加温和控制温、湿度的方法使烟叶变黄并干燥。

4.6 密集烘烤 bulk curing

利用烟夹或烟箱等手段将采收（6.8）后的烟叶紧密地装挂或放在密集烤房内，采用强制热风循环等方法使烟叶变黄并干燥。

4.7 晾制 air-curing

采收（6.8）后的烟叶或烟株悬挂在专用的晾房或晾棚内，在不受阳光直射的自然条件下变黄并干燥。分为烟叶晾制（4.8）和整株晾制（4.9）。

4.8 烟叶晾制 leaf air-curing

采收（6.8）的烟叶上绳后悬挂在专用的晾房或晾棚内，在不受阳光直射的自然条件下变黄并干燥。

4.9 整株晾制 stalk air-curing

砍茎（6.10）采收（6.8）的烟叶，整株悬挂在晾房或晾棚内在不受阳光直射的自然条件下变黄并干燥。

4.10 晒制 sun-curing

将采收（6.8）后的烟叶放在阳光暴晒下变黄并干燥。分为索晒（4.11）和折晒（4.12）等。

4.11 索晒 sun-curing with string

将采收（6.8）的烟叶用绳串起来后挂在木架上，在阳光暴晒下变黄并干燥（一般是晴天晒，阴天晾，白天晒，夜间晾）。

4.12 折晒 sun-curing with pair of bamboo grates

将采收（6.8）的烟叶夹在用竹篾编织的烟折内，在阳光暴晒下变黄并干燥。

4.13 变黄 yellowing

调制（4.4）前期，在一定的温湿度条件下烟叶的颜色（5.25）由黄绿色转变为黄色［烤烟（2.2）］或棕黄色（晾晒烟）。

4.14 堆积变黄 bick yellowing

在地面铺有草席或麻袋等物的房内，将采收（6.8）的鲜烟叶（3.28）堆成一定体积的烟堆，借助烟草自身产生的热量使烟叶由黄绿色转变为黄色。

4.15 定色 color fixing

烟叶变黄（4.13）后，在一定的温湿度条件下使烟叶叶片干燥的同时把烟叶色泽固定下来。

4.16 干筋 stem drying，killing out

烟叶调制（4.4）后期，在一定的温湿度条件下使主脉水分散失并干燥。

4.17 烤房 flue-curing barn

借助于火管加热和自然通风等手段烘烤（4.5）烟叶的专用房子。

4.18 密集烤房 bulk curing barn；bulk curer

采用动力强制热风循环方法烘烤（4.5）烟叶的专用房子或设备。

4.19 太阳能加热烤房 solar-heating barn

利用太阳光热能作为烘烤（4.5）烟叶的辅助热源烘烤（4.5）烟叶的专用房子。

4.20 晾房 air-curing barn

利用自然气候条件晾制（4.7）烟叶的房子。

5 烟叶分级

5.1 烟叶部位 leaf position；stalk position

烟叶在烟株上着生的位置，由下而上分为下部叶（5.4）、中部叶（5.5）、上部叶（5.8）或分为脚叶（5.2）、下二棚（5.3）腰叶、上二棚（5.6）、顶叶（5.7）。

5.2 脚叶 fly

着生在烟株主茎最下面靠近地面的2~3片烟叶。

5.3 下二棚 lugs

着生在脚叶（5.2）之上并与脚叶（5.2）相邻的若干片下部烟叶。

5.4 下部叶 lower leaf

着生在烟株主茎下部的烟叶，包括脚叶（5.2）和下二棚（5.3）烟叶。

5.5 中部叶 cutters

着生在烟株主茎中部的若干片烟叶。

5.6 上二棚 leaf

着生在中部叶（5.5）之上并与中部叶（5.5）相邻的若干片上部烟叶。

5.7 顶叶 tips

着生在烟株主茎最上部的3~4片烟时。

5.8 上部叶 upper leaf

着生在烟株主茎上部的烟叶，包括上二棚（5.6）和顶叶（5.7）。

5.9 分组 groups

在烟叶着生部位、颜色（5.25）和其总体质量相关的特征的基础上，将相近似的等级划分成组。

5.10 分级 grading

将同一组列内的烟叶，按质量的优劣划分的级别。

5.11 成熟度 maturity

调制（4.4）后烟叶的成熟（5.13）程度［包括田间和调制（4.4）成熟（5.13）程度］。分为完熟（5.12）、成熟（5.13）、尚熟（5.14）、欠熟（5.15）、假熟（5.16）、过熟等档次。

5.12 完熟 mellow

上部烟叶在田间达到高度的成熟（5.13），且调制（4.4）后熟充分。

5.13 成熟 ripe

烟叶在田间及调制（4.4）后熟均达到成熟程度。

5.14 尚熟 mature

烟叶在田间生长到接近成熟（5.13），生化变化尚不充分或调制（4.4）失当后熟不够。

5.15 欠熟 unripe

烟叶在田间未达到成熟（5.13）或调制（4.4）失当。

5.16 假熟 premature

外观似成熟（5.13），实质上未达到真正成熟（5.13）。

5.17 叶片结构 leaf structure

烟叶细胞排列的疏密程度，分为下列档次，疏松（open）、尚疏松（firm）、稍密（close）、紧密（tight）。

5.18 身份 body

烟叶厚度、细胞密度或单位面积重量。以厚度表示，分下列档次：薄（thin）、稍薄（lessthin）、中等（medium）、稍厚（fleshy）、厚（heavy）。

5.19 油分 oil

烟叶内含有的一种柔软半液体物质。

5.20 色度 color intensty

烟叶表面颜色（5.25）的饱和程度、均匀度和光泽强度。

5.21 烟叶长度 leaf length

从叶片主脉柄端至烟叶尖端间的距离。对香料烟则是指烟叶尖到叶底的距离。

5.22 烟叶长度 leaf width

烟叶最宽处两个对边之间最短距离。

5.23 残伤 waste

烟叶组织受破坏，失去成丝的强度和坚实性，基本无使用价值。以百分数（%）表示。

5.24 破损 injury

叶片受到机械损伤而失去原有的完整性，且每片烟叶破损面积不超过50%。以百分数表示。

5.25　颜色　color

同一型烟叶经调制（4.4）后烟叶的色采、色泽饱和度和色值的状态。

5.26　柠檬黄色　lemon

烟叶表观全部呈现黄色、在淡黄、正黄色色域内。

5.27　橘黄色　orange

烟叶表观呈现橘黄色、在金黄色、深黄色色域内。

5.28　红棕色　red

烟叶表观呈现红黄色、或浅棕黄色、在红黄、棕黄色色域内。

5.29　微带青　greenish

黄色烟叶上叶脉带青或叶片含微浮青面积在10%以内者。

5.30　青黄色　green-yellow

黄色烟叶上有任何可见的青色，且不超过3成者。

5.31　光滑　slick

烟叶组织平滑或僵硬。任何叶片上平滑或硬面积超过20%者，均列为光滑叶。

5.32　杂色　variegated

烟叶表面存在的非基本色的颜色（5.25）斑块（青黄烟除外），包括轻度烟筋，蒸片及局部挂灰，全叶受污染，青痕较多，严重烤红、严重潮红，受蚜虫损害的烟叶等。凡杂色面积达到或超过20%者，均视为杂色叶片。

5.33　烟筋　swelled stem；wet rib

由于干筋期烤房内温度下降，尚未烤干的主脉中水分渗透到已烤干的叶片内，使烘烤（4.5）后烟叶沿主脉旁边呈褐色长条状斑块。

5.34　挂灰　scalding

烟叶表面呈现局部或全部浅灰色或灰褐色。

5.35　青痕　green spotty

烟叶在调制（4.4）前受到机械擦压伤而造成的青色痕迹。

5.36　烤红　scorched leaf

由于干筋期烤房（4.17）内温度过高，烘烤（4.5）后烟叶叶面有红色、红褐色斑点或斑块。

5.37　潮红　sponged leaf

调制（4.4）后的烟叶因回潮过度引起烟叶变成红褐色。

5.38　光泽　brilliance

烟叶表面色彩的纯鲜程度。分为鲜明、尚鲜明、稍暗、较暗、暗。

5.39　把烟　bundle

同一等级一定数量的烟叶为一束，在其烟柄处被同级的1~2片烟叶缠绕扎紧后的一束烟叶。

5.40　自然把　crumpled leaf bundle

烟叶调制（4.4）后形成的自然形态下分级并扎成的把烟（5.39）。

5.41 平摊把 flattened leaf bundle

在烟叶分级（5.10）过程中用手将烟叶平摊开。使叶面平展后扎成的把烟（5.39）。

5.42 散烟叶 loose leaves

分级（5.10）后不扎把的烟叶。

5.43 纯度允差 tolerance

混级的允许度。允许在上、下一级总和之内，纯度允差以百分数（%）表示。

6 与香料烟有关的术语

6.1 烟叶尺寸 leaf size

烟叶的大概尺寸（大、中或小）。

〔ISO 10185：1993 中 2.1〕

6.2 叶柄 petiole

烟叶上把烟叶本体连接到烟株茎上的那一部分。

〔ISO 10185：1993 中 2.41〕

6.3 无柄烟叶 sessile leaf

用增宽的叶基把烟叶连在烟株茎上的叶型。

〔ISO 10185：1993 中 2.51〕

6.4 长宽比 diametrical ratio

烟叶长度（5.21）和最大宽度的比率。

〔ISO 10185：1993 中 2.6〕

6.5 中心距 central distance

烟叶叶基和烟叶最大宽度处之间的距离。

〔ISO 10185：1993 中 2.71〕

6.6 椭圆度系数 coefficent of ovality

烟叶长度（5.21）和中心距（6.5）的比率。

〔ISO 10185：1993 中 2.8〕

6.7 叶尖角 tip angle

从烟叶叶尖到烟叶边缘划出的两条切线之间的夹角。

6.8 采收 harvest

通过分次采收叶（6.9）或砍茎（6.10）而收获烟叶。

〔ISO 10185：1993 中 2.10.1〕

6.9 采叶 priming

逐叶采收（6.8）已成熟（5.13）的烟叶。

〔ISO 10185：1993 中 2.10.2〕

6.10 砍茎 stalk cutting

砍下整个烟株（烟叶附着茎秆上）。

〔ISO 10185：1993 中 2.10.3〕

6.11 混合砍茎 mixed cutting

下部烟叶采收（6.8），上部烟叶砍茎（6.10）。

〔ISO 10185：1993 中 2.10.4〕

6.12 把 hand

成熟（5.13）时一起采摘的具有相同尺寸和形态的一组烟叶。

〔ISO 10185：1993 中 2.10.5〕

6.13 针 needle

用于烟叶穿绳。

〔ISO 10185：1993 中 2.10.6〕

6.14 绳 string

由麻制成的用于穿烟叶的绳子。

〔ISO 10185：1993 中 2.10.7〕

6.15 穿绳 Stringing

用针（6.13）从烟叶主脉到叶柄部位把烟叶穿在一起。

〔ISO 10185：1993 中 2.10.8〕

6.16 打包 baling

使用合适的方法把同产地级别的烟叶压紧和包装。

〔ISO 10185：1993 中 2.11.1〕

6.17 烟包 bale

最适合于烟叶仓储、发酵和运输的一种包装形戒。在香料烟产区通常使用的烟包形式是通加（tonga）包（散叶打包的一种烟包）。

〔ISO 10185：1993 中 2.11.2〕

6.18 大通加包 big tonga bale

烟包质量为 31~55 kg。

〔ISO 10185：1993 中 2.11.3〕

6.19 小通加包 small to nga bale

烟包质量为 20~30 kg。

〔ISO 10185：1993 中 2.11.4〕

6.20 包布 wrapper

用于包裹烟包（6.17）的材料。通常使用的织物是麻袋布、打包麻布或可以透气和透水分的其他类似。

〔ISO 10185：1993 中 2.11.5〕

6.21 底包布 bottom wrapper

用于覆盖没有包下面、上面和后面的包布。

〔ISO 10185：1993 中 2.11.6〕

6.22 侧包布 side wrapper

用于覆盖没有被包布（6.21）盖住的烟包的前面、后面和左面的包布。

〔ISO 10185：1993 中 2.11.7〕

6.23 通加绳 tonga rope

用麻或任何其他类似的非污染材料制成的一种绳 (6.14)。这种绳 (6.14) 用于系紧包布 (6.21) 的上面和下面。

〔ISO 10185：1993 中 2.11.8〕

6.24 缝包线 bale sewing thread

用麻或任何其他类似的非污染材料制成的一种线。这种线用于缝连底布 (6.21) 和侧包布 (6.22)。

〔ISO 10185：1993 中 2.11.9〕

烟草农艺性状调查测量方法

1 范围

本标准规定了烟草农艺性状及生育期的调查方法，规定了田间试验农艺性状调查原则、测量方法和一级数据、二级数据的整理归纳分析方法。

本标准适用于栽培烟草的农艺性状调查。

2 规范性引用文件

下列文件对于本文件的应用是必不可少的。凡是注日期的引用文件，仅注日期的版本适用于本文件。凡是不注日期的引用文件，其最新版本（包括所有的修改单）适用于本文件。

GB/T 23222　烟草病虫害分级及调查方法

YC/T 344　烟草种质资源描述和数据规范

3 术语和定义

下列术语和定义适用于本文件。

3.1 生育期 growth period

烟草从出苗到籽实成熟的总天数；栽培烟草从出苗到烟叶采收结束的总天数。

3.2 农艺性状 agronomical character

烟草具有的与生产有关的特征和特性，是鉴别品种生产性能的重要标志，受品种特性和环境条件的影响。

3.3 播种期 sowing period

烟草种子播种到母床和直播育苗盘的日期。

3.4 出苗期 full seedling stage

从播种至幼苗子叶完全展开的日期。

3.5 十字期 period of cross-shaped

幼苗在第三真叶出现时，第一、第二真叶与子叶大小相近，交叉呈十字形的日期，称小十字期。幼苗在第五真叶出现时，第三、第四真叶与第一、第二真叶大小相近，交叉呈十字形的日期，称大十字期。

3.6 生根期 root spreading stage

十字期后，从幼苗第三真叶至第七真叶出现时称为生根期。此时幼苗的根系已形成。

3. 7 假植期 temporary transplantation stage

将烟苗再次植入托盘、假植苗床或营养袋（块）的时期。

3. 8 成苗期 time of seedling desired to plant

烟苗达到移栽的壮苗标准，可进行移栽的日期。

3. 9 苗床期 seedling stage

从播种到成苗这段的时间。

3. 10 移栽期 transplanting stage

烟苗移栽大田的日期。

3. 11 还苗期 seedling restitution stage

烟苗从移栽到成活为还苗期。根系恢复生长，叶色转绿、不凋萎、心叶开始生长，烟苗即为成活。

3. 12 伸根期 root spreading stage

烟苗从成活到团棵称为伸根期。

3. 13 团棵期 rosette stage

植株达到团棵标准，此时叶片12~13片，叶片横向生长的宽度与纵向生长的高度比例约为2∶1，形似半球状时为团棵期。

3. 14 旺长期 fast growing period

植株从团棵到现蕾称为旺长期。

3. 15 现蕾期 flower-bud appearing stage

植株的花蕾完全露出的时间为现蕾期。

3. 16 打顶期 topping stage

植株可以打顶的时期。

3. 17 开花期 flowering stage

植株第一中心花开放的时期。

3. 18 盛花期 most flowering stage

植株50%以上的花开放的时期。

3. 19 第一青果期 first young capsule stage

植株第一中心蒴果完全长大，呈青绿色的时期。

3. 20 蒴果成熟期 maturity period of capsule

蒴果呈黄绿色，大多数种子成熟的时期。

3. 21 收种期 seed pick up period

实际采收种子的时期。

3. 22 生理成熟期 physiological maturity stage

植株叶片定型，干物质积累最多的时期。

3. 23 工艺成熟期 technical maturity stage

烟叶充分进行内在生理生化转化，达到了卷烟原料所要求的可加工性和可用性，烟叶质量达最佳状态的时期。

3.24 过熟期 hypermature stage

烟叶达到工艺成熟以后，如不及时采收，养分大量消耗，逐渐衰老枯黄的时期。

3.25 烟叶成熟期 tobacco leaf mature stage

烟叶达到工艺成熟的时期。

3.26 大田生育期 growth duration after transplant

从移栽到烟叶采收完毕（留种田从移栽到种子采收完毕）的这段时期。

3.27 叶形 leaf shape

或称叶形指数，根据叶片的性状和长宽比例以及叶片最宽处的位置确定。分椭圆形、卵圆形、心脏形和披针形。

3.28 影像 video

拍摄带背景数码照片或影音资料，至少应包括影像的主题、日期和试验（小区）名称等信息。

4 调查及项目记载

4.1 调查要求

4.1.1 调查方法

以株为单位。

4.1.2 选点

大区选取有代表性的田块，采用对角线或 S 型选点。

4.1.3 取样

田间采用对角线 5 点、S 型多于 5 点取样的方法。每点不少于 10~20 株，小区试验每小区选取 10 株调查，如相同处理所有小区少于 20~30 株应作普查。

4.2 农艺性状调查

4.2.1 苗期生长势

在生根期调查记载。分强、中、弱 3 级。

4.2.2 苗色

在生根期调查。分深绿、绿、浅绿、黄绿 4 级。

4.2.3 大田生长势

分别在团棵期和现蕾期记载。分强、中、弱 3 级。

4.2.4 整齐度

在现蕾期调查。分整齐、较齐、不整齐 3 级。以株高和叶数的变异系数 10% 以下的整齐；25% 以上的为不整齐。

4.2.5 腋芽生长势

打顶后首次抹芽前调查。分强、中、弱 3 级。

4.2.6 株型

植株的外部形态，开花期或打顶后 1 周调查。

4.2.6.1 塔形

植株自下而上逐渐缩小，呈塔形。

4.2.6.2　筒形

植株上、中、下3部位大小相近，呈筒形。

4.2.6.3　腰鼓形

植株上下部位较小，中部较大，呈腰鼓形。

4.2.7　株高

4.2.7.1　自然株高

不打顶植株在第一青果期进行测量。自地表茎基处至第一蒴果基部的高度（单位为厘米，下同）。

4.2.7.2　栽培株高

打顶植株在打顶后茎顶端生长定型时测量。自地表茎基处至茎部顶端的高度，又称茎高。

4.2.7.3　生长株高

是现蕾期以前的株高，为自地表茎基处至生长点的高度。

4.2.8　茎围

4.2.8.1　定期测量

第一青果期或打顶后一周至10 d内在自下而上第五叶位至第六叶位之间测量茎的周长。

4.2.8.2　不定期测量

在试验规定的日期于自下而上第五叶位至第六叶位之间测量茎的周长。

4.2.9　节距

4.2.9.1　定期测量

第一青果期或打顶后一周至10 d内测量株高和叶数，计算其平均长度。

4.2.9.2　不定期测量

在试验规定的日期测量株高和叶数，计算其平均长度。

4.2.10　茎叶角度

于第一青果期或打顶后一周至10 d内的上午10时前，自下而上测量第10叶片与茎的着生角度。分甚大（90°以上）、大（60°~90°）、中（30°~60°）和小（30°以内）四级。

4.2.11　叶序

以分数表示。于第一青果期或打顶后一周至10 d内测量，自脚叶向上计数，把茎上着生在同一方向的两个叶节之间的叶数作为分母；两叶节之间着生叶片的顺时针或逆时针方向所绕圈数作为分子表示。通常叶序有2/5、3/8、5/13等。

4.2.12　茸毛

4.2.12.1　定期测量

现蕾期在自上而下第四片叶至第五片叶的背面调查，与对照比较，观察描述茸毛的多少。分多、少两级。

4.2.12.2　不定期测量

在试验规定的日期在自上而下第四片叶至第五片叶的背面调查，记载茸毛的多少。

4.2.13　叶数

4.2.13.1　有效叶数

实际采收的叶数。

4.2.13.2　着生叶数

也叫总叶数，自下而上至第一花枝处顶叶的叶数。

4.2.13.3　生长期叶数调查

苗期和大田期调查叶数时，苗期长度 1 cm 以下的小叶、大田期长度 5 cm 以下的小叶不计算在内。

4.2.14　叶片长宽

4.2.14.1　一般调查

分别测量脚叶、下二棚、腰叶、上二棚和顶叶各个部位的长度和宽度。长度指叶片正面自茎叶连接处至叶尖的直线长度；宽度指叶面最宽处与主脉的垂直长度。

4.2.14.2　最大叶长宽

测量最大叶片的长度和宽度，在不能用肉眼区分时，可测量与最大叶（包括该叶片）相邻的 3 个叶片，取长乘宽之积最大的叶片数值。

4.2.15　叶形

4.2.15.1　椭圆形

叶片最宽处在中部。

4.2.15.2　宽椭圆形

长宽比为（1.6~1.9）∶1。

4.2.15.3　椭圆形

长宽比为（1.9~2.2）∶1。

4.2.15.4　长椭圆形

长宽比为（2.2~3.0）∶1。

4.2.15.5　卵圆形

叶片最宽处靠近基部（不在中部）。

4.2.15.6　宽卵圆形

长宽比为（1.2~1.6）∶1。

4.2.15.7　卵圆形

长宽比为（1.6~2.0）∶1。

4.2.15.8　长卵圆形

长宽比为（2.0~3.0）∶1。

4.2.15.9　心脏形

叶片最宽处靠近基部，叶基近主脉处凹陷状，长宽比为（1.0~1.5）∶1。

4.2.15.10　披针形

叶片披长，长宽比为 3.0∶1 以上。

4.2.16　叶柄

分有、无两种。自茎至叶基部的长度为叶柄长度。

4.2.17 叶尖

分钝尖、渐尖、急尖和尾尖 4 种。

4.2.18 叶耳

分大、中、小、无 4 种。

4.2.19 叶面

分皱折、较皱、较平、平 4 种。

4.2.20 叶缘

分皱折、波状和较平 3 种。

4.2.21 叶色

分浓绿、深绿、绿、黄绿等。

4.2.22 叶片厚薄

分厚、较厚、中、较薄、薄 5 级。

4.2.23 叶肉组织

分细密、中等、疏松 3 级。

4.2.24 叶脉形态

4.2.24.1 叶脉颜色

分绿、黄绿、黄白等。多数白肋烟为乳白色。

4.2.24.2 叶脉粗细

分粗、中、细 3 级。

4.2.24.3 主侧脉角度

在叶片最宽处测量主脉和侧脉着生角度。

4.2.25 茎色

分深绿、绿、浅绿和黄绿 4 种。多数白肋烟为乳白色。

4.2.26 花序

在盛花期记载花序的密集或松散的程度。

4.2.27 花朵

在盛花期调查花冠、花萼的形状、长度、直径和颜色。分深红、红、淡红、白色、黄色、黄绿色等。

4.2.28 蒴果

青果期记载蒴果长度、直径及形状。

4.2.29 种子

晾干后记载种子的形状、大小和色泽。

4.3 生育期调查

4.3.1 播种期

实际播种日期，以月、日表示。

4.3.2 出苗期

全区 50% 及以上出苗的日期。

4.3.3 小十字期

全区 50%及以上幼苗呈小十字形的日期。

4.3.4 大十字期

全区 50%及以上幼苗呈大十字形的日期。

4.3.5 生根期

全区 50%及以上幼苗第四、第五真叶明显上竖的日期。

4.3.6 假植期

烟苗从母床假植到托盘或营养钵的日期，以月、日表示。

4.3.7 成苗期

全区 50%及以上幼苗达到适栽和壮苗标准的日期。

4.3.8 苗床期

从播种到成苗的时期，以天数表示。

4.3.9 移栽期

烟苗移栽到大田的日期，以月、日表示。

4.3.10 还苗期

移栽后全区 50%以上烟苗成活的日期。

4.3.11 伸根期

烟苗成活后到团棵的时期，以月、日表示。

4.3.12 团棵期

全区 50%植株达到团棵标准。

4.3.13 旺长期

全区 50%植株从团棵到现蕾称为旺长期。

4.3.14 现蕾期

全区 10%植株现蕾时为现蕾始期；达 50%时为现蕾盛期。

4.3.15 打顶期

全区 50%植株可以打顶的日期。

4.3.16 开花期

全区 10%植株中心花开为开花始期；达 50%时为开花盛期。

4.3.17 第一青果期

全区 50%植株中心蒴果达青果标准的日期。

4.3.18 蒴果成熟期

全区 50%植株半数蒴果达成熟标准的日期。

4.3.19 收种期

实际收种的日期，以月、日表示。

4.3.20 烟叶成熟期

分别记载下部叶成熟期、中部叶成熟期和上部叶成熟期的日期。

4.3.21 大田生育期

从移栽到最后一次采收或从移栽到种子收获的时期，以天数表示。

4.4 生育期天数

4.4.1 苗期天数

出苗至成苗的天数（以苗龄____天表示）。

4.4.2 大田期天数

移栽至烟叶末次采收的天数。

4.4.3 烟叶采收天数

首次采收至末次采收的天数。

4.4.4 现蕾天数

出苗至现蕾天数、移栽至现蕾天数分别记载。

4.4.5 开花天数

出苗至开花天数、移栽至开花天数分别记载。

4.4.6 蒴果成熟天数

开花盛期至蒴果成熟的天数。

4.4.7 打顶天数

移栽至打顶天数。

4.4.8 全生育期天数

出苗至烟叶采收结束的天数，出苗至种子采收结束的天数分别记载。

4.5 物理测定

4.5.1 单叶质量

4.5.1.1 一般单叶质量

取中部叶等级相同的干烟叶100片，称其质量，以克表示。重复2~4次取平均值。

4.5.1.2 特定单叶质量

根据试验要求，分部位或等级测量单叶质量，每次测量叶数不少于10片。

4.5.2 干烟率

4.5.2.1 一般干烟率

干烟叶占鲜烟叶质量的百分数。在采收烟叶时随机取中部烟叶300片称量，经调制平衡水后达到定量水分（含水率16%左右）时再称重，计算出干烟率。

4.5.2.2 特定干烟率

根据试验要求，分部位或等级测量干烟率，每次测量叶片数不少于10片。

4.5.3 叶面积

4.5.3.1 手工测量

在打顶后一周至10 d，测量最大叶的长宽，每个样本数量不少于10片，以长乘宽乘修正系数（0.634 5）之积代表叶面积。

4.5.3.2 仪器测量

使用叶面积仪进行测量，每个样本数量不少于10片。

4.5.4 叶面积系数

是单位土地面积上的叶面积，为植物群落叶面积大小指标的无名数。

叶面积系数＝（平均单叶面积×单株叶数×株数）/取样的土地面积。

4.5.5　单位叶面积重量

用 2~10 cm² 的圆形打孔器自干烟叶或根据试验要求确定的叶片上叶尖、叶中、叶基对称取样，取叶肉样品若干，用千分之一天平称重，计算每平方厘米的平均重量，单位为毫克每平方厘米。

4.5.6　根系

测量根系在土壤中自然生长的深度和广度（扩展范围），以厘米表示。如试验需要时，可增加测定调查项目（如根系重量和侧根数目、长度等）。

4.6　影像资料

4.6.1　照片

4.6.1.1　拍照时间

原则上每次观察记载农艺性状时，只要条件允许都要拍摄数码照片，同一试验的不同处理（小区）应在同时间段完成。

4.6.1.2　照片信息

照片上的信息应至少包括时间、地点、主题和参照物等内容，根据需要增加其他必要的信息量。

4.6.2　录像

4.6.2.1　录像时间

在条件允许时，尽量多拍摄录像资料，同一试验的不同处理（小区）应在同时间段完成，使用普通话。

4.6.2.2　录像信息

画面上的信息应至少包括，时间、地点、声音、主题和参照物等内容，根据需要增加其他必要的信息量。

5　观察记载表格

农艺性状观察记载分一级数据表和二级数据表两大类。

5.1　一级数据表

用于在田间进行观察记载的原始表，格式见附录 A。

5.2　二级数据表

对一级数据表进行整理、统计分析后的表，格式见附录 B。

项目或课题名称

_____年度记载本

试验地点： _____

负责人： _____

记载人： _____

表 A.1 试验地基本情况及试验材料

基本情况：

注：主要填写试验地地点、海拔、土壤类型、地势、面积、肥力、有无水浇条件、有无典型性、前茬作物等情况。

土壤理化性状					
碱解氮	有效磷	速效钾	pH 值	有机质	……
试验品种					
……					

表 A.2　试验处理

试验处理	
处理 1	
处理 2	
处理 3	
……	
对照	

试验设计方法

注：填写采用的试验设计方法、重复数等。

表 A.3 田间种植图

北

东

小区长：_____m 小区宽：_____m 行距：_____m 株距：_____m

小区面积：_____m² 小区种植株数：_____株

注：画田间种植图，以小区为单位，小区图框内标注处理代号，能够明了地看出重复，如处理 1、第二重复，可注为 T1-2。

表 A.4 苗期农事操作记载

育苗方式		
播种期		
出苗期		
假植期		
成苗期		
炼苗处理		
剪叶时间及技术要点	第一次	
	第二次	
	第三次	
	第四次	
成苗素质	苗高	
	叶数	
	叶色	
	茎围	
	根色	

注：育苗方式主要填写漂浮育苗、托盘育苗、湿润育苗和普通育苗。剪叶技术要点填写剪去叶长几分之几的烟叶、剪叶时苗高等。

表 A.5 施肥农事操作记载

施肥用途	施肥方法	施肥时间	施肥种类及数量（kg）	主要技术要求
基肥		移栽前____天		
		移栽时		
追肥	提苗肥	移栽后____天		
	第一次追肥	移栽后____天		
	第二次追肥	移栽后____天		
	第三次追肥	移栽后____天		

综合
1. 种植密度：　　　　　　　　　　　　4. $N:P_2O_5:K_2O=$
2. 各种肥料氮磷钾配比：　　　　　　　　5. 有机氮所占比例：
3. 施纯氮：　　　　　　　　　　　　　　6. 硝态氮比例：
　　　　　　　　　　　　　　　　　　　　7. 基追比：

　　注：施肥用途——底肥、追肥、提苗肥；施肥方法——条施、穴施；施肥时间——移栽前或后几天；主要技术要求——写明施肥深度、施肥位置、堆沤要求、兑水浇施、撒施盖土、配药浇施等。

表 A.6　农事操作记载

整地			起垄	
覆膜			移栽	
查苗补苗			中耕	
培土			除草	
揭膜			灌溉	
打顶	时间			
	方法			
抹杈	时间			
	方法			
采收成熟度				
始烤期			终烤期	
第一炉				
第二炉				
第三炉				
第四炉				
第五炉				
……				

　　注：主要填写方法和时间。除了时间因素必填外，整地、覆膜方法主要是机械或人工，如不覆膜，可不填写。起垄主要是机械或人工，以及垄体宽度和高度。移栽方法主要是膜上移栽、膜下移栽、裸地移栽等。中耕、培土方法主要是机械或人工，除草主要是人工或除草剂。灌溉主要是漫灌或滴灌等。打顶抹杈主要是现蕾打顶或中心花开放打顶（用或不用抑芽剂抑芽）。采收成熟度主要是描述成熟程度。调制主要是每炉采烤时间、数量。

表 A.7 主要气象数据记载

年份：_____ 地点：_____

项目	____月																														
	1	2	3	4	5	6	7	8	9	10	11	12	13	14	15	16	17	18	19	20	21	22	23	24	25	26	27	28	29	30	31
平均气温（℃）																															
降水量（mm）																															
日照时数（h）																															
旬平均气温（℃）																															
旬降水量（mm）																															
旬日照时数（h）																															
自然灾害																															
综合评价																															

注1：记录自然灾害和特殊气候及各种自然灾害对试验的影响。
注2：如表格不够时，应留足备用表格。

表 A.8 主要生育期记载

日/月/天

处理	重复	播种期	出苗期	成苗期	移栽期	团棵期	初花期	打顶时期	中心花开放期	脚叶成熟期	顶叶成熟期	大田生育期

注：如表格不够时，应留足备用表格。

表 A.9　主要病害发病记载

处理	重复	黑胫病		赤星病		青枯病		TMV		野火病		……	
		发病率	病情指数	发病率	病情指数	发病率	病情指数	发病率	病情指数	发病率	病情指数	发病率	病情指数

注1：主要填写病情指数和发病率，以小区为单位统计，病情指数和发病率计算按 GB/T 23222 执行。

注2：如表格不够时，应留足备用表格。

表 A.10 病虫害防治记载

防治对象	使用药剂	使用量	方法	时间

注：施用量和方法根据药剂使用说明填写或者根据当地推荐填写。

表 A.11 主要农艺性状记载

农艺性状调查表 （试验处理：　　　　　　　　） 　　年　　月　　日

小区	株号	下部叶		中部叶		上部叶		株高（cm）	叶数（片）	茎围（cm）	节距（cm）	备注
		长（cm）	宽（cm）	长（cm）	宽（cm）	长（cm）	宽（cm）					
1	1											
	2											
	3											
	4											
	5											
	6											
	7											
	8											
	9											
	10											
	X											
2	1											
	2											
	3											
	4											
	5											
	6											
	7											
	8											
	9											
	10											
	X											
3	1											
	2											
	3											
	4											
	5											
	6											
	7											
	8											
	9											
	10											
	X											

注1：X 为平均值。
注2：该表需要较多，在印刷时根据试验处理和重复数计算所需页数，并酌情留足备用表格。

表 A.12　主要植物学性状记载

处理	小区	株形	叶形	叶色	茎叶角度	主脉粗细	田间整齐度	成熟特性	生长势		
									苗期	团棵期	现蕾期

注 1：主要为定性描述，每个小区或处理进行描述，条件许可的情况下，尽量拍照或录像。
注 2：如表格不够时，应留足备用表格。

表 A.13 计产计值记载

等级	单价（元/kg）	各处理产量产值					
		重复1		重复2		重复3	
		数量（g）	金额（元）	数量（g）	金额（元）	数量（g）	金额（元）
X1L							
X2L							
X3L							
X4L							
X1F							
X2F							
X3F							
X4F							
C1L							
C2L							
C3L							
C4L							
C1F							
C2F							
C3F							
C4F							
B1L							
B2L							
B3L							
B4L							
B1F							
B2F							
B3F							
B4F							
X2V							
C3V							
B2V							
B3V							
CX1K							
CX2K							
B1K							
B2K							
B3K							
GY1							
GY2							
合计							

注1：表中没有的等级可以通过修改等级名称来记录。
注2：该表需要较多，在印刷时根据试验处理和重复数计算所需页数，并酌情留足备用表格。
注3：各处理小区数据按实测株数进行推算。

表 A.14 原烟外观质量记载

处理	重复	送样等级	评价等级	颜色	部位	成熟度	油分	身份	结构	色度	综合评价
	1										
	2										
	3										
	1										
	2										
	3										
	1										
	2										
	3										
	1										
	2										
	3										
	1										
	2										
	3										

表 A.15 照片清单

照片编号	拍摄时间	拍摄地点	拍摄内容	拍摄人
注：如表格不够时，应留足备用表格。				

表 A.16 录像清单

录像编号	拍摄时间	拍摄地点	拍摄内容	拍摄人
注：如表格不够时，应留足备用表格。				

附录 B

（规范性附录）

二级数据统计分析本

项目或课题名称

_____年度数据统计分析本

试验地点：_____

负责人：_____

数据统计分析人：_____

表 B.1 主要气象数据统计分析

（常年气象资料系___年平均）

项目		__月		__月		__月		__月		__月		__月		__月	
		当年	常年	当年	常年	当年	常年	当年	常年	当年	常年	当年	常年	当年	常年
平均气温（℃）	上旬														
	中旬														
	下旬														
	平均														
降水量（mm）	上旬														
	中旬														
	下旬														
月降水总量（mm）															
月日照总时数（h）															
……															
……															

注：特殊气候及各种自然灾害对试验的影响。

表 B.2　主要生育期统计分析　　　　　　　　　　　日/月/天

处理	播种期	出苗期	成苗期	移栽期	团棵期	初花期	打顶时期	中心花开放期	脚叶成熟期	顶叶成熟期	大田生育期
……											

注：各处理重复的平均值。

表 B.3 主要病害发病数据统计分析

处理	黑胫病	赤星病	青枯病	气候斑点病	野火病	TMV	……
……							
注：各处理重复的平均值。

表 B.4 病虫害防治数据统计分析

防治对象	使用药剂	使用量	方法	时间
……				
注：施用量和方法根据药剂使用说明填写或者根据当地推荐填写。				

表 B.5　主要农艺性状数据统计分析

处理	下部叶		中部叶		上部叶		株高 （cm）	叶数 （片）	茎围 （cm）	节距 （cm）
	长 （cm）	宽 （cm）	长 （cm）	宽 （cm）	长 （cm）	宽 （cm）				
……										
注：各处理重复的平均值。										

表 B. 6 主要植物学性状数据统计分析

品种（系）或处理名称	株形	叶形	叶色	茎叶角度	主脉粗细	田间整齐度	成熟特性	生长势		
								苗期	团棵期	现蕾期
……										

表 B.7 经济性状数据统计分析

处理	产量 （kg/hm²）	产值 （元/hm²）	均价 （元/kg）	中等烟比例 （%）	上等烟比例 （%）
……					

注：产量和产值均根据小区收获株数和每公顷株数进行换算，每公顷株数根据行株距计算。然后取各处理重复的平均值。

产量＝（小区产量/收获株数）×每公顷株数

产值＝（小区产值/收获株数）×每公顷株数

均价＝产值/产量

表 B.8　原烟外观质量统计分析

处理	送样等级	评价等级	颜色	部位	成熟度	油分	身份	结构	色度	综合评价
……										

表 B.9　照片归类统计

照片类别	拍摄数量	拍摄内容

表 B.10 录像归类统计

录像类别	拍摄数量	拍摄内容

第二部分　产地选择标准

烟叶产地环境标准

1 范围

本标准规定了烟叶产地环境质量要求、试验方法及监测等内容。

本标准适用于宽窄高端卷烟原料生产基地。

2 规范性引用文件

下列文件中的条款通过本标准部分的引用而成为本标准的条款。凡是注日期的引用文件，其随后所有的修改单（不包括勘误的内容）或修订版均不适应于本标准，然而，鼓励根据本标准达成协议的各方研究是否可使用这些文件的最新版本。凡是不注明日期的引用文件，其最新版本适用于本标准。

GB 3095—1996 环境、空气质量标准

GB 9137—1988 保护农作物的大气污染物最高允许浓度

GB 5084—1992 农田灌溉水质标准

GB 15618—1995 土壤环境质量标准

NY/T 391—2000 绿色食品环境质量标准

3 环境质量要求

烟叶产地应选择在不受污染源影响或污染物含量限制在允许范围之内，生态条件好，具有一定生产规模的烟叶农业生产区。

3.1 气候要求

烟草产地的气候要求应不超过表1的规定。

表1 气候环境指标

项目	指标
海拔	850~1 350 m
平均气温	>9℃
无霜期	>120 d
年降水量	>550 mm
稳定通过10℃的积温	>2 600℃
日均气温≥20℃的持续日数	≥70 d
光照	年日照百分率≥50%

3.2 空气环境质量要求

烟草产地空气中各项污染物含量不超过表2所到的指标。

表2 空气中各项污染物的指标要求

项目	指标	
	日平均	年平均
总悬浮颗粒物（TSP）（mg/m³）	≤0.3	0.20
二氧化硫（SO₂）（mg/m³）	≤0.15	0.006
氮氧化物（NO₂）（mg/m³）	≤0.10	0.05
氟化物 F（μg/m³）	≤0.7 1.8（挂片法）	20

注1：日平均指任何一日的平均指数。

注2：1 h平均值指任何一小时的平均指标。

注3：连续采样3天，一日3次，晨、午、夕各1次。

注4：氟化物采样可用动力采样滤膜法或用石灰滤纸挂片法，分别按各自规定的指标执行，石灰滤纸挂片法挂置7天。

3.3 农田灌溉水质要求

烟草产地农田灌溉水中各项污染物含量不应超过表3规定。

表3 灌溉水中各项污染物的指标要求

项目	指标
pH值（mg/L）	≤5~8.5
总镉（mg/L）	≤0.005
总汞（mg/L）	≤0.001
总砷（mg/L）	≤0.5
总铅（mg/L）	≤0.1
六价铬（mg/L）	≤0.1
氟化物（mg/L）	≤2.0
氯化物（mg/L）	≤250
氰化物（mg/L）	≤0.5

3.4 土壤环境质量要求

烟草产地各种不同土壤中的各项污染物含量不应超过表4的规定。

表4 土壤中各项污染物的指标要求

项目	指标（mg/kg）
镉	≤0.40

（续表）

项目	指标（mg/kg）
汞	≤0.35
砷	≤20
铅	≤50
铬	≤120
铜	≤60
六六六	≤0.5
滴滴涕	≤0.5
0~60 cm 土壤含氯量	≤30

3.5　土壤肥力要求

为了促进烟叶生产者增施有机肥提高土壤肥力，烟草产地土壤肥力应符合表5规定。

表5　烟草产地土壤肥力要求

项目	指标	
	一级	二级
有机质（g/kg）	>15	10~15
全氮（g/kg）	>1.0	0.8~1.0
有效磷（mg/kg）	>10	5~10
有效钾（mg/kg）	>120	80~120
阳离子交换量（com1/kg）	>20	15~20
质地	轻壤、中壤	沙壤、重壤

3.6　地膜回收要求

为了减少残留地膜危害，烟叶收获后，必须要及时清理烟地中残留的地膜，确保烟地卫生、整洁。

4　监测方法

4.1 采样方法除本标准有特殊规定外，其他的采样方法和所有分析方法按标准引用的相关国家标准执行。

4.2 环境空气质量的采样和分析方法按照 GB 3059 中 6.1、6.2、7 和 GB 137 中 5.1 和 5.2 规定执行。

4.3 土壤环境质量的采样和分析方法按照 GB 15618 中 5.1、5.2 规定执行。

4.4 烟草农田灌溉水质的采样和分析方法按照 GB 5084 中 6.2、6.3 的规定执行。

4.5 土壤肥力分析按照 NY/T 391—2000 执行。

4.6 烟叶和土壤中残留量检测方法按农药残留量实用检测方法手册执行。

5 支持性文件

无。

6 附录 (资料性附录)

序号	记录名称	记录编号	填制/收集部门	保管部门	保管年限
—	—	—	—	—	—

烟田土壤环境质量要求

1 范围

本标准规定了宽窄高端卷烟原料生产基地土壤环境质量标准。

本标准适用于宽窄高端卷烟原料生产基地土壤。

2 规范性引用文件

下列文件对于本文件的应用是必不可少的。凡是注日期的引用文件，仅所注日期的版本适用于本文件。凡是不注日期的引用文件，其最新版本（包括所有的修改单）适用于本文件。

GB 15618 土壤环境质量标准

3 土壤环境质量分类和标准分级

烤烟应种植于 GB 15618 中规定的 I 类和 II 类土壤。

I 类主要适用于国家规定的自然保护区（原有背景重金属含量高的除外）、集中式生活饮用水源地、茶园、牧场和其他保护地区的土壤，土壤质量基本保持自然背景水平。

II 类主要适用于一般农田、蔬菜地、茶园、果园、牧场等土壤，土壤质量基本上对植物和环境不造成危害和污染。

表 1 山东省烟田土壤环境质量标准值

土壤项目		一级	二级		
pH 值		自然背景	<6.5	6.5~7.5	>7.5
镉（mg/kg）	≤	0.2	0.3	0.6	1
汞（mg/kg）	≤	0.15	0.3	0.5	1
砷（mg/kg）	≤	15	40	30	25
铜（mg/kg）	≤	35	50	100	100
铅（mg/kg）	≤	35	250	300	350
铬（mg/kg）	≤	90	150	200	250
锌（mg/kg）	≤	100	200	250	300
镍（mg/kg）	≤	40	40	50	60

（续表）

土壤项目		一级	二级
六六六（mg/kg）	≤	0.05	0.5
滴滴涕（mg/kg）	≤	0.05	0.5

4 植烟土壤物理性状

烤烟适宜在轻壤质土、中壤质土或含沙砾质的重壤质、轻黏质土上栽培。平原地区以沙壤质土或轻壤质土较适宜，丘陵山区则以轻壤质土至中壤质土最适宜。

适于烟草生长发育的土壤耕层，土壤结构为团粒状、粒状结构和小块结构。

优质烟田的耕层土壤物理性状范围值，土壤容重为 $1.10 \sim 1.35$ g/cm^3，土壤总孔隙度>50%，土壤最大有效持水量 15%~25%（质量含水量）。

5 植烟土壤化学性状

生产优质烤烟的土壤以中等肥力为宜。土壤有机质适宜含量，以≥8 g/kg 为宜。土壤有效氮含量为 40~65 mg/kg，土壤中的速效磷含量>10 mg/kg，速效钾含量>100 mg/kg。烤烟最适宜的土壤 pH 值为 5.5~6.5。土壤的阳离子代换量为 10~20 cmol/kg 干土。土壤含盐量<0.1%。土壤含氯量≤30 mg/kg。

烟田土壤取样及分析技术规程
——土壤样品的采集、处理和贮存

1 范围

本部分规定了土壤样品的采集、处理和贮存方法。

2 土壤样品的采集

2.1 土壤样品的采集误差控制

采样前要进行现场勘察和有关资料的收集，根据土壤类型、肥力等级和地形等因素将采样范围划分为若干个采样单元，每个采样单元的土壤要尽可能均匀一致。

要保证有足够多的采样点，使之能代表采样单元的土壤特性。采样点的多少，取决于采样范围的大小，采样区域的复杂程度和试验所要求的精密度等因素。

2.2 耕层混合土样的采集

采样时应沿着一定的路线，按照"随机""等量"和"多点混合"的原则进行采样。"随机"即每一个采样点都是任意决定的，使采样单元内的所有点都有同等机会被采到；"等量"是要求每一点采集土样深度要一致，采样量要一致；"多点混合"是指把一个采样单元内各点所采的土样均匀混合构成一个混合样品，以提高样品的代表性，一个混合样品由 15~20 个样点组成。采样时应遵循以下方法。

（1）一般采用"S"形布点采样，能较好地克服耕作、施肥等农艺措施所造成的误差。但在地形变化小、地力较均匀、采样单元面积小的情况下，也可采用梅花形布点取样。每一个样要求有 15~20 个取样点采土混匀。

（2）采样点的分布要尽量均匀，从总体上控制整个采样区，避免在堆过肥料的地方和田埂、沟边及特殊地形部位采样。

（3）每个采样点的取土深度及采样量应均匀一致，土样上层与下层的比例要相同。采样器应垂直于地面，入土至规定的深度。用取土铲取样应先铲出一个耕层断面，再平行于断面下铲取土。

（4）一个混合土样以取 1 kg 左右为宜，如果采集的样品数量太多，可用四分法将多余的土壤弃去。方法是将采集的土壤样品放在盘子里或塑料布上，弄碎、混匀，铺成四方形，画对角线将土样分成 4 份，把对角的两份分别合并成一份，保留 1 份，弃去 1 份。如果所得的样品仍然很多，可再用四分法处理，直到所需数量为止。

（5）采集水稻土或湖沼土等烂泥土样时，四分法难以应用，可将所采集的样品放入塑料盆中，用塑料棍将各样点的烂泥搅拌均匀后再取出所需数量的样品。

（6）采集的样品放入样品袋，用铅笔写好标签，内外各具1张，注明采样地点、日期、采样深度、土壤名称、编号及采样人等，同时做好采样记录。

2.3 土壤剖面样品的采集

在能代表研究对象的采样点挖掘 1 m×1.5 m 左右的长方形土壤剖面坑，较窄的一面向阳作为剖面观察面。挖出的土应放在土坑两侧，而不放在观察面的上方。土坑的深度根据具体情况确定，一般要求达到母质层或地下水位。根据剖面的土壤颜色、结构、质地、松紧度、湿度及植物根系分布等，划分土层按计划项目逐项进行仔细观察、描述记载，然后自下而上逐层采集样品，一般采集各层最典型的中部位置的土壤，以克服层次之间的过渡现象，保证样品的代表性。每个土样质量1 kg左右，将所采集的样品分别放入样品袋，在样品袋内外各具1张标签，写明采集地点、剖面号、层次、土层深度、采样日期和采样人等。

2.4 土壤诊断样品的采集

为诊断某些植物（包括作物）发生局部死苗、失绿、矮缩、花而不实等异常现象，必须有针对性地对土壤某些成分进行分析，以查明原因。一般应在发生异常现象的范围内，采集典型土壤样品，多点混合，同时，在附近采集正常土样作为对照。

2.5 土壤盐分动态样品的采集

为了解土壤中盐分的积累规律和动态变化，须进行盐分动态样品的采集。此类样品的采集应按垂直深度分层采集。即从地表起每 10 cm 或 20 cm 划为一个采样层，取样方法用"段取"，即在该取样层内，自上而下，全层均匀地取土。调查盐分在土壤中垂直分布的特点时，用"点取"，即在各取样层的中部位置取样。

2.6 土壤物理性质测定样品的采集

测定土壤容重和孔隙度等物理性状，须用原状土样，其样品可直接用环刀在各土层中采取。采取土壤结构性的样品，须注意土壤湿度，不宜过干或过湿，应在不粘铲、经接触不变形时分层采取。在取样过程中须保持土块不受挤压、不变形，尽量保持土壤的原状，如有受挤压变形的部分要弃去。土样采集后要小心装入铁盒。其他项目土样根据要求装入铝盒或环刀，带回室内分析测定。

3 土壤样品的处理和贮存

3.1 新鲜样品的处理和贮存

某些土壤成分如低价铁、铵态氮、硝态氮等在风干过程中会发生显著变化，必须用新鲜样品进行分析。为了能真实地反映土壤在田间自然状态下的某些理化性状，新鲜样品要及时送回室内进行处理和分析。先用粗玻棒或塑料棒将样品弄碎混匀后迅速称样测定。

新鲜样品一般不宜贮存，如需要暂时贮存时，可将新鲜样品装入塑料袋，扎紧袋口，放在冰箱冷藏室或进行速冻固定。

3.2 风干样品的处理和贮存

从野外采回的土壤样品要及时放在样品盘上，摊成薄薄的一层，置于干净整洁的室内通风处自然风干，严禁暴晒，并注意防止酸、碱等气体及灰尘的污染。风干样品过程中要经常翻动土样并将大土块捏碎以加速干燥，同时剔除土壤以外的侵入体。

风干后的土样按照不同的分析要求研磨过筛，充分混匀后，放入样品瓶中备用。瓶内外各具标签一张，写明编号、采样地点、土壤名称、采样深度、样品粒径、采样日期、采样人及制样时间、制样人等项目。

制备好的样品要妥为贮存，避免日晒、高温、潮湿，并避免酸碱气体的污染。全部分析工作结束，分析数据核实无误后，试样一般还要保存 3 个月至半年，以备查询。少数有价值需要长期保存的样品，须保存于广口瓶中，用蜡封好瓶口。

3.2.1 一般化学分析试样的处理与贮存

将风干后的样品平铺在制样板上，用木棍或塑料棍碾压，并将植物残体、石块等浸入体和新生体剔除干净，细小已断的植物须根，可用静电吸的方法清除。压碎的土样要全部通过 2 mm 孔径筛。未过筛的土粒必须重新碾压过筛，直至全部样品通过 2 mm 孔径筛为止。过 2 mm 孔径筛的土样可供 pH 值、盐分、交换性能以及有效养分等项目的测定。

将通过 2 mm 孔径筛的土样用四分法取出一部分继续碾磨，使之全部通过 0.25 mm 孔径筛，供有机质、腐殖质组成、全氮、碳酸钙等项目的测定。将通过 0.25 mm 孔径筛的土样用四分法取出一部分继续用玛瑙研钵磨细，使之全部通过 0.149 mm 孔径筛，供矿质全量分析等项目的测定。

3.2.2 微量元素分析试样的处理与贮存

用于微量元素分析的土样其处理方法同一般化学分析样品，但在采样、风干、研磨、过筛、运输、贮存等诸环节都要特别注意，不要接触可能导致污染的金属器具以防污染。如采样、制样使用木、竹或塑料工具，过筛使用尼龙网筛等。通过 2 mm 孔径尼龙筛的样品可用于测定土壤中有效态微量元素。从通过 2 mm 孔径筛的试样中用四分法或多点取样法取出一部分样品用玛瑙研钵进一步磨细，使之全部通过 0.149 mm 孔径尼龙筛，用于测定土壤全量微量元素。处理好的样品应放在塑料瓶中保存备用。

3.2.3 颗粒分析试样的处理与贮存

将风干土样反复碾碎，使之全部通过 2 mm 孔径筛。留在筛上的碎石称量后保存，同时将过筛的土样称量，以计算石砾质量百分数，然后将土样混匀后盛于广口瓶内，作为颗粒分析及其他物理性质测定之用。若在土壤中有铁锰结核、石灰结核、铁或半风化体，不能用木棍碾碎，应细心拣出称量保存。

烟田土壤取样及分析技术规程
——土壤 干物质和水分的测定 重量法

1 适用范围

本标准规定了测定土壤中干物质和水分的重量法。

2 方法原理

土壤样品在105±5℃烘至恒重，以烘干前后的土样质量差值计算干物质和水分的含量，用质量百分比表示。

3 仪器和设备

3.1 鼓风干燥箱：105±5℃。

3.2 干燥器：装有无水变色硅胶。

3.3 分析天平：精度为0.01 g。

3.4 具盖容器：防水材质且不吸附水分。用于烘干风干土壤时容积应为25~100 mL，用于烘干新鲜潮湿土壤时容积应至少为100 mL。

3.5 样品勺。

3.6 样品筛：2 mm。

3.7 一般实验室常用仪器和设备。

4 分析步骤

4.1 风干土壤试样的测定

具盖容器和盖子于105±5℃下烘干1 h，稍冷，盖好盖子，然后置于干燥器中至少冷却45 min，测定带盖容器的质量m_0，精确至0.01 g。用样品勺将10~15 g风干土壤试样转移至已称重的具盖容器中，盖上容器盖，测定总质量m_1，精确至0.01 g。取下容器盖，将容器和风干土壤试样一并放入烘箱中，在105±5℃下烘干至恒重，同时烘干容器盖。盖上容器盖，置于干燥器中至少冷却45 min，取出后立即测定带盖容器和烘干土壤的总质量m_2，精确至0.01 g。

4.2 新鲜土壤试样的测定

具盖容器和盖子于105±5℃下烘干1 h，稍冷，盖好盖子，然后置于干燥器中至少冷却45 min，测定带盖容器的质量m_0，精确至0.01 g。用样品勺将30~40 g新鲜土壤试样转移至已称重的具盖容器中，盖上容器盖，测定总质量m_1，精确至0.01 g。取下容器盖，将容器和新鲜土壤试样一并放入烘箱中，在105±5℃下烘干至恒重，同时烘干容器盖。盖上容器盖，置于干燥器中至少冷却 45 min，取出后立即测定带盖容器和烘干土壤的总质量 m_2，精确至 0.01 g。

注：应尽快分析待测试样，以减少其水分的蒸发。

5 结果计算与表示

土壤样品中的干物质含量 w_{dm} 和水分含量 w_{H_2O}，分别按照式（1）和式（2）进行计算。

$$w_{dm}（\%）= [（m_2-m_0）/（m_1-m_0）] \times 100 \qquad (1)$$

$$w_{H_2O}（\%）= [（m_1-m_2）/（m_2-m_0）] \times 100 \qquad (2)$$

式中 w_{dm}——土壤样品中的干物质含量，%；

w_{H_2O}——土壤样品中的水分含量，%；

m_0——带盖容器的质量，g；

m_1——带盖容器及风干土壤试样或带盖容器及新鲜土壤试样的总质量，g；

m_2——带盖容器及烘干土壤的总质量，g。

测定结果精确至 0.1%。

烟田土壤取样及分析技术规程
——土壤 pH 值的测定

1 应用范围

本部分适用于各类土壤 pH 值的测定。

2 测定原理

当把 pH 值玻璃电极和甘汞电极插入土壤悬浊液时，构成一电池反应，两者之间产生一个电位差，由于参比电极的电位是固定的，因而该电位差的大小决定于试液中的氢离子活度，其负对数即为 pH 值，在 pH 值计上直接读出。

3 仪器和设备

3.1 酸度计
3.2 pH 玻璃电极—饱和甘汞电极或 pH 复合电极
3.3 搅拌器

4 试剂和溶液

4.1 邻苯二甲酸氢钾
4.2 磷酸氢二钠
4.3 硼砂（$Na_2B_4O_7 \cdot 10H_2O$）
4.4 氯化钾
4.5 pH4.01（25℃）标准缓冲溶液

称取经 110~120℃烘干 2~3 h 的邻苯二甲酸氢钾 10.21 g 溶于水，移入 1 L 容量瓶中，用水定容，贮于塑料瓶。

4.6 pH687（25℃）标准缓冲溶液

称取经 110~130℃烘干 2~3 h 的磷酸氢二钠 3.53 g 和磷酸二氢钾 3.39 g 溶于水，移入 1 L 容量瓶中，用水定容，贮于塑料瓶。

4.7 pH9.18（25℃）标准缓冲溶液

称取经平衡处理的硼砂（$Na_2B_4O_7 \cdot 10H_2O$）3.80 g 溶于无 CO_2 的水，移入 1 L 容量瓶中，用水定容，贮于塑料瓶。

4.8 硼砂的平衡处理

将硼砂放在盛有蔗糖和食盐饱和水溶液的干燥器内平衡两昼夜。

4.9　去除 CO_2 的蒸馏水

5　分析步骤

5.1　仪器校准

将仪器温度补偿器调节到试液、标准缓冲溶液同一温度值。将电极插入 pH4.01 的标准缓冲溶液中，调节仪器，使标准溶液的 pH 值与仪器标示值一致。移出电极，用水冲洗，以滤纸吸干，插入 pH6.8 标准缓冲溶液中，检查仪器读数，两标准溶液之间允许绝对差值 0.1pH 单位。反复几次，直至仪器稳定。如超过规定允许差，则要检查仪器电极或标准液是否有问题。当仪器校准无误后，方可用于样品测定。

5.2　土壤水浸 pH 的测定

（1）称取通过 2 mm 孔径筛的风干试样 10 g（精确至 0.01 g）于 50 mL 高型烧杯中，加去除 CO_2 的水 25 mL（土液比为 1 : 2.5），用搅拌器搅拌 1 min，使土粒充分分散，放置 30 min 后进行测定。

（2）将电极插入试样悬液中（注意玻璃电极球泡下部位于土液界面处，甘汞电极插入上部清液），轻轻转动烧杯以除去电极的水膜，促使快速平衡，静置片刻，按下读数开关，待读数稳定时记下 pH 值。放开读数开关，取出电极，以水洗净，用滤纸条吸干水分后即可进行第二个样品的测定。每测 5~6 个样品后需用标准溶液检查定位。

6　分析结果的表述

用酸度计测定 pH 值时，可直接读取 pH 值，不需计算。

烟田土壤取样及分析技术规程
——土壤有机质的测定

1 应用范围

本部分适用于有机质含量在 15% 以下的土壤。

2 方法提要

在加热条件下，用过量的重铬酸钾—硫酸溶液氧化土壤有机碳，多余的重铬酸钾用硫酸亚铁标准溶液滴定，由消耗的重铬酸钾量按氧化校正系数计算出有机碳量，再乘以常数 1.724，即为土壤有机质含量。

3 主要仪器设备

3.1 电炉（1 000 w）

3.2 硬质试管（中 25 mm×200 mm）

3.3 油浴锅

用紫铜皮做成或用高度约为 15~20 cm 的铝锅代替，内装甘油（工业用）或固体石蜡（工业用）。

3.4 铁丝笼

大小和形状与油浴锅配套，内有若干小格，每格内可插入 1 支试管。

3.5 自动调零滴定管

3.6 温度计（300℃）

4 试剂

本试验方法所用试剂和水，除特殊注明外，均指分析纯试剂和 GB/T 6682 中规定的三级水。所述溶液如未指明溶剂，均系水溶液。

4.1 0.4 mol/L 重铬酸钾—硫酸溶液

称取 40.0 g 重铬酸钾（化学纯）溶于 600~800 mL 水中，用滤纸过滤到 1 L 量筒内，用水洗涤滤纸，并加水至 1 L，将此溶液转移入 3 L 大烧杯中。另取 1 L 密度为 184 的浓硫酸（化学纯），慢慢地倒入重铬酸钾水溶液中，不断搅动。为避免溶液急剧升温，每加约 100 mL 浓硫酸后可稍停片刻，并把大烧杯放在盛有冷水的大塑料盆内冷却，当溶液的温度降到不烫手时再加另一份浓硫酸，直到全部加完为止。

此溶液浓度 c（$1/6K_2Cr_2O_7$）= 0.4 mol/L。

4.2 0.1mol 硫酸亚铁标准溶液

称取 28.0 g 硫酸亚铁（化学纯）或 40.0 g 硫酸亚铁铵（化学纯）溶解于 600~

800 mL 水中，加浓硫酸（化学纯）20 mL 搅拌均匀，静止片刻后用滤纸过滤到 1 L 容量瓶内，再用水洗涤滤纸并加水至 1 L，此溶液易被空气氧化而致浓度下降，每次使用时应标定其准确浓度。

0.1 mol 硫酸亚铁溶液的标定：吸取 0.1000 mol/L 重铬酸钾标准溶液 20.00 mL 放入 150 mL 三角瓶中，加浓硫酸 3~5 mL 和邻菲啰啉指示剂 3 滴，以硫酸亚铁溶液滴定，根据硫酸亚铁溶液消耗量即可计算出硫酸亚铁溶液的准确浓度。

4.3 重铬酸钾标准溶液

准确称取 130℃烘 2~3 h 的重铬酸钾（优级纯）4.904 g，先用少量水溶解，然后无损地移入 1 000 mL 容量瓶中，加水定容，此标准溶液浓度 c（$1/6K_2Cr_2O_7$）= 0.100 0 mol/L。

4.4 邻菲啰啉（$C_{12}HgN_2 \cdot H_2O$）指示剂

称取邻菲啰啉 1.49 g 溶于含有 0.70 g $FeSO_4 \cdot 7H_2O$ 或 1.00 g $(NH_4)_2SO_4 \cdot FeSO_4 \cdot 6H_2O$ 的 100 mL 水溶液中。此指示剂易变质，应密闭保存于棕色瓶中。

5 分析步骤

准确称取通过 0.25 mm 孔径筛风干试样 0.05~0.5 g（精确到 0.000 1 g，称样量根据有机质含量范围而定），放入硬质试管中，然后从自动调零滴定管准确加入 0.4 mol/L 重铬酸钾一硫酸溶液 10.00 mL，摇匀并在每个试管口插入一玻璃漏斗。将试管逐个插入铁丝笼中，再将铁丝笼沉入已在电炉上加热至 185~190℃的油浴锅内，使管中的液面低于油面，要求放入后油浴温度下降至 170~180℃，等试管中的溶液沸腾时开始计时，此刻必须控制电炉温度，不使溶液剧烈沸腾，其间可轻轻提起铁丝笼在油浴锅中晃动几次，以使液温均匀，并维持在 170~180℃，5±0.5 min 后将铁丝笼从油浴锅内提出冷却片刻，擦去试管外的油（蜡）液。把试管内的消煮液及土壤残渣无损地转入 250 mL 三角瓶中，用水冲洗试管及小漏斗，洗液并入三角瓶中，使三角瓶内溶液的总体积控制在 50~60 mL。加 3 滴邻菲啰啉指示剂，用硫酸亚铁标准溶液滴定剩余的 K_2Cn_2O，溶液的变色过程是橙黄—蓝绿—棕红。

如果滴定所用硫酸亚铁溶液的毫升数不到下述空白试验所耗硫酸亚铁溶液毫升数的 1/3，则应减少土壤称样量重测。

每批分析时，必须同时做 2 个空白试验，即取大约 0.2 g 灼烧浮石粉或土壤代替土样，其他步骤与土样测定相同。

6 结果计算

$$O.M = [c \times (V_0 - V) \times 0.003 \times 1.724 \times 1.10/m] \times 1 000$$

式中　O. M——土壤有机质的质量分数，g/kg；

V_0——空白试验所消耗硫酸亚铁标准溶液体积，mL；

V——试样测定所消耗硫酸亚铁标准溶液体积，mL；

c——硫酸亚铁标准溶液的浓度，mol/L；

0.003——14 碳原子的毫摩尔质量，g；

1.724——由有机碳换算成有机质的系数；

1.10——氧化校正系数；

m——称取烘干试样的质量，g；

1 000——换算成每千克含量。

平行测定结果用算术平均值表示，保留 3 位有效数字。

烟田土壤取样及分析技术规程
——酸性土壤　铵态氮、有效磷、速效钾的测定

1　范围

本标准适用于酸性土壤铵态氮、有效磷、速效钾进行快速测定。

2　方法提要

联合浸提剂中的 Na^+ 可以与土壤胶体表面的 NH 和 K 进行交换，连同水溶性离子一起进入溶液。酸性土壤中的磷主要以 Fe-P 和 A1-P 形态存在，利用 F^- 在酸性溶液中络合 Fe^3 和 Al^{3+} 的能力，使一定量的比较活性的磷酸铁、磷酸铝中的磷释放出来，同时由于 H 的作用亦溶解出部分活性较大的 Ca-P 中的磷。

浸出液中的铵离子与纳氏试剂反应生成黄色物质，在一定浓度范围内，其颜色深浅与溶液中铵态氮含量成正比，在 420 nm 波长下测定。

浸出液中的磷酸盐与酸化的钼酸铵溶液生成磷钼杂多酸，遇氯化亚锡被还原成一种深蓝色络合物磷钼蓝，其颜色深浅与磷含量呈正比，在 685 nm 波长下测定。

浸出液中的钾离子与四苯硼钠作用，生成稳定的四苯硼钾沉淀，使溶液变混浊，在一定浓度范围内，浊度与溶液中钾含量成正比，在 685 mm 波长下测定。

3　主要仪器和设备

3.1　滤光光电比色计或可见分光光度计
3.2　往复式振荡器

满足（220±20）r/min 的振荡频率和（20±5）mm 的振幅，计时误差 ≤5 s/5 min。

3.3　磁力搅拌仪

转速不稳定度 ≤1%，计时误差 ≤5 s/5 min。

3.4　滴管或滴瓶

每滴（0.051±0.003）mL。

4　试剂和溶液

所用试剂除注明者外均为分析纯。水为符合《分析实验室用水规格和试验方法》（GB 6682）规定的三级水标准。

4.1　（1+1）盐酸溶液
4.2　碳酸氢钠溶液（42 g/L $NaHCO_3$）

称取碳酸氢钠（$NaHCO_3$）42 g 溶于水，用水稀释到 1 L，摇匀。

4.3 联合浸提剂 (0. 015 mol/L Na+0. 025 mol/L Na_2SO_4+0. 2 mol/ L CH_3COONa+0. 001 mol/L EDTA 二钠)

称取氟化钠 (NaF) 0. 63 g, 无水硫酸钠 (Na_2SO) 3. 55 g, 无水乙酸钠 (CH_3COONa) 16. 41 g, EDTA 二钠 ($C_{10}H_{14}N_2O_3Na_2 \cdot 2H_2O$) 0. 37 g 溶于约 600 mL 水, 加入浓硫酸 (H_2SO) 5. 8 mL, 转移到容量瓶中, 用水定容至 1 L。

4.4 无磷活性炭

如果所用活性炭含磷, 应先用 (1+1) 盐酸溶液 (4.1) 浸泡 12 h 以上, 然后移放在平板漏斗上抽气过滤, 用水淋洗 4~5 次, 再用碳酸氢钠溶液 (4.2) 浸泡 12 h 以上, 在平板漏斗上抽气过滤, 用水洗尽碳酸氢钠, 并至无磷为止, 烘干备用。

4.5 铵态氮掩蔽剂 (400 g/L 酒石酸钾钠溶液)

称取酒石酸钾钠 ($KNaC_4H_4O_6 \cdot 4H_2O$) 400. 0 g, 溶于约 700 mL 水中 (可加热助溶); 另称取氢氧化钠 (NaOH) 20. 0 g, 溶于约 100 mL 水中, 稍冷却后加人酒石酸钾钠溶液中, 转移到容量瓶中, 以水定容至 1 L。

4.6 铵态氮助色剂 (50 g/L 阿拉伯胶溶液)

称取阿拉伯胶粉 50. 0 g, 溶于约 300 mL 沸水中; 另外称取氟化钠 (NaF) 30. 0 g, 溶于约 100 mL 水中后; 两者相混, 转移到容量瓶中, 以去二氧化碳水定容至 1 L。静置过夜, 取上层清液备用。

4.7 铵态氮显色剂 (改进纳氏试剂)

称取碘化钾 (KI) 50. 0 g, 溶于约 50 mL 水中, 边搅拌边加入饱和氯化汞 ($HgCl_2$) 溶液, 直至出现少量的紫红色沉淀经充分搅拌后仍不溶解为止。缓缓加入氢氧化钾 (KOH) 150. 0 g, 搅拌使其溶解, 趁热转移至 1L 容量瓶中, 冷却定容后转移至大烧杯中, 静置过夜, 取上层清液备用。

4.8 铵态氮强色剂 (300 g/L 氢氧化钠溶液)

称取氢氧化钠 (NaOH) 30. 0 g, 溶于约 800 mL 水中, 冷却至室温后, 转移到容量瓶中, 以水定容至 1 L。

4.9 有效磷掩蔽剂 (40 g/L 酒石酸钠溶液)

称取 40. 0 g 酒石酸钠 ($Na_2C_4H_4O_6 \cdot 2H_2O$) 溶于约 200 mL 水中; 另量取 122 mL 浓硫酸溶于约 500 mL 水中, 冷却; 将硫酸液缓缓倒人酒石酸钠溶液中, 边加边搅拌, 混匀后, 转移到容量瓶中, 加水定容至 1 L。

4.10 有效磷显色剂 (35 g/L 钼酸铵溶液)

量取 146 mL 浓硫酸溶于约 500 mL 水中, 放置冷却; 另取 35. 0 g 钼酸铵 $[(NH_4)_6Mo_2O \cdot 4H_2O$ 溶于约 200 mL 水中; 将硫酸液缓缓倒入钼酸铵溶液中, 边加边搅拌, 混匀后, 转移到容量瓶中, 加水定容至 1 L。

4.11 有效磷还原剂 (20 g/L 氯化亚锡甘油溶液)

称取氯化亚锡 (SnCl) 20. 0 g, 溶于 100. 0 mL 盐酸中 (稍加热助溶, 尽可能少摇动, 该操作在通风厨内进行), 充分溶解后转入 1 L 容量瓶中, 以甘油定容。

4.12 速效钾掩蔽剂 (25 g/ L EDTA 二钠溶液)

准确量取 500 mL 甲醛于 1 L 容量瓶中; 另称取 25. 0 g EDTA 二钠 ($CoI_{14}N_2O_2Na_2 \cdot$

$2H_2O$）溶于约 300 mL 水中；将后者转移至前者中，混匀后，加入 12.5 mL 三乙醇胺，转移到容量瓶中，定容至 1 L。

4.13 速效钾助掩剂（300 g/L 氢氧化钠溶液）

称取氢氧化钠（NaOH）300.0 g，溶于约 800 mL 水中，冷却至室温后，转移到容量瓶中，以水定容至 1 L。

4.14 速效钾浊度剂（62.5 g/L 四苯硼钠溶液）

称取氢氧化钠（NaOH）8.0 g 溶于约 80mL 水中，冷却后定容至 100 mL，即为 2 mol/L 的氢氧化钠溶液，备用；另称取四苯硼钠 $[NaB(C_6H_5)_4]$ 62.5 g，溶于约 900 mL 水中，加入 0.5 mL 已配成的 2 mol/L 的氢氧化钠溶液，摇匀，转移到容量瓶中，以水定容至 1 L，过滤至溶液澄清。

4.15 土壤混合标准储备溶液（含 240 mg/L NH_4^+—N、40 mg/L P_2O_5、1 400 mg/L K_2O）

称取磷酸二氢钾（KH_2PO）0.460 2 g，硫酸铵 $[(NH_4)_2SO_4]$ 1.131 9 g，硝酸钾（KNO_3）1.732 3 g，硫酸钾（K_2SO_4）0.802 3 g，溶于约 800 mL 水中，加入浓硫酸（H_2SO_4）10.0 mL，完全溶解后，转移到容量瓶中，以水定容至 1 L。

4.16 土壤混合标准溶液（含 2.40 mg/L NH_4^+-N、2.40 mg/L P_2O_3、14.0 mg/L K_2O）

吸取 1.0 mL 土壤混合标准储备溶液（6.15）到容量瓶中，以土壤联合浸提剂（6.3）定容至 100.0 mL，摇匀。

5 分析步骤

5.1 试液的制备

5.1.1 机械振荡法

称取 5×（1+含水量）g（精确到 0.01 g）新鲜土样或 5 g（精确到 0.01 g）通过 2 mm 筛孔的风干试样，置于 100 mL 锥形瓶内，加入无磷活性炭（4.4）约 0.5 g，加入土壤联合浸提剂（4.3）25.0 mL，盖紧瓶塞，保持温度 25±2℃，频率 220 r/min，振荡 10 min，干过滤。滤液即可用于土壤铵态氮有效磷和速效钾的测定。

5.1.2 磁力搅拌仪法

称取 5×（1+含水量）g（精确到 0.01 g）新鲜土样或 5 g（精确到 0.01 g）通过 2 mm 筛孔的风干试样，置于 100 mL 锥形瓶内，加入无磷活性炭（4.4）约 0.5 g，加入土壤联合浸提剂（4.3）25.0 mL，盖紧瓶塞，然后放在磁力搅拌仪托盘上，保持温度为 25±2℃，转速 1 200 r/min，搅拌 8 min，干过滤。滤液即可用于土壤铵态氮、有效磷和速效钾的测定。

注：当某类型的土壤首次应用联合浸提剂测定土壤主要养分时，建议进行联合浸提—比色测定值与常规浸提测定值换算系数的制定。

5.2 铵态氮的显色和测定

5.2.1 显色

吸取土壤联合浸提剂 2.0 mL 于一只玻璃瓶中作空白，吸取土壤混合标准溶液 2.0 mL 于另一玻璃瓶中，吸取土壤浸提滤液 2.0 mL 于第三只玻璃瓶中，依次加入：土壤铵态氮掩蔽剂 6 滴，土壤铵态氮助色剂 3 滴，土壤铵态氮显色剂 4 滴，土壤铵态氮强色剂 4 滴，摇匀后，静置 10 min。

5.2.2 测定

将待测液分别转移到 10 mm 比色皿中，在 420 mm 波长下，以空白液调零后，将标准液放入比色槽中。

直读法：在浓度测定档将标准液调值设为 12.0，然后将待测液置入比色槽中，显示数值即为试样中铵态氮含量（mg/kg）。

计算法：在吸光度测定档分别测定标准液和待测液的吸光度值。

试样中铵态氮的含量按式（1）进行计算。

$$铵态氮（N），mg/kg = (A_2/A_1) \times 12.0 \qquad (1)$$

式中　A_1——标准液的吸光度值；

　　　　A_2——待测液的吸光度值。

平均测定结果以算术平均值表示，精确到小数点后一位。

5.3　有效磷的显色和测定

5.3.1　显色

吸取联合浸提剂 2.0 mL 于一只玻璃瓶中作空白，吸取土壤混合标准溶液 2.0 mL 于另一玻璃瓶中，吸取土壤浸提滤液 2.0 mL 于第三只玻璃瓶中，加入土壤有效磷掩蔽剂 5 滴，摇匀至无气泡，然后依次加入土壤有效磷显色剂 5 滴，土壤有效磷还原剂 1 滴。摇匀后，静置 10 min。

5.3.2　测定

将待测液分别转移到 10 mm 比色皿中，在 685 nm 波长下，以空白液调零后，将标准液放入比色槽中。

直读法：在浓度测定档将标准液调值设为 12.0，然后将待测液置入比色槽中，显示数值即为试样中有效磷含量（P_2O_3，mg/kg）。

计算法：在吸光度测定档分别测定标准液和待测液的吸光度值。

试样中有效磷的含量按式（2）进行计算。

$$有效磷（P_2O_3），mg/kg = (A_2/A_1) \times 12.0 \qquad (2)$$

式中　A_1——标准液的吸光度值；

　　　　A_2——待测液的吸光度值。

平均测定结果以算术平均值表示，精确到小数点后一位。

5.4　速效钾的显色和测定

5.4.1　显色

吸取土壤联合浸提剂（6.3）2.0 mL 于一只玻璃瓶中作空白，吸取土壤混合标准溶液（4.16）2.0 mL 于另一玻璃瓶中，吸取土壤浸提滤液（5.1）2.0 mL 于第三只玻璃瓶中，依次加入：土壤速效钾掩蔽剂 6 滴，土壤速效钾助掩剂（4.13）2 滴，土壤速效钾浊度剂（4.14）4 滴。摇匀，立即测定。

5.4.2　测定

将待测液分别转移到 10 mm 比色皿中，在 685 nm 波长下，以空白液调零后，将标准液放入比色槽中。

直读法：在浓度测定档将标准液调值设为 70.0，然后将待测液置入比色槽中，显示数值即为试样中速效钾含量（K_2O，mg/kg）。

计算法：在吸光度测定档分别测定标准液和待测液的吸光度值。

试样中速效钾的含量按式（3）进行计算。

$$速效钾（K_2O），mg/kg = (A_2/A_1) \times 70.0 \qquad (3)$$

式中　A_1——标准液的吸光度值；

A_2——待测液的吸光度值。

平均测定结果以算术平均值表示，精确到小数点后一位。

烟田土壤取样及分析技术规程
——中性、石灰性土壤 铵态氮、有效磷、速效钾的测定

1 范围

本标准适用于中性、石灰性土壤铵态氮、有效磷、速效钾进行快速测定。

2 方法提要

联合浸提剂中的 Na 可以与土壤胶体表面的 NH 和 K 进行交换，连同水溶性离子一起进入溶液。碳酸氢钠可以抑制溶液中 Ca^3 的活度，使某些活性较大的磷酸钙盐被浸提出来；同时也可使活性磷酸铁、铝盐水解而被浸出。

浸出液中的铵离子与纳氏试剂反应生成黄色物质，在一定浓度范围内，其颜色深浅与溶液中铵态氮含量成正比，在 420 nm 波长下测定。

浸出液中的磷酸盐与酸化的钼酸铵溶液生成磷钼杂多酸，遇氯化亚锡被还原成一种深蓝色络合物磷钼蓝，其颜色深浅与磷含量成正比，在 685 nm 波长下测定。

浸出液中的钾离子与四苯硼钠作用，生成稳定的四苯硼钾沉淀，使溶液变混浊，在一定浓度范围内，浊度与溶液中钾含量成正比，在 685 nm 波长下测定。

3 主要仪器和设备

3.1 滤光光电比色计或可见分光光度计

3.2 往复式振荡器

满足（220±20）r/min 的振荡频率和（20±5）mm 的振幅，计时误差≤5s/5 min。

3.3 磁力搅拌仪

转速不稳定度≤1%，计时误差≤5s/5 min。

3.4 滴管或滴瓶

每滴（0.051±0.003）mL。

4 试剂和溶液

所用试剂除注明者外均为分析纯。水为符合《分析实验室用水规格和试验方法》（GB 682）规定的三级水标准。

4.1 （1+9）硫酸溶液

4.2 （1+1）盐酸溶液

4.3 氢氧化钠溶液（100 g/L NaOH）

称取氢氧化钠（NaOH）100 g 溶于水，用水稀释到 1 L，摇匀。

4.4 联合浸提剂（0.374 mol/L Na$_2$SO$_4$+0.450 mo/L NaHCO$_3$，pH8.5）

称取无水硫酸钠（Na$_2$SO）53.12 g，碳酸氢钠（NaHCO$_3$）37.80 g，溶于约 800 mL 水中，用（1+9）硫酸溶液（4.1）或氢氧化钠溶液（4.3），将 pH 值调至 8.5，用水定容至 1 L。

4.5 无磷活性炭

如果所用活性炭含磷，应先用（1+1）盐酸溶液（4.2）浸泡 12 h 以上，然后移放在平板漏斗上抽气过滤，用水淋洗 4~5 次，再用土壤联合浸提剂（6.4）浸泡 12 h 以上，在平板漏斗上抽气过滤，用水洗尽碳酸氢钠，并至无磷为止，烘干备用。

4.6 铵态氮掩蔽剂（400 g/L 酒石酸钾钠溶液）

称取酒石酸钾钠（KNaC$_4$H$_4$O$_6$·4H$_2$O 400.0 g 溶于约 700 mL 水中（可加热助溶）；另称取氢氧化钠（NaOH）20.0 g，溶于约 100 mL 水中，稍冷却后加入酒石酸钾钠溶液中，转移到容量瓶中，以水定容至 1 L。

4.7 铵态氮助色剂（50 g/L 阿拉伯胶溶液）

称取阿拉伯胶粉 50.0 g，溶于约 300 mL 沸水中；另外称取氟化钠（NaF）30.0 g，溶于约 100 mL 水中后；两者相混，转移到容量瓶中，以去二氧化碳水定容至 1 L。静置过夜，取上层清液备用。

4.8 铵态氮显色剂（改进纳氏试剂）

称取碘化钾（KI）50.0 g，溶于约 50 mL 水中，边搅拌边加入饱和氯化汞（HgCl$_2$）溶液，直至出现少量的紫红色沉淀经充分搅拌后仍不溶解为止。缓缓加入氢氧化钾（KOH）150.0 g，搅拌使其溶解，趁热转移至 1 L 容量瓶中，冷却、定容后转移至大烧杯中，静置过夜，取上层清液备用。

4.9 铵态氮强色剂（300 g/L 氢氧化钠溶液）

称取氢氧化钠（NaOH）300.0 g，溶于约 800 mL 水中，冷却至室温后，转移到容量瓶中，以水定容至 1 L。

4.10 有效磷掩蔽剂（10 g/L 酒石酸钠溶液）

量取 305 mL 浓硫酸缓缓注入盛有约 500 mL 蒸馏水的烧杯中，放置冷却，加入 10.0 g 酒石酸钠（Na$_2$CH$_4$O·2H$_2$O），搅拌溶解后，转移到容量瓶中，加水定容至 1 L。

4.11 有效磷显色剂（35 g/L 钼酸铵溶液）

量取 146 mL 浓硫酸溶于约 500 mL 水中，冷却放置；另取 35.0 g 钼酸铵［（NH$_4$）6MO$_2$O·4H$_2$O］溶于约 200 mL 水中；将硫酸液缓缓倒入钼酸铵溶液中，边加边搅拌，混匀后，转移到容量瓶中，加水定容至 1 L。

4.12 有效磷还原剂（20 g/L 化亚锡甘油溶液）

称取氯化亚锡（SnCl$_2$）20.0 g，溶于 100.0 mL 盐酸中（稍加热助溶，尽可能少摇动,该操作在通风厨内进行),充分溶解后转入 1 L 容量瓶中,以甘油定容,摇匀。

4.13 速效钾掩蔽剂（5 g/L 硫酸铜+12 g/L 酒石酸溶液）

称取硫酸铜（$CuSO_4 \cdot 5H_2O$）5.0 g,酒石酸（CHO_3）12.0 g,溶于约 500 mL 水中,加入浓硫酸 200.0 mL,冷却至室温后,转移到容量瓶中,用水定容至 1 L。

4.14 速效钾助掩剂（75 g/L EDTA 二钠溶液

称取 EDTA 二钠（$C_0H_{14}N_2O_3Na_2 \cdot 2H_2O$）75.0 g,氢氧化钠（NaOH）130.0 g 溶于适量水中,冷却后,转移到容量瓶中,用水定容至 1 L。

4.15 速效钾浊度剂（62.5 g/L 四苯础钠溶液）

称取氢氧化钠（NaOH 8.0 g 溶于约 80 mL 水中,冷却后定容至 100 mL,即为 2 mol/L 的氢氧化钠溶液,备用;另称取四苯硼钠 [$NaB(C_6H_5)_4$] 62.5 g,溶于约 900 mL 水中,加入 0.5 mL 已配成的 2 mol/L 的氢氧化钠溶液,摇匀,转移到容量瓶中,以水定容至 1 L,过滤至溶液澄清。

4.16 土壤混合标准储备溶液（含 240 mg/L NH-N, 240 mg/L P_2O_3, 1 000 mg/L K_2O）

称取磷酸二氢钾（KH_2PO_4）0.460 2 g,硫酸铵 [$(NH_4)_2SO$] 1.131 9 g,硝酸钾（KNO_3）1.732 3 g,硫酸钾（K_2SO_3）0.061 1 g 溶于约 800 mL 水中,加入浓硫酸（H_2SO_4）10.0 mL,完全溶解后,转移到容量瓶中,以水定容至 1 L。

4.17 土壤混合标准溶液（含 2.40 mg/L NH-N、2.40 mg/L P_2O_3、10.0 mg/L K_2O）

吸取 1.0 mL 土壤混合标准储备溶液（4.16）,以土壤联合浸提剂（4.4）稀释至 100.0 mL,摇匀。

5 分析步骤

5.1 试液的制备

5.1.1 机械振荡法

称取 2.5×（1+含水量）g（精确到 0.01 g）新鲜土样或 2.5 g（精确到 0.01 g）通过 2 mm 筛孔的风干试样,置于 100 mL 锥形瓶内,加入无磷活性炭（4.5）约 0.5g,加入土壤联合浸提剂（4.4）50.0 mL,盖紧瓶塞,保持温度 25±2℃,频率 220 r/min,振荡 10 min,干过滤。滤液即可用于土壤铵态氮、有效磷和速效钾的快速测定。

5.1.2 磁力搅拌仪法

称取 2.5×（1+含水量）g（精确到 0.01 g）新鲜土样或 2.5 g（精确到 0.01 g）通过 2 mm 筛孔的风干试样,置于 100 mL 锥形瓶内,加入无磷活性炭（4.5）约 0.5 g,加入土壤联合浸提剂（4.4）50.0 mL,盖紧瓶塞,然后放在磁力搅拌仪托盘上,保持温度为 25±2℃,转速 1 200/min,搅拌 8 min,干过滤。滤液即可用于土壤铵态氮、有效磷和速效钾的测定。

注:当某类型的土壤首次应用联合浸提剂测定土壤主要养分时,建议进行联合浸提—比色法测定值与常规浸提测定值换算系数的制定。

5.2 铵态氮的显色和测定

5.2.1 显色

吸取土壤联合浸提剂 2.0 mL 于一只玻璃瓶中作空白，吸取土壤混合标准溶液 2.0 mL于另一玻璃瓶中，吸取土壤浸提滤液 2.0 mL 于第三只玻璃瓶中，依次加入：土壤铵态氮掩蔽剂 6 滴，土壤铵态氮助色剂 3 滴，土壤铵态氮显色剂 4 滴，土壤铵态氮强色剂 4 滴。摇匀后，静置 10 min。

5.2.2 测定

将待测液分别转移到 10 mm 比色皿中，在 420 nm 波长下，以空白液调零后，将标准液放入比色槽中。

直读法：在浓度测定档将标准液调值设为 48.0，然后将待测液置入比色槽中，显示数值即为试样中铵态氮含量（mg/kg）。

计算法：在吸光度测定档分别测定标准液和待测液的吸光度值。

试样中铵态氮的含量按式（1）进行计算。

$$铵态氮（N），mg/kg = (A_2/A_1) \times 48.0 \qquad (1)$$

式中 A_1——标准液的吸光度值；

A_2——待测液的吸光度值

平均测定结果以算术平均值表示，精确到小数点后一位。

5.3 有效磷的显色和测定

5.3.1 显色

吸取联合浸提剂（4.4）2.0 mL 于一只玻璃瓶中作空白，吸取土壤混合标准溶液（4.17）2.0 mL 于另玻璃瓶中，吸取土壤浸提滤液（5.1）2.0 mL 于第三只玻璃瓶中，加入土壤有效磷掩蔽剂（6.10）4 滴，摇匀至无气泡，然后依次加入土壤有效磷显色剂（4.11）5 滴，土壤有效磷还原剂（4.12）1 滴。摇匀后，静置 10 min。

5.3.2 测定

将待测液分别转移到 10 mm 比色皿中，在 685 nm 波长下，以空白液调零后，将标准液放入比色槽中。

直读法：在浓度测定档将标准液调值设为 48.0，然后将待测液置入比色槽中，显示数值即为试样中有效磷含量（P_2O_5，mg/kg）。

计算法：在吸光度测定档分别测定标准液和待测液的吸光度值。

试样中有效磷的含量按式（2）进行计算

$$有效磷（P_2O_5），mg/kg = (A_2/A_1) \times 48.0 \qquad (2)$$

式中 A_1——标准液的吸光度值；

A_2——待测液的吸光度值。

平均测定结果以算术平均值表示，精确到小数点后一位。

5.4 速效钾的显色和测定

5.4.1 显色

吸取联合浸提剂 2.0 mL 于一只玻璃瓶中作空白，吸取土壤混合标准溶液 2.0 mL 于另一玻璃瓶中，吸取土壤浸提滤液 2.0 mL 于第三只玻璃瓶中，依次加入：土壤速效钾掩蔽剂 2 滴，土壤速效钾助掩剂 6 滴，土壤速效钾浊度剂 4 滴。摇匀，立即测定。

5.4.2 测定

将待测液分别转移到 10 mm 比色皿中，在 685 nm 波长下，以空白液调零后，将标准液放入比色槽中。

直读法：在浓度测定档将标准液调值设为 200.0，然后将待测液置入比色槽中，显示数值即为试样中速效钾含量（K_2O，mg/kg）。

计算法：在吸光度测定档分别测定标准液和待测液的吸光度值。

试样中速效钾的含量按式（3）进行计算。

$$速效钾（K_2O），mg/kg = （A_2/A_1）×200.0 \tag{3}$$

式中　A_1——标准液的吸光度值；

　　　A_2——待测液的吸光度值。

平均测定结果以算术平均值表示，精确到小数点后一位。

烟田土壤取样及分析技术规程
——土壤氯离子含量的测定

1 应用范围

本部分适用于含有机质较低的各类型土壤中氯离子的测定。

2 方法提要

在 pH 值 6.5~10.0 的溶液中，以铬酸钾作指示剂，用硝酸银标准溶液滴定氯离子。在等当点前，银离子首先与氯离子作用生成白色氯化银沉淀，而在等当点后，银离子与铬酸根离子作用生成砖红色铬酸银沉淀，指示达到终点。由消耗硝酸银标准溶液量计算出氯离子含量。

3 试剂

3.1 0.02 moL 硝酸银标准溶液

准确称取 3.398 g 硝酸银（经 105℃烘 0.5 h）溶于水，转入 1 L 容量瓶，定容，贮于棕色瓶中。必要时可用氯化钠标准溶液标定。

3.2 5%（m/V）铬酸钾指示剂

称取 5.0 g 铬酸钾，溶于约 40 mL 水中，滴加 1 mol/L 硝酸银溶液至刚有砖红色沉淀生成为止，放置过夜后，过滤，滤液稀释至 100 mL。

4 分析步骤

（1）称取通过 2 mm 筛孔风干土壤样品 50 g（精确到 0.01 g），放入 500 mL 大口塑料瓶中，加入 250 mL 无二氧化碳蒸馏水。

（2）将塑料瓶用橡皮塞塞紧后在振荡机上振荡 3 min。

（3）振荡后立即抽气过滤，开始滤出的 10 mL 滤液弃去，以获得清亮的滤液，加塞备用。

（4）吸取待测滤液 25.00 mL 放入 150 mL 三角瓶中，滴加 5%铬酸钾指示剂 8 滴，在不断摇动下，用硝酸银标准溶液滴定至出现砖红色沉淀且经摇动不再消失为止。记录消耗硝酸银标准溶液的体积（V）。取 25.00 mL 蒸馏水，同上法作空白试验，记录消耗硝酸银标准溶液体积（V_0）

5 结果计算

$$Cl^-, \text{mmol}（Cl^-）/kg = \frac{c \times （V-V_0）\times D}{m} \times 1\ 000 \tag{1}$$

$$Cl^-, g/kg = Cl^-, Cl^-, \text{mmol}（Cl^-）/kg \times 0.035\ 5 \tag{2}$$

式中　V 和 V_0——滴定待测液和空白消耗硝酸银标准溶液的体积，mL；

c——硝酸银标准溶液浓度，mol；

D——分取倍数，250/25；

1 000——换算成每千克含量；

m——称取试样质量，g，此试验为 50；

0.035 5——Cl$^-$的毫摩尔质量，g。

平行测定结果用算术平均值表示，保留两位有效数字。

土壤环境质量标准

1　主题内容与适用于范围

1.1　主题内容

本标准按土壤应用功能、保护目标和土壤主要性质，规定了土壤中污染物的最高允许浓度指标值及相应的监测方法。

1.2　适用范围

本标准适用于农田、蔬菜地、菜园、果园、牧场、林地、自然保护区等地的土壤。

2　术语

2.1　土壤

指地球陆地表面能够 生长绿色植物的疏松层。

2.2　土壤阳离子交换量

指带负电荷的土壤胶体，借静电引力而对溶液中的阳离子所吸附的数量，以每千克干土所含全部代换性阳离子的厘摩尔（按一价离子计）数表示。

3　土壤环境质量分类和标准分级

3.1　土壤环境质量分类

根据土壤应用功能和保护目标，划分为以下 3 类。

Ⅰ类：主要适用于国家规定的自然保护区（原有背景重金属含量高的除外）、集中式生活饮用水源地、茶园、牧场和其他保护地区的土壤，土壤质量基本上保持自然背景水平。

Ⅱ类：主要适用于一般农田、蔬菜地、茶园果园、牧场等到土壤，土壤质量基本上对植物和环境不造成危害和污染。

Ⅲ类：主要适用于林地土壤及污染物容量较大的高背景值土壤和矿产附近等地的农田土壤（蔬菜地除外）。土壤质量基本上对植物和环境不造成危害和污染。

3.2　标准分级

一级标准：为保护区域自然生态、维持自然背景的土壤质量的限制值。

二级标准：为保障农业生产，维护人体健康的土壤限制值。

三级标准：为保障农林生产和植物正常生长的土壤临界值。

3.3　各类土壤环境质量执行标准的级别规定

Ⅰ类土壤环境质量执行一级标准。

Ⅱ类土壤环境质量执行二级标准。

Ⅲ类土壤环境质量执行三级标准。

4 标准值

本标准规定的三级标准值见表1。

表1 土壤环境质量标准值 （单位：mg/kg）

项目		一级	二级		三级	
		自然背景	pH值<6.5	6.5≤pH值≤7.5	pH值>7.5	pH值>6.5
镉 ≤		0.20	0.30	0.60	1.0	
汞 ≤		0.15	0.30	0.50	1.0	1.5
砷	水田 ≤	15	30	25	20	30
	旱地 ≤	15	40	30	25	40
铜	农田等 ≤	35	50	100	100	400
	果园 ≤	—	150	200	200	400
铅 ≤		35	250	300	350	500
铬	水田 ≤	90	250	300	350	400
	旱地 ≤	90	150	200	250	300
锌 ≤		100	200	250	300	500
镍 ≤		40	40	50	60	200
六六六 ≤		0.05	0.50	1.0		
滴滴涕 ≤		0.05	0.50	1.0		

注1：重金属（铬主要是3价）和砷均按元素量计，适用于阳离子交换量>5cmol（+）/kg的土壤，若≤5cmol（+）/kg，其标准值为表内数值的半数。

注2：六六六为4种异构体总量，滴滴涕为4种衍生物总量。

注3：水旱轮作地的土壤环境质量标准，砷采用水田值，铬采用旱地值。

5 监测

5.1 采样方法：土壤监测方法参照《环境监测分析方法》（城乡建设环境保护部环境保护局）、《土壤元素的近代分析方法》（中国环境监测总站编）的有关章节进行。国家有关方法标准颁布后，按国家标准执行。

5.2 分析方法按表2执行。

表2 土壤环境质量标准选配分析方法

序号	项目	测定方法	检测范围（mg/kg）	注释	分析方法来源
1	镉	土样经盐酸—硝酸—高氯酸（或盐酸—硝酸—氢氟酸—高氯酸）消解后：（1）萃取—火焰原子吸收法测定；（2）石墨炉原子吸收分光光度法测定	>0.025 >0.005	土壤总镉	①、②

（续表）

序号	项目	测定方法	检测范围（mg/kg）	注释	分析方法来源
2	汞	土样经硝酸—硫酸—五氧化二钒或硫、硝酸锰酸钾消解后，冷原子吸收法测定	>0.004	土壤总汞	①、②
3	砷	（1）土样经硫酸—硝酸—高氯酸消解后，乙基二硫代氨基甲酸银分光光度法测定；（2）土样经硝酸—盐酸—高氯酸消解后，氰化钾—硝酸银分光光度法测定	>0.5　>0.1	土壤总砷	①、②
4	铜	土样经盐酸—硝酸—高氯酸（或盐酸—硝酸—氢氟酸—高氯酸）消解后，火焰原子吸收分光光度法测定	>1.0	土壤总铜	①、②
5	铅	土样经盐酸—硝酸—氢氟酸—高氯酸消解后：（1）萃取—火焰原子吸收法测定；（2）石墨炉原子吸收分光光度法测定	>0.4　>0.06	土壤总铅	②
6	铬	土样经硫酸—硝酸—氢氟酸消解后：（1）高锰酸钾氧，二苯碳酰二肼光度法测定；（2）加氯化铵液，火焰原子吸收分光光度法测定	>1.0　>2.5	土壤总铬	①
7	锌	土样经盐酸—硝酸—高氯酸（或盐酸—硝酸—氢氟酸—高氯酸）消解后，火焰原子吸收分光光度法测定	>0.5	土壤总锌	①、②
8	镍	土样经盐酸—硝酸—高氯酸（或盐酸—硝酸—氢氟酸—高氯酸）消解后，火焰原子吸收分光光度法测定。	>2.5	土壤总镍	②
9	六六六和滴滴涕	丙酮—石油醚提取，浓硫酸净化，用带电子捕获检测器的气相色谱仪测定	>0.005		GB/T 14550—93
10	pH 值	玻璃电极法（土：水 = 1.0 : 2.5）	—		②
11	阳离子交换量	乙酸铵法等	—		③

注：分析方法除土壤六六六和滴滴涕有国标外，其他项目待国家方法标准发布后执行，现暂采用下列方法：①《环境监测分析方法》，1983，城乡建设环境保护部环境保护局；②《土壤元素的近代分析方法》，1992，中国环境监测总站编，中国环境科学出版社；③《土壤理化分析》，1978，中国科学院南京土壤研究所编，上海科技出版社。

6　标准的实施

6.1　本标准由各级人民政府环境保护行政主管部门负责监督实施，各级人民政府的有关行政主管部门依照有关法律和规定实施。

6.2　各级人民政府环境保护行政主管部门根据土壤应用功能和保护目标会同有关部门划分本辖区土壤环境质量类别，报同级人民政府批准。

环境空气质量标准

1 适用范围

本标准规定了环境空气功能区分类、标准分类、污染物项目、平均时间及浓度限值、监测方法、数据统计的有效性规定及实施与监督等内容。

本标准适用于宽窄高端卷烟原料生产基地环境空气质量评价与管理。

2 规范性引用文件

本标准引用下列文件或其中的条款。凡是未注明日期的引用文件，其最新版本适用于本标准。

GB 8971　空气质量　飘尘中苯并[a]芘的测定　乙酰化滤纸层析荧光分光光度法

GB 9801　空气质量　一氧化碳的测定　非分散红外法

GB/T15264　环境空气　铅的测定　火焰原子吸收分光光度法

GB/T 15432　环境空气　总悬浮颗粒物的测定　重量法

GB/T 15439　环境空气　苯并[a]芘的测定　高效液相色谱法

HJ 479　环境空气　氮氧化物（一氧化氮和二氧化氮）的测定　盐酸萘乙二胺分光光度法

HJ 482　环境空气　二氧化硫的测定　甲醛吸收—副玫瑰苯胺分光光度法

HJ 483　环境空气　二氧化硫的测定　四氯汞盐吸收—副玫瑰苯胺分光光度法

HJ 504　环境空气　臭氧的测定　靛蓝二磺酸钠分光光度法

HJ539　环境空气　铅的测定　石墨炉原子吸收分光光度法（暂行）

HJ590　环境空气　臭氧的测定　紫外光度法

HJ 618　环境空气　PM_{10}和$PM_{2.5}$的测定　重量法

HJ 630　环境检测质量管理技术导则

HJ/T 193　环境空气质量自动监测技术规范

HJ/T 194　环境空气质量手工监测技术规范

《环境空气质量监测规范（试行）》（国家环境保护总局公告　2007 年第 4 号）

《关于推进大气污染联防联控工作改善区域空气质量的指导意见》（国办发〔2010〕33 号）

3 术语和定义

下列术语和定义适用于本标准。

3.1 环境空气 ambient air

指人群、植物、动物和建筑物所暴露的室外空气。

3.2 总悬浮物颗粒 total suspended particle（TSP）

指环境空气中空气动力学当量直径小于等于 10 μm 的颗粒物。

注：参见 GB 3095—2012，术语和定义 3.2。

3.3 颗粒物（粒径小于等于 10 μm） particulate matter（PM_{10}）

指环境空气中空气动力学当量值直径小于等于 10 μm 的颗粒物，也称可吸入颗粒物。

3.4 颗粒物（粒径小于等于 2.5 μm） particulate matter（$PM_{2.5}$）

指环境空气中空气动力学当量值直径小于等于 2.5 μm 的颗粒物，也称细颗粒物。

3.5 铅 lead

只存在于总悬浮物颗粒中的铅及其化合物。

3.6 苯并［a］芘 benzo［a］pyrene（BaP）

指存在于颗粒物（粒径小于等于 10 μm）中的苯并［a］芘。

3.7 氟化物 fluoride

指以气态和颗粒态形式存在的无机氟化物。

3.8 1 小时平均 1-hour average

指任何 1 小时污染物浓度的算术平均值。

3.9 8 小时平均 8-hour average

指连续 8 小时平均浓度的算术平均值，也称 8 小时滑动平均。

3.10 24 小时平均 24-hour average

指一个自然日 24 小时平均浓度的算术平均值，也称为日平均。

3.11 月平均 monthly average

指一个日历月内各日平均浓度的算术平均值。

3.12 季平均 quarterly average

指一个日历季内各日平均浓度的算术平均值。

3.13 年平均 annual average

指一个日历年内各日平均浓度的算术平均值。

3.14 标准状态 standard mean

指温度为 273 K，压力为 101.325 kPa 时的状态。本标准中的污染物浓度均为标准状态下的浓度。

4 环境空气功能区分类和质量要求

4.1 环境功能区分类

环境空气功能区分为二类：一类区为自然保护区、风景名胜区和其他需要特殊保护的区域；二类区为居住区、商业交通居民混合区、文化区、工业区和农村地区。

4.2 环境空气功能区质量要求

一类区适用于一级浓度限值，二类区适用于二级浓度限值。一类、二类环境空气功能区质量要求见表 1 和表 2。

表 1　环境空气污染物基本项目浓度限值　　　（单位：$\mu g/m^3$）

序号	污染物项目	平均时间	浓度限值	
			一级	二级
1	二氧化硫（SO_2）	年平均	20	60
		24 小时平均	50	150
		1 小时平均	150	500
2	二氧化氮（NO_2）	年平均	40	40
		24 小时平均	80	80
		1 小时平均	200	200
3	一氧化碳（CO）	24 小时平均	4	4
		1 小时平均	10	10
4	臭氧（O_3）	日最大 8 小时平均	100	160
		1 小时平均	160	200
5	颗粒物（直径小于等于 10 μm）	年平均	40	70
		24 小时平均	50	150
6	颗粒物（直径小于等于 2.5 μm）	年平均	15	35
		24 小时平均	35	75

表 2　环境空气污染物其他项目浓度限值　　　（单位：$\mu g/m^3$）

序号	污染物项目	平均时间	浓度限值	
			一级	二级
1	总悬浮颗粒（TSP）	年平均	80	200
		24 小时平均	120	300
2	氮氧化物（NO_x）（以 NO_2 计）	年平均	50	50
		24 小时平均	100	100
		1 小时平均	250	250
3	铅（Pb）	年平均	200	200
		季度平均	0.5	0.5
4	苯并［a］芘（BaP）	年平均	0.001	0.001
		24 小时平均	0.002 5	0.002 5

4.3　本标准自 2016 年 1 月 1 日起在全国实施。基本项目（表 1）在全国范围内实施；其他项目（表 2）由国务院环境保护行政主管部门或省级人民政府根据实际情况，确定具体实施方式。

4.4 全国实施本标准之前，国务院环境保护行政主管部门可根据《关于推进大气污染联防联控工作改善区域空气质量的指导意见》等文件要求指定部分地区提前实施本标准，具体实施方案（包括地域范围、时间等）另行公告，各省级人民政府也可根据实际情况和当地环境保护的需要提前实施本标准。

5　监测

环境空气质量监测工作应按照《环境空气质量监测规范（试行）》等规范性文件的要求进行。

5.1　监测点位布设

表1和表2中环境空气污染物监测点位的设置，应按照《环境空气质量监测规范（试行）》中的要求执行。

5.2　样品采集

环境空气质量监测中的采样环境、采样高度及采样频率等要求，按 HJ/T 193 或 HJ/T 194 的要求执行。

5.3　污染物分析

应按表3的要求，采用相应的方法分析各项污染物的浓度。

表3　各项污染物分析方法

序号	污染物项目	手工分析方法		自动分析方法
		分析方法	标准编号	
1	二氧化硫（SO_2）	环境空气 二氧化硫的测定 甲醛吸收—副玫瑰苯胺分光光度法	HJ 428	紫外荧光法、差分吸收光谱分析
		环境空气 二氧化硫的测定 四氯汞盐吸收—副玫瑰苯胺分光光度法	HJ 483	
2	二氧化氮（NO_2）	环境空气 氮氧化物（一氧化氮和二氧化氮）的测定 盐酸萘乙二胺分光光度法	HJ 479	化学发光法、差分吸收光谱分析法
3	一氧化碳（CO）	环境空气 一氧化碳的测定 非分散红外法	GB 9801	气体滤波相关红外吸收法、非分散红外吸收法
4	臭氧（O_3）	环境空气 臭氧的测定 靛蓝二磺酸钠分光光度法	HJ 504	紫外荧光法、差分吸收光谱分析法
		环境空气 臭氧的测定 紫外分光光度法	HJ 590	
5	颗粒物（粒径小于等于 10 μm）	环境空气 PM10 和 PM2.5 的测定 重量法	HJ 618	微量振荡天平法、β射线法
6	颗粒物（粒径小于等于 2.5 μm）	环境空气 PM10 和 PM2.5 的测定 重量法	HJ 618	微量振荡天平法、β射线法

（续表）

| 序号 | 污染物项目 | 手工分析方法 | | 自动分析方法 |
		分析方法	标准编号	
7	总悬浮物颗粒（TSP）	环境空气　总悬浮物颗粒的测定　重量法	GB/T 15432	—
8	氮氧化物（NOx）	环境空气　氮氧化物（一氧化氮和二氧化氮）的测定　盐酸萘乙二胺分光光度法	HJ 479	化学发光发、差分吸收光谱分析法
9	铅（Pb）	环境空气　铅的测定　石墨炉原子吸收分光光度法（暂行）	HJ 539	—
		环境空气　铅的测定　火焰原子吸收分光光度法	GB/T 15264	—
10	苯并[a]芘（BaP）	空气质量　飘尘中苯并[a]芘的测定　乙酰化滤纸层析荧光分光光度法	GB 8971	—
		环境空气　苯并[a]芘的测定　高效液相色谱法	GB/T 15439	—

6　数据统计的有效性规定

6.1　应采取措施保证监测数据的准确性、连续性和完整性，确保全面、客观地反映检测结果。所有有效数据均应参加统计和评价，不得选择性地舍弃不利数据以及人为干预监测和评价结果。

6.2　采用自动监测设备检测时，监测仪器应全天365天（闰年366天）连续运行。在监测仪器校准、停电和设备故障，以及其他不可抗因素导致不能获得连续监测数据时，应采取有效措施及时恢复。

6.3　异常值的判断和处理应符合 HJ 630 的规定。对于监测过程中缺失和删除的数据均应说明原因，并保留详细的原始数据记录，以备数据审核。

6.4　任何情况下，有效的污染物浓度数据均应符合表4中的最低要求，否则应视为无效数据。

表4　污染物浓度数据有效性的最低要求

污染物项目	平均时间	数据有效性规定
二氧化硫（SO_2）、二氧化氮（NO_2）、颗粒物（粒径小于等于 10 μm）、颗粒物（粒径小于等于 2.5 μm）、氮氧化物（NO_x）	年平均	每年至少有 324 个日平均浓度值；每月至少有 27 个日平均浓度值（2月至少有 25 个日平均浓度值）

（续表）

污染物项目	平均时间	数据有效性规定
二氧化硫（SO_2）、二氧化氮（NO_2）、一氧化碳（CO）、颗粒物（粒径小于等于 10 μm）、颗粒物（粒径小于等于 2.5 μm）、氮氧化物（NO_x）	24 小时平均	每日至少有 20 个小时平均浓度值或采样时间
臭氧（O_3）	8 小时平均	每 8 个小时至少有 6 个小时平均浓度值
二氧化硫（SO_2）、二氧化氮（NO_2）、一氧化碳（CO）、臭氧（O_3）、氮氧化物（NO_x）	1 小时平均	每小时至少有 45 min 的采样时间
总悬浮颗粒物（TSP）、苯并[a]芘（BaP）、铅（Pb）	年平均	每年至少有分布均匀的 60 个日平均浓度值；每月至少有分布均匀的 5 个日平均浓度值
铅（Pb）	季平均	每季至少有分布均匀的 15 个日平均浓度值；每月至少有分布均匀的 5 个日平均浓度值
总悬浮颗粒物（TSP）、苯并[a]芘（BaP）、铅（Pb）	24 小时平均	每日应有 24 h 的采样时间

7 实施与监督

7.1 本标准由各级环境保护行政主管部门负责监督实施。

7.2 各类环境空气功能区的范围由县级以上（含县级）人民政府环境保护行政主管部门划分，报本级人民政府批准实施。

7.3 按照《中华人民共和国大气污染防治法》的规定，未达到本标准的大气污染防治重点城市，应当按照国务院或者国务院环境保护行政主管部门规定的期限，达到本标准。该城市人民政府应当制定限期达标规划，并可以根据国务院的授权或者规定，采取更严格的措施，按期实现达标规划。

附录 A

（资料性附录）

环境空气中镉、汞、砷、六价铬和氟化物参考浓度限值

各省级人民政府可根据当地环境保护的需要，针对环境污染的特点，对本标准中未规定的污染物项目制定并实施地方环境空气质量标准。以下为环境空气中部分污染物参考浓度限值。

表 A.1　环境空气中镉、汞、砷、六价铬和氟化物参考浓度限值

序号	污染物项目	平均时间	浓度（通量）限值	
			一级	二级
1	镉（Cd）（$\mu g/m^3$）	年平均		
2	汞（Hg）（$\mu g/m^3$）	年平均	0.005	0.005
3	砷（As）（$\mu g/m^3$）	年平均	0.05	0.05
4	六价铬［Cr（VI）］（$\mu g/m^3$）	年平均	0.006	0.006
		1 h 平均	0.000 025	0.000 025
5	氟化物［$\mu g/（dm^2 \cdot d）$］	24 h 平均	20[1]	20[1]
		月平均	7[1]	7[1]
		植物生长季平均	1.8[2]	3.0[3]
			1.2[2]	2.0[3]

注：[1]适应于城市地区；[2]适用于农牧业区和以牧业为主的半农半牧区，蚕桑区；[3]适用于农业和林业区。

保护农作物的大气污染物最高允许浓度

1　根据各种作物、蔬菜、果树、桑茶和牧草对二氧化硫、氟化物的耐受能力，将农作物分为敏感、中等敏感和抗性三种不同类型，分别制定浓度限值。农作物敏感性的分类是以各项大气污染物对农作物生产力、经济性状况和叶片伤害的综合考虑为依据。各项大气污染物的浓度限值列于表1。

表1　保护农作物的大气污染物浓度限值

污染物	作物敏感程度	生长季平均浓度[①]	日平均浓度[②]	任何一次[③]	农作物种类
二氧化硫[④]	敏感作物	0.05	0.15	0.5	冬小麦、春小麦、大麦、荞麦、大豆、甜菜、芝麻、菠菜、青菜、白菜、莴苣、黄瓜、南瓜、西葫芦、马铃薯、苹果、梨、葡萄、苜蓿、三叶草、鸭茅、黑麦草
	中等敏感作物	0.08	0.25	0.7	水稻、玉米、燕麦、高粱、棉花、烟草、番茄、茄子、胡萝卜、桃、杏、李、柑橘、樱桃
	抗性作物	0.12	0.3	0.8	蚕豆、油菜、向日葵、甘蓝、芋头、草莓

注：①"生长季平均浓度"为任何一个生长季的日平均浓度值不许超过的限值；②"日平均浓度"为任何一日的平均浓度不许超过的限值；③"任何一次"为任何一次采样测定不许超过的浓度限值；④二氧化硫浓度单位为 mg/m^3。

2　各类不同敏感性农作物的大气污染物浓度限值，是在长期和短期接触的情况下，保证各类农作物正常生长，不发生急、慢性伤害的空气质量要求。

3　氟化物敏感农作物的浓度限值，除保护作物、蔬菜、果树、桑叶和牧草的正常生长，不发生急、慢性伤害外，还保证桑叶和牧草一年内月平均的含氟量分别不超过 30 mg/kg 和 40 mg/kg 的浓度阈值，保护桑蚕和牲畜免遭危害。

4　标准的实施与管理：本标准由各级环境保护部门会同各级农业环境保护部门负责监督实施。

5　监测方法

5.1　大气监测中的布点、采样、分析、数据处理等分析方法工作程序，暂按城乡建设环境保护部环保局颁布的《环境监测分析方法》（1983 年）的有关规定进行。

5.2 标准中各项污染物的监测方法见表2。

表2　污染物检测方法

污染物名称	监测方法
二氧化硫	GB 8970—88 盐酸副玫瑰苯胺比色法
氟化物	碱性滤纸采样、氟离子电极法

农田灌溉水质标准

1　范围

本标准规定了农田灌溉水水质要求、检测和分析方法。

本标准适用于宽窄高端卷烟原料生产基地的农田灌溉用水。

2　规范性引用文件

下列文件中的条款通过本标准的引用而成为本标准的条款，凡是注明日期的引用文件，其随后所有的修改单（不包括勘误的内容）和修订版均不适用于本标准。然而，鼓励根据本标准达成协议的各方研究是否可使用这些文件的最新版本。凡是不注日期的引用文件，其最新版本适用于本标准。

GB/T 5750—1985　生活饮用水标准检测法

GB/T 6920　水质　pH 值的检测　玻璃电极法

GB/T 7467　水质　六价铬的测定　二苯碳酰二肼分光光度法

GB/T 7468　水质　总汞的测定　冷原子吸收分光光度法

GB/T 7475　水质　铜、锌、铅、铬的测定　原子吸收分光光度法

GB/T 7484　水质　氟化物的测定　离子选择电极法

GB/T 7485　水质　总砷的测定　二乙基二硫代氨基甲酸银分光光度法

GB/T 7486　水质　氰化物的测定　第一部分　总氰化物的测定

GB/T 7488　水质　五日生化需氧量（BOD$_5$）的测定　稀释与接种法

GB/T 7490　水质　挥发酚的测定　蒸馏后 4-氨基安替比林分光光度法

GB/T 7494　水质　阴离子表面活性剂的测定　亚甲蓝分光光度法

GB/T 11896　水质　氯化物的测定　硝酸银滴定法

GB/T 11901　水质　悬浮物的测定　重量法

GB/T 11902　水质　硒的测定　2,3-二氨基萘荧光法

GB/T 11914　水质　化学需氧量的测定　重铬酸盐法

GB/T 11934　水源水中乙醛、丙烯醛卫生检验标准方法　气相色谱法

GB/T 11937　水源水中苯系物卫生检验标准方法　气相色谱法

GB/T 13195　水质　水温的测定　温度计或颠倒温度计测定法

GB/T 16488　水质　石油类和动物油的测定　红外光度法

GB/T 16489　水质　硫化物的测定　亚甲基蓝分光光度法

HJ/T 49　水质　硼的测定　姜黄素分光光度法

HJ/T 50　水质　三氯乙醛的测定　吡唑啉酮分光光度法

HJ/T 51　水质　全盐量的测定　重量法

NY/T 396　农用水源环境质量检测技术规范

3　技术内容

3.1　农田灌溉用水水质应符合表1、表2的规定。

表1　农田灌溉用水水质基本控制项目标准值

序号	项目类别	作物种类		
		水作	旱作	蔬菜
1	五日生化需氧量（mg/L）≤	60	100	40[①]，15[②]
2	化学需氧量（mg/L）≤	150	200	100[①]，60[②]
3	悬浮物（mg/L）≤	80	100	60[①]，15[②]
4	阴离子表面活性剂（mg/L）≤	5	8	5
5	水温（℃）≤	35		
6	pH值	5.5~8.5		
7	全盐量（mg/L）≤	1 000°（非盐碱土地区），2 000°（盐碱土地区）		
8	氯化物（mg/L）≤	350		
9	硫化物（mg/L）≤	1		
10	总汞（mg/L）≤	0.001		
11	镉（mg/L）≤	0.01		
12	总砷（mg/L）≤	0.05	0.1	0.05
13	铬（六价）（mg/L）≤	0.1		
14	铅（mg/L）≤	0.2		
15	粪大肠菌落数（个/100 mL）≤	4 000	4 000	2 000[①]，1 000[②]
16	蛔虫卵数（个/L）≤	2		2[①]，1[②]

注1：①加工、烹调及去皮果蔬；②生食类蔬菜、瓜果和草本水果。

注2：具有一定的水利灌排设施，能保证一定的排水和地下水径流条件的地区，或有一定淡水资源能满足冲洗土体中盐分的地区，农田灌溉水质全盐量指标可以适当放宽。

表 2 农田灌溉用水水质选择性控制项目标准值

序号	项目类别	作物种类		
		水作	旱作	蔬菜
1	铜（mg/L）≤	0.5	1	
2	锌（mg/L）≤	2		
3	硒（mg/L）≤	0.02		
4	氟化物（mg/L）≤	2（一般地区），3（高氟区）		
5	氰化物（mg/L）≤	0.05		
6	石油类（mg/L）≤	5	10	1
7	挥发酚（mg/L）≤	1		
8	苯（mg/L）≤	2.5		
9	三氯乙醛（mg/L）≤	1	0.5	0.5
10	丙烯醛（mg/L）≤	0.5		
11	硼（mg/L）≤	1[①]（对硼敏感作物），2[②]（对硼耐受性较强的作物），3[③]（对硼耐受性强的作物）		

注：①对硼敏感作物，如黄瓜、豆类、马铃薯、笋瓜、韭菜、洋葱、柑橘等；②对硼耐受性较强的作物，如小麦、玉米、青椒、小白菜、葱等；③对硼耐受性强的作物，如水稻、萝卜、油菜、甘蓝等。

3.2 向农田灌溉渠道排放处理后的养殖业废水及以农产品为原料加工的工业废水，应保证其下游最近灌溉取水点的水质符合本标准。

3.3 当本标准不能满足当地环境保护需要或农业生产需要时，省、自治区、直辖市人民政府可以补充本标准中未规定的项目或制定严于本标准的相关项目，作为地方补充标准，并报国务院环境保护行政主管部门和农业行政主管部门备案。

4 检测与分析方法

4.1 检测

4.1.1 农田灌溉用水水质基本控制项目，检测项目的布点监测频率应符合 NY/T 396 的要求。

4.1.2 农田灌溉用水水质选择性控制项目，由地方主管部门根据当地农业水源的来源和可能的污染物种类选择相应的控制项目，所选择的控制项目监测布点和频率应符合 NY/T 396 的要求。

4.2 分析方法

本标准控制项目分析方法按表 3 执行。

表3 农田灌溉水质控制项目分析方法

序号	分析项目	测定方法	方法来源
1	生化需氧量（BOD_5）	稀释与接种法	GB/T 7488
2	化学需氧量	重铬酸盐法	GB/T11914
3	悬浮物	重量法	GB/T 11901
4	阴离子表面活性剂	亚甲蓝分光光度法	GB/T 7494
5	水温	温度计或颠倒温度计测定法	GB/T 13195
6	pH	玻璃电极法	GB/T 6920
7	全盐量	重量法	HJ/T 51
8	氯化物	硝酸银滴定法	GB/T 11896
9	硫化物	亚甲基蓝分光光度法	GB/T 16489
10	总汞	冷原子吸收分光光度法	GB/T 7468
11	镉	原子吸收分光光度法	GB/T 7475
12	总砷	二乙基二硫代氨基甲酸银分光光度法	GB/T 7485
13	铬（六价）	二苯碳酰二肼分光光度法	GB/T 7467
14	铅	原子吸收分光光度法	GB/T 7475
15	铜	原子吸收分光光度法	GB/T 7475
16	锌	原子吸收分光光度法	GB/T 7475
17	硒	2,3-二氨基萘荧光法	GB/T 11902
18	氟化物	离子选择电极法	GB/T 7484
19	氰化物	硝酸银滴定法	GB/T 7486
20	石油类	红外光度法	GB/T 16488
21	挥发酚	蒸馏后4-氨基安替比林分光光度法	GB/T 7490
22	苯	气相色谱法	GB/T 11937
23	三氯乙苯	吡唑啉酮分光光度法	HJ/T 50
24	丙烯醛	气相色谱法	GB/T 11934
25	硼	姜黄素分光光度法	HJ/T 49
26	粪大肠菌群数	多管发酵法	GB/T 5750—1985
27	蛔虫卵数	沉淀集卵法①	《农业环境检测实用手册》第三章中"水质 污水蛔虫卵的测定 沉淀集卵法"

注：①暂采用此方法，待国家方法标准颁布后，执行国家标准。

无公害烟叶　产地环境条件

1　范围

本标准规定了无公害烟叶的术语和定义，确定了环境空气质量、灌溉水质量、土壤环境质量的各个项目及其浓度（含量）限值和试验方法。

本标准适用于宽窄高端卷烟原料生产基地产地环境评价。

2　规范性引用文件

下列文件对于本文件的应用是必不可少的。凡是注日期的引用文件，仅所注日期的版本适用于本文件。凡是不注日期的引用文件，其最新版本（包括所有的修改单）适用于本文件。

GB/T 8538　饮用天然矿泉水检验方法

GB/T 15262　环境空气　二氧化硫的测定　甲醛吸收-副玫瑰苯胺分光光度法

GB/T 15432　环境空气　总悬浮颗粒物的测定　重量法

GB/T 15434　环境空气　氟化物的测定　滤膜·氟离子选择电极法

GB/T 15435　环境空气　二氧化氮的测定　Saltzman 法

GB/T 17134　土壤质量　总砷的测定　二乙基二硫代氨基甲酸银分光光度法

GB/T 17137　土壤质量　总铬的测定　火焰原子吸收分光光度法

GB/T 22105　土壤质量　总汞、总砷、总铅的测定　原子荧光法

NY/T 395　农田土壤环境质量监测技术规范

NY/T 396　农用水源环境质量监测技术规范

NY/T 397　农区环境空气质量监测技术规范

NY/T 1121.17　土壤检测　第十七部分：土壤氯离子含量的测定

3　术语和定义

下列术语和定义适用于本文件。

3.1　无公害烟叶　pollution-free tobacco

在生产过程中选择合适的产地，允许使用限定的农药、化肥和合成化学物质，外源有害物质含量（农药残留、重金属）达到限量指标要求的烟叶。

3.2　环境条件　environmental condition

影响烟草生长和质量的空气、灌溉水和土壤等自然条件。

4 要求

4.1 产地选择

无公害烟叶产地应选择在生态条件良好，远离污染源，并具有可持续生产能力的农业生产区域。

4.2 空气环境质量

空气质量应符合表 1 的规定。

表 1 环境空气质量要求

项目	限值	
	日平均	1 h 平均
总悬浮颗粒物（标准状态）（mg/m³） ≤	0.30	—
二氧化硫（标准状态）（mg/m³） ≤	0.15	0.50
二氧化氮（标准状态）（mg/m³） ≤	0.10	0.15
氟化物（标准状态）（μg/m³） ≤	7	20

注：日平均指任何一日的平均浓度；1 h 平均指任何 1 h 的平均浓度。

4.3 灌溉水质量

灌溉水质量应符合表 2 的规定。

表 2 灌溉水质量要求

项目	限值
pH 值	5.5~8.5
总汞（mg/L） ≤	0.001
总镉（mg/L） ≤	0.005
总砷（mg/L） ≤	0.05
总铅（mg/L） ≤	0.05
铬（六价）（mg/L） ≤	0.1
氟化物（mg/L） ≤	3.0
氰化物（mg/L） ≤	0.5
石油类（mg/L） ≤	10
氯化物（mg/L） ≤	16

4.4 土壤环境质量

土壤环境质量应符合表 3 的规定。

表3　土壤环境质量要求

项目		限值		
		pH 值<6.5	pH 值 6.5~7.5	pH 值>7.5
镉（mg/kg）	≤	0.30	0.30	0.60
汞（mg/kg）	≤	0.30	0.40	0.8
砷（mg/kg）	≤	30	25	20
铅（mg/kg）	≤	200	250	300
铬（mg/kg）	≤	150	200	250
氯化物（mg/kg）≤		30		

注：以上重金属项目均按元素量计，适用于阳离子交换量>5 cmol（+）/kg 的土壤,若≤5 cmol（+）/kg,其限值为表内数值的半数。

5　检测方法

5.1　采样

5.1.1　环境空气质量检测的采样

按 NY/T 397 执行。

5.1.2　灌溉水质量检测的采样

按 NY/T 396 执行。

5.1.3　土壤环境质量检测的采样

按 NY/T 395 执行。

5.2　环境空气质量指标检测

5.2.1　总悬浮颗粒物的测定

按 GB/T 15432 的规定执行。

5.2.2　二氧化硫的测定

按 GB/T 15262 的规定执行。

5.2.3　二氧化氮的测定

按 GB/T 15435 的规定执行。

5.2.4　氟化物的测定

按 GB/T 15434 的规定执行。

5.3　灌溉水质量指标检测

按 GB/T 8538 的规定执行。

5.4　土壤环境质量指标的检测

5.4.1　总砷的测定

按 GB/T 17134 的规定执行。

5.4.2　铬的测定

按 GB/T 17137 的规定执行。

5.4.3 总汞、总铅、总镉的测定

按 GB/T 22105 的规定执行。

5.4.4 氯化物的测定

按 NY/T 1121.17 的规定执行。

基本烟田布局规划规程

1　范围

本标准规定了基本烟田必须具有的自然条件及必须实行的轮作制度、原则等。

本标准适用于宽窄高端卷烟原料生产基地布局规划。

2　自然地理条件

2.1　基本烟田规划宜选择在地势平坦，光照充足，排灌方便，土层深厚，肥力中上，土壤理化指标合理，生态环境能满足优质烟叶生长，道路畅通的塬地、川地及小丘陵的坡地。

2.2　以下几种田块不能规划为基本烟田。

（1）持续连作烤烟，病害历年加重的田块。

（2）前茬作物不利于烤烟生长，为茄科、葫芦科作物的田块。

（3）土层较薄、耕层浅、板结严重、保水保肥能力差，养分失调，易涝怕旱、排水不畅的积水地、坡度在 25°以上的田块。

3　轮作制度

坚持烟田 3 年一轮作制度，轮作前茬为糜、谷茬或冬小麦茬。

4　理化指标

4.1　植烟土壤 pH 值以 5.5~7.0 为宜。

4.2　植烟土壤有机质含量大于 1%以上。

5　布局原则

5.1　坚持当地农业发展规划与基本烟田规划有机结合的原则。

5.2　坚持合理利用资源，优化布局的原则。

5.3　坚持以烟为主、合理轮作、用养结合的原则。

5.4　坚持适度规模种植的原则。

6　支持性文件

无。

7 附录（资料性附录）

序号	记录名称	记录编号	填制/收集部门	保管部门	保管年限
—	—	—	—	—	—

第三部分　品种选择关键技术标准

红花大金元品种标准

1 范围

本标准描述了烤烟良种红花大金元的品种来源、特征特性、产量、品质特点及栽培与烘烤技术要点。

本标准适用于凉山宽窄烟叶原料种植区。

2 风险与机遇识别及评价

风险与机遇识别及评价见表1。

表1 风险与机遇识别及评价

序号	过程/活动	风险因素	可能导致的后果	风险等级	控制措施	是否有新的机遇
1	生长过程	植株发生变异	影响烟叶产量和质量	1级	及时观察处理	否

3 品种来源

红花大金元原名路美邑烟，1962年云南省路南县路美邑村烟农从大金元变异株中选出单株，1972—1974年经云南省农业科学院烤烟研究所和曲靖地区烟叶办公室进一步选择培育而成，因花色深红故于1975年定名为红花大金元。1988年通过全国烟草品种审定委员会审定。

4 特征、特性

4.1 农艺性状

植株呈塔形，封顶株高100~120 cm，节距4.0~4.7 cm，茎秆粗壮，茎围9.5~11 cm，可采叶18~20片。

4.2 植物学性状

腰叶长椭圆形，叶尖渐尖，叶面较平，叶缘波浪状，叶色绿色，叶耳大，主脉较粗，叶肉组织细致，茎叶角度小，叶片较厚，花序繁茂，花冠深红色。移栽至中心花开放52~62 d，大田生育期110~120 d。田间长势好。叶片落黄慢，耐成熟，有一定耐旱能力，但耐肥性较差。

4.3 抗病性

中抗南方根结线虫病，气候型斑点病轻，感黑胫病、根黑腐病、赤星病、野火病和普通花叶病。由于红花大金元抗病性差，因此在苗期和大田前期要充分注意对根黑腐病、黑胫病和花叶病的防治，叶片成熟期应充分注意赤星病、野火病的防治。

4.4 产量和质量特点

该品种烤后原烟颜色多为金黄色、柠檬黄色，油分多，光泽强，富弹性，身份适中，评吸清香型风格突出，香气质好，香气细腻幽雅，香气量尚足，浓度中等，杂气有，劲头适中，燃烧性强，灰色白。

5 栽培与烘烤技术要点

5.1 栽培技术要点

适宜在中等肥力的地块种植，要坚持轮作，适时播种移栽，严格掌握氮肥用量，一般亩①施纯氮 4~6 kg，氮磷钾比例 1∶1∶3，亩栽烟 1 100~1 200 株，中心花开放时打顶，留叶 18~20 片。一般亩产量 130~150 kg。

5.2 烘烤技术要点

红花大金元叶片落黄慢，应充分成熟采收，严防采青。烘烤中变黄速度慢，而失水速度又快，较难定色，难烘烤。变黄期温度 38~40℃，变黄 7~8 成，注意通风排湿，40℃后烤房湿球温度应控制在 36~38℃，43℃烟叶变黄 9 成，45℃保温使烟叶全部变黄。定色前期慢升温，加强通风排湿，烟筋变黄后升温转入定色后期，干筋期温度不超过 68℃。红花大金元烘烤较难。

---

① 1 亩≈667m²，全书同。

云烟 87 品种标准

1　范围

本部分明确了烤烟品种云烟 87 的品种来源、主要特征特性、适宜种植区域和栽培调制技术要点。

本部分适用于凉山宽窄烟叶原料种植区云烟 87 的栽培种植技术指导。

2　术语定义

GB 2635 和 GB/T 18771.1 界定的以及下列术语和定义适用于本部分。

2.1　植物学性状

是指对植物的根、茎、叶、花、果实、种子的性状描述。

注：烤烟品种的植物学性状描述参见 YC/T 142。

2.2　农艺性状

烟草具有的与生产有关的特征和特性，是鉴别品种生产性能的重要标志，受品种特性和环境条件的影响，包括植株打顶后株高、茎围、节距、有效叶数、腰叶长、腰叶宽、生育期等。

注：参见 YC/T 142，定义 2.2。

2.3　品质性状

用于鉴定烤烟原烟烟叶品质的特征或指标，包括原烟外观质量、内在质量、感官评吸质量等。外观质量包括烤后原烟颜色、成熟度、叶片结构、身份、油分、色度等；内在质量主要指原烟还原糖、总糖、总植物碱、总氮、钾（K_2O）、氯、淀粉含量和糖碱比、氮碱比、钾氯比、两糖差、施木克值等化学成分指标；感官质量定性描述主要指香型、香气质、香气量、劲头、浓度、透发性、质量档次等。

注 1：特征描述参见 GB 2635，3.1 术语。

注 2：指标参见 Q/SDYC 1218。

2.4　经济性状

是指烟草生产中构成影响烟叶经济效能主要相关性状。包括单位面积产量、产指、级指或产值、均价、上等烟比例、上中等烟比例、单叶重。

2.5　抗病性

是指对重要烟草病害的抗耐性能力。烟草主要病害包括黑胫病、赤星病、烟草普通花叶病（TMV）、烟草黄瓜花叶病（CMV）、马铃薯 Y 病毒（PVY）、青枯病、根结线虫病、气候性斑点病等。

2.6 大田生育期

从移栽至烟叶采收结束（留种田至种子采收结束）的整个生长阶段。

注：参见 GB/T 18771.1，烟草栽培 3.16。

2.7 品种的特异性

该品种明显区别于其他已知品种的特征特性。

注：参见 GB/T 19557.1，定义 3.7。

2.8 品种的一致性

指品种经过繁殖，除可以预见的变异外，其相关的特征或者特性一致。可以用该品种典型特征特性表现的一致性程度或纯度表示。原种纯度不低于 99.9%，一级良种纯度不低于 99.5%，二级良种纯度不低于 99.0%。

注1：参见 GB/T 19557.1，定义 3.8。

注2：指标按 YC 19 规定的执行。

2.9 品种的稳定性

该品种经过反复繁殖后或者在特定繁殖周期结束时，其相关的特征或者特性保持不变。即该品种在不同环境条件下具有最小的方差或与环境条件具有最小互作。

注：参见 GB/T 19557.1，定义 3.9。

3 品种来源

中国烟草育种研究（南方）中心以云烟二号为母本，K326 为父本杂交选育而成。2000 年 12 月通过国家品种审定委员会审定。

4 特征特性

4.1 植物学性状

株形为塔形，打顶后为筒形，自然株高 178~185 cm，打顶株高 110~118 cm，大田着生叶片数 25~27 片，有效叶数 18~20 片；腰叶长椭圆形，长 73~82 cm，宽 28.2~34 cm，叶面皱，叶色深绿，叶尖渐尖，叶缘波浪状；叶耳大，花枝少，比较集中，花色红；节距 5.5~6.5 cm，叶片上下分布均匀；大田生育期 110~115 天，种性稳定，变异系数较 K326 小。

4.2 品质性状

云烟 87 品种下部烟叶为柠檬色，中上部烟叶为金黄色或橘黄色，烟叶厚薄适中，油分多，光泽强，组织疏松；总糖含量 31.14%~31.66%，还原糖含量 24.05%~26.38%，烟碱含量 2.28%~3.16%，总含氮量 1.65%~1.67%，蛋白质含量 7.03%~7.85%；各种化学成分协调，评吸质量档次为中偏上。

4.3 经济性状

移栽至旺长期烟株生长缓慢，后期生长迅速，生长整齐；亩产量 174.2 kg，亩产量、均价、上等烟比例、亩产值均高于对照 K326。

4.4 抗病性

抗黑胫病，中抗南方根结线虫病，而普通花叶病，抗叶斑病，中抗青枯病。

4.5　栽培技术要点

云烟 87 最适宜种植海拔为 1 500～1 800 m，海拔超过 1 800 m 的烟区采用地膜栽培技术，也能获得优质、适产、高效益；适应性广，抗逆力强；苗期生长速度快，品种较耐肥，需肥量与 K326 接近，亩施纯氮 8～9 kg；针对云烟 87 前期生长慢，后期生长迅速的特点，基肥不超过 1/3，追肥占 2/3，分再次追施较为合理；并根据年份的气候、降水量等特点因素，合理掌握封顶时间，不过早封顶，以免烟株后期长势过头。

4.6　烘烤技术要点

云烟 87 叶片厚薄适中，田间落黄均匀，易烘烤，其变黄定色和失水干燥较为协调一致，变黄期温度 36～38℃，定色期温度 52～54℃，叶肉基本烤干，干筋期在 68℃ 以下，烤干全炉烟叶，以保证香气充足。烘烤特性与 K326 接近，可与 K326 同炉烘烤。

中烟100品种标准

1 范围

本部分明确了烤烟品种中烟100的品种来源、主要特征特性、适宜种植区域和栽培调制技术要点。

本部分适用于凉山宽窄烟叶原料种植区中烟100的栽培种植技术指导。

2 规范性引用文件

下列文件对于本文件的应用是必不可少的。凡是注日期的引用文件，仅所注日期的版本适用于本文件。凡是不注日期的引用文件，其最新版本（包括所有的修改单）适用于本文件。

GB 2635　烤烟

GB/T 18771.1　烟草术语　第1部分：烟草栽培、调制与分级

GB/T 19557.1　植物新品种特异性、一致性和稳定性测试指南　总则

YC 19　烟草种子

YC/T 142　烟草农艺性状调查方法

Q/SDYC 1215　烤烟采收技术规程

Q/SDYC 1216　烤烟密集烘烤技术规程

Q/SDYC 1218　烤烟烟叶质量要求

3 术语和定义

GB 2635 和 GB/T 18771.1 界定的以及下列术语和定义适用于本部分。

3.1 植物学性状

是指对植物的根、茎、叶、花、果实、种子的性状描述。

注：烤烟品种的植物学性状描述参见 YC/T 142。

3.2 农艺性状

烟草具有的与生产有关的特征和特性，是鉴别品种生产性能的重要标志，受品种特性和环境条件的影响，包括植株打顶后株高、茎围、节距、有效叶数、腰叶长、腰叶宽、生育期等。

注：参见 YC/T 142，定义 3.2。

3.3 品质性状

用于鉴定烤烟原烟烟叶品质的特征或指标，包括原烟外观质量、内在质量、感官评

吸质量等。外观质量包括烤后原烟颜色、成熟度、叶片结构、身份、油分、色度等；内在质量主要指原烟还原糖、总糖、总植物碱、总氮、钾（K₂O）、氯、淀粉含量和糖碱比、氮碱比、钾氯比、两糖差、施木克值等化学成分指标；感官质量定性描述主要指香型、香气质、香气量、劲头、浓度、透发性、质量档次等。

注 1：特征描述参见 GB 2635，3.1 术语。

注 2：指标参见 Q/SDYC 1218。

3.4　经济性状

是指烟草生产中构成影响烟叶经济效能主要相关性状。包括单位面积产量、产指、级指或产值、均价、上等烟比例、上中等烟比例、单叶重。

3.5　抗病性

是指对重要烟草病害的抗耐性能力。烟草主要病害包括黑胫病、赤星病、烟草普通花叶病（TMV）、烟草黄瓜花叶病（CMV）、马铃薯 Y 病毒（PVY）、青枯病、根结线虫病、气候性斑点病等。

3.6　生育期

烟草从出苗到籽实成熟的总天数；栽培烟草从出苗到烟叶采收结束的总天数。

注：参见 YC/T 142，定义 3.1。

3.7　大田生育期

从移栽至烟叶采收结束（留种田至种子采收结束）的整个生长阶段。

注：参见 GB/T 18771.1，烟草栽培 3.16。

3.8　品种的特异性

该品种明显区别于其他已知品种的特征特性。

注：参见 GB/T 19557.1，定义 3.7。

3.9　品种的一致性

指品种经过繁殖，除可以预见的变异外，其相关的特征或者特性一致。可以用该品种典型特征特性表现的一致性程度或纯度表示。原种纯度不低于 99.9%，一级良种纯度不低于 99.5%，二级良种纯度不低于 99.0%。

注 1：参见 GB/T 19557.1，定义 3.8。

注 2：指标按 YC 19 规定的执行。

3.10　品种的稳定性

该品种经过反复繁殖后或者在特定繁殖周期结束时，其相关的特征或者特性保持不变。即该品种在不同环境条件下具有最小的方差或与环境条件具有最小互作。

注：参见 GB/T 19557.1，定义 3.9。

4　品种来源

中国烟草遗传育种研究（北方）中心以烤烟品系 9201 为母本与烤烟品种 NC82 杂交，F₁ 用 NC82 回交一次后经系谱法定向选育而成。2002 年 12 月通过全国烟草品种审定委员会审定（国审烟200201）。

5 特征特性

5.1 植物学性状

植株筒形，单株着生叶数24片左右，叶形长椭圆，叶色绿，叶尖渐尖，叶缘波浪状，叶面较皱，叶片分布均匀。花枝较松散，花冠粉红色，蒴果卵圆形。

5.2 农艺性状

打顶株高90~110 cm，茎围7~10 cm，节距4.5~5.5 cm，有效叶数20~22片，腰叶长65~71 cm，腰叶宽30~33 cm。苗床期较短，一般为50~55 d，移栽至中心花开放为59~63 d，大田生育期116 d左右。苗期长势强。田间前期生长势稍弱，开片稍慢；中期长势较强，生长整齐一致。

5.3 品质性状

原烟外观质量，多金黄色，组织结构疏松，油分有至多，身份适中，光泽强，叶片尖部、基部色度均匀；内在主要化学成分含量适宜，比例协调；感官评吸质量，香气质中偏上，香气量尚足，浓度较浓，杂气有，劲头适中，刺激性有，余味舒适，吃味纯净，燃烧性强，灰色灰白，质量档次中偏上。

质量要求指标参见 Q/SDYC 1218。

5.4 经济性状

烟叶产量2 250~3 150 kg/ hm²；上等烟比例占30%~45%；上中等烟比例占79%~89%；单叶重5~10 g。

5.5 抗病性

高抗赤星病，抗黑胫病，中抗根结线虫病，中感烟草黄瓜花叶病（CMV）、青枯病，感烟草普通花叶病（TMV），气候性斑点病田间自然发病轻。

6 适宜种植区域

凉山州宽窄烟叶原料产地肥水条件较好的区域种植。

7 栽培技术要点

该品种农艺适应性强，喜肥水，适合中等肥力以上、水浇条件好的烟田种植，宜采用地膜覆盖栽培技术。中等肥力地块，一般施纯氮75~97.5 kg/ hm²，氮磷钾肥配比1∶（1~1.5）∶（2~3），以重施基肥，双层施肥为宜。栽培密度16 500~19 500株/ hm²。团棵期前原则上不浇水，旺长期及时浇好旺长水，成熟期适当补充圆顶水。现蕾至中心花开放打顶，单株留叶数20~22片，留叶数以植株平顶后株型呈筒形或微腰鼓形为宜。

8 采收和烘烤技术要点

田间成熟时能分层落黄，落黄快且整齐，耐熟性中等。参照 Q/SDYC 1215 进行采收。要求下部烟叶适熟采收，中上部烟叶成熟采收，上部4~6片烟叶充分成熟后一次集中采收。

易烤性好，耐烤性较好，烘烤特性好。参照Q/SDYC 1216进行烘烤。注意保证足够的烟叶变黄、定色时间，以利于物质的充分转化及香气物质的形成和积累。

K326 品种标准

1 范围

Q/SDYC 1204 的本部分明确了烤烟品种 K326 的品种来源、主要特征特性、适宜种植区域和栽培调制技术要点。

本部分适用于凉山宽窄烟叶原料种植区 K326 的栽培种植技术指导。

2 规范性引用文件

下列文件对于本文件的应用是必不可少的。凡是注日期的引用文件，仅所注日期的版本适用于本文件。凡是不注日期的引用文件，其最新版本（包括所有的修改单）适用于本文件。

GB 2635　烤烟

GB/T 18771.1　烟草术语　第 1 部分：烟草栽培、调制与分级

GB/T 19557.1　植物新品种特异性、一致性和稳定性测试指南　总则

YC 19　烟草种子

YC/T 142　烟草农艺性状调查方法

Q/SDYC 1215　烤烟采收技术规程

Q/SDYC 1216　烤烟密集烘烤技术规程

Q/SDYC 1218　烤烟烟叶质量要求

3 术语和定义

GB 2635 和 GB/T 18771.1 界定的以及下列术语和定义适用于本部分。

3.1 植物学性状

是指对植物的根、茎、叶、花、果实、种子的性状描述。

注：烤烟品种的植物学性状描述参见 YC/T 142。

3.2 农艺性状

烟草具有的与生产有关的特征和特性，是鉴别品种生产性能的重要标志，受品种特性和环境条件的影响，包括植株打顶后株高、茎围、节距、有效叶数、腰叶长、腰叶宽、生育期等。

注：参见 YC/T 142，定义 3.2。

3.3 品质性状

用于鉴定烤烟原烟烟叶品质的特征或指标，包括原烟外观质量、内在质量、感官评

吸质量等。外观质量包括烤后原烟颜色、成熟度、叶片结构、身份、油分、色度等；内在质量主要指原烟还原糖、总糖、总植物碱、总氮、钾（K_2O）、氯、淀粉含量和糖碱比、氮碱比、钾氯比、两糖差、施木克值等化学成分指标；感官质量定性描述主要指香型、香气质、香气量、劲头、浓度、透发性、质量档次等。

注1：特征描述参见 GB 2635，3.1 术语。

注2：指标参见 Q/SDYC 1218。

3.4 经济性状

是指烟草生产中构成影响烟叶经济效能主要相关性状。包括单位面积产量、产指、级指或产值、均价、上等烟比例、上中等烟比例、单叶重。

3.5 抗病性

是指对重要烟草病害的抗耐性能力。烟草主要病害包括黑胫病、赤星病、烟草普通花叶病（TMV）、烟草黄瓜花叶病（CMV）、马铃薯 Y 病毒（PVY）、青枯病、根结线虫病、气候性斑点病等。

3.6 生育期

烟草从出苗到子实成熟的总天数；栽培烟草从出苗到烟叶采收结束的总天数。

注：参见 YC/T 142，定义 3.1。

3.7 大田生育期

从移栽至烟叶采收结束（留种田至种子采收结束）的整个生长阶段。

注：参见 GB/T 18771.1，烟草栽培 3.16。

3.8 品种的特异性

该品种明显区别于其他已知品种的特征特性。

注：参见 GB/T 19557.1，定义 3.7。

3.9 品种的一致性

指品种经过繁殖，除可以预见的变异外，其相关的特征或者特性一致。可以用该品种典型特征特性表现的一致性程度或纯度表示。原种纯度不低于 99.9%，一级良种纯度不低于 99.5%，二级良种纯度不低于 99.0%。

注：参见 GB/T 19557.1，定义 3.8。

注：指标按 YC 19 规定的执行。

3.10 品种的稳定性

该品种经过反复繁殖后或者在特定繁殖周期结束时，其相关的特征或者特性保持不变。即该品种在不同环境条件下具有最小的方差或与环境条件具有最小互作。

注：参见 GB/T 19557.1，定义 3.9。

4 品种来源

美国北卡罗来纳州劳林堡的诺恩拉普金种子公司（Northup King Seed Company）用 McNair 225 与（McNair30×NC95）杂交选育而成。1985 年云南省从美国引进；1989 年全国烟草品种审定委员会审定为全国推广良种。

5 特征特性

5.1 植物学性状

植株筒形或塔形，单株着生叶数 24~26 片，叶形长椭圆，叶色绿，叶尖渐尖，叶缘波浪状，叶面较皱，叶耳小，主脉较细，叶片厚度中等，叶肉组织细致，茎叶角度大；花序集中，花冠淡红色。

5.2 农艺性状

打顶株高 90~110 cm，茎围 7~8.90 cm，节距 4~4.89 cm，有效叶数 18~22 片，腰叶长 55~65 cm，腰叶宽 22~26 cm。移栽至中心花开放 52~62 d，大田生育期 120 d 左右。田间生长整齐，腋芽生长势强。

5.3 品质性状

原烟外观质量，橘黄色，组织结构疏松，油分多，色度强，身份适中；内在主要化学成分含量适宜，比例协调；感官评吸质量，香气质尚好，香气量足，浓度中等，杂气有，劲头适中，刺激性有，余味尚舒适，燃烧性强，灰色灰白，质量档次中偏上。

质量要求指标参见 Q/SDYC 1218。

5.4 经济性状

烟叶产量 2 250 ~2 625 kg/ hm^2；上等烟比例占 30%~50%；上中等烟比例占 80%~90%；单叶重 8~12.5 g。

5.5 抗病性

高抗黑胫病；抗青枯病、爪哇根结线虫病；中抗南方根结线虫病，感野火病、烟草普通花叶病（TMV）、烟草黄瓜花叶病（CMV）、马铃薯 Y 病毒（PVY）、赤星病和气候性斑点病。

6 适宜种植区域

凉山州宽窄烟叶原料产地区肥水条件较好的平原和丘陵种植。

7 栽培技术要点

该品种农艺适应性强，耐肥，适宜中等以上肥力水平种植。中等肥力地块，施纯氮 75 ~90 kg/hm^2，氮磷钾比例为 1∶1∶（2~3）。栽培密度 16 500 ~19 500 株/hm^2，现蕾打顶，单株留叶 18~22 片。

8 采收和烘烤技术要点

田间成熟时能分层落黄，落黄较快且整齐，耐熟性中等。参照 Q/SDYC 1215 进行采收，要求下部叶适熟采收，中部叶成熟采收，上部叶充分成熟采收。

易烤性较好，耐烤性一般，烘烤特性中等。参照 Q/SDYC 1216 进行烘烤。烘烤下部叶时要特别注意排湿问题。

中烟 103 品种标准

1 范围

Q/SDYC 1204 的本部分明确了烤烟品种中烟 103 的品种来源、主要特征特性、适宜种植区域和栽培调制技术要点。

本部分适用于凉山宽窄烟叶原料种植区中烟 103 的栽培种植技术指导。

2 规范性引用文件

下列文件对于本文件的应用是必不可少的。凡是注日期的引用文件，仅所注日期的版本适用于本文件。凡是不注日期的引用文件，其最新版本（包括所有的修改单）适用于本文件。

GB 2635 烤烟

GB/T 18771.1 烟草术语 第 1 部分：烟草栽培、调制与分级

GB/T 19557.1 植物新品种特异性、一致性和稳定性测试指南 总则

YC 19 烟草种子

YC/T 142 烟草农艺性状调查方法

Q/SDYC 1215 烤烟采收技术规程

Q/SDYC 1216 烤烟密集烘烤技术规程

Q/SDYC 1218 烤烟烟叶质量要求

3 术语和定义

GB 2635 和 GB/T 18771.1 界定的以及下列术语和定义适用于本部分。

3.1 植物学性状 botanical character

是指对植物的根、茎、叶、花、果实、种子的性状描述。

注：烤烟品种的植物学性状描述参见 YC/T 142。

3.2 农艺性状

烟草具有的与生产有关的特征和特性，是鉴别品种生产性能的重要标志，受品种特性和环境条件的影响，包括植株打顶后株高、茎围、节距、有效叶数、腰叶长、腰叶宽、生育期等。

注：参见 YC/T 142，定义 3.2。

3.3 品质性状

用于鉴定烤烟原烟烟叶品质的特征或指标，包括原烟外观质量、内在质量、感官评

吸质量等。外观质量包括烤后原烟颜色、成熟度、叶片结构、身份、油分、色度等；内在质量主要指原烟还原糖、总糖、总植物碱、总氮、钾（K$_2$O）、氯、淀粉含量和糖碱比、氮碱比、钾氯比、两糖差、施木克值等化学成分指标；感官质量定性描述主要指香型、香气质、香气量、劲头、浓度、透发性、质量档次等。

注 1：特征描述参见 GB 2635，3.1 术语。

注 2：指标参见 Q/SDYC 1218。

3.4　经济性状

是指烟草生产中构成影响烟叶经济效能主要相关性状。包括单位面积产量、产指、级指或产值、均价、上等烟比例、上中等烟比例、单叶重。

3.5　抗病性

是指对重要烟草病害的抗耐性能力。烟草主要病害包括黑胫病、赤星病、烟草普通花叶病（TMV）、烟草黄瓜花叶病（CMV）、马铃薯 Y 病毒（PVY）、青枯病、根结线虫病、气候性斑点病等。

3.6　生育期

烟草从出苗到子实成熟的总天数；栽培烟草从出苗到烟叶采收结束的总天数。

注：参见 YC/T 142，定义 3.1。

3.7　大田生育期

从移栽至烟叶采收结束（留种田至种子采收结束）的整个生长阶段。

注：参见 GB/T 18771.1，烟草栽培 3.16。

3.8　品种的特异性

该品种明显区别于其他已知品种的特征特性。

注：参见 GB/T 19557.1，定义 3.7。

3.9　品种的一致性

指品种经过繁殖，除可以预见的变异外，其相关的特征或者特性一致。可以用该品种典型特征特性表现的一致性程度或纯度表示。原种纯度不低于 99.9%，一级良种纯度不低于 99.5%，二级良种纯度不低于 99.0%。

注：参见 GB/T 19557.1，定义 3.8。

注：指标按 YC 19 规定的执行。

3.10　品种的稳定性

该品种经过反复繁殖后或者在特定繁殖周期结束时，其相关的特征或者特性保持不变。即该品种在不同环境条件下具有最小的方差或与环境条件具有最小互作。

注：参见 GB/T 19557.1，定义 3.9。

4　品种来源

中国烟草遗传育种研究（北方）中心于 1995 年从红花大金元自然群体中获得性状优良变异株，经系统选育而成抗病性、烘烤性改良的新品系 CF209。2007 年 10 月 31 日定名为中烟 103 提交并通过全国烟草品种审定委员会审定（国审烟 200702）。

5 特征特性

5.1 植物学特征

植株筒形，叶形椭圆，叶色绿，叶尖渐尖，叶面皱，叶缘波浪状，主脉略粗，茎叶角度中等；花序集中，花冠粉红色。

5.2 农艺性状

打顶株高 100~125 cm，茎围 8.8~12.2 cm，节距 5~6 cm，有效叶数 19~22 片，腰叶长 62~79.5 cm，腰叶宽 30.7~35.7 cm。移栽至中心花开放 60 d 左右，大田生育期 120 d 左右。植株结构合理，田间长势强，生长整齐一致。

5.3 品质性状

原烟外观质量，多橘黄色（金黄和深黄），组织结构疏松，油分由有至多，色度由强至浓，身份中等；内在主要化学成分含量适宜，比例协调；感官评吸质量，香气质中等，香气量尚足，浓度中等，杂气有，劲头中等，刺激性有，余味尚适，燃烧性强，灰色灰白，质量档次中偏上。

5.4 经济性状

烟叶产量 1 950~3 300 kg/hm²；上等烟比例占 29%~45%；上中等烟比例占 68%~93%；单叶重 8~16 g。

5.5 抗病性

抗黑胫病；中抗青枯病；中感根结线虫病和马铃薯 Y 病毒（PVY），感赤星病、烟草黄瓜花叶病（CMV）、烟草普通花叶病（TMV）。气候性斑点病田间自然发病轻。

6 适宜种植区域

凉山州宽窄烟叶原料产地各丘陵山地区域种植。

7 栽培技术要点

该品种农艺适应性强，适宜中等肥力水平种植。中等肥力地块，可施纯氮 60~82.5 kg/hm²，氮磷钾配比 1:1:2，适当控制氮肥用量，重施基肥，促进栽后根系早发。种植密度 16 500~18 000 株/hm²。现蕾至中心花开放打顶，留叶 19~22 片。

8 采收和烘烤技术要点

田间成熟时分层落黄好，耐成熟。注意下部叶及时采收，避免底烘。
烘烤特性中等。

中烟 201 品种标准

1 范围

Q/SDYC 1204 的本部分明确了烤烟品种中烟 201 的品种来源、主要特征特性、适宜种植区域和栽培调制技术要点。

本部分适用于凉山宽窄烟叶原料种植区中烟 201 的栽培种植技术指导。

2 规范性引用文件

下列文件对于本文件的应用是必不可少的。凡是注日期的引用文件，仅所注日期的版本适用于本文件。凡是不注日期的引用文件，其最新版本（包括所有的修改单）适用于本文件。

GB 2635　烤烟

GB/T 18771.1　烟草术语　第 1 部分：烟草栽培、调制与分级

GB/T 19557.1　植物新品种特异性、一致性和稳定性测试指南　总则

YC 19　烟草种子

YC/T 142　烟草农艺性状调查方法

Q/SDYC 1215　烤烟采收技术规程

Q/SDYC 1216　烤烟密集烘烤技术规程

Q/SDYC 1218　烤烟烟叶质量要求

3 术语和定义

GB 2635 和 GB/T 18771.1 界定的以及下列术语和定义适用于本部分。

3.1 植物学性状

是指对植物的根、茎、叶、花、果实、种子的性状描述。

注：烤烟品种的植物学性状描述参见 YC/T 142。

3.2 农艺性状

烟草具有的与生产有关的特征和特性，是鉴别品种生产性能的重要标志，受品种特性和环境条件的影响，包括植株打顶后株高、茎围、节距、有效叶数、腰叶长、腰叶宽、生育期等。

注：参见 YC/T 142，定义 3.2。

3.3 品质性状

用于鉴定烤烟原烟烟叶品质的特征或指标，包括原烟外观质量、内在质量、感官评

吸质量等。外观质量包括烤后原烟颜色、成熟度、叶片结构、身份、油分、色度等；内在质量主要指原烟还原糖、总糖、总植物碱、总氮、钾（K_2O）、氯、淀粉含量和糖碱比、氮碱比、钾氯比、两糖差、施木克值等化学成分指标；感官质量定性描述主要指香型、香气质、香气量、劲头、浓度、透发性、质量档次等。

注1：特征描述参见 GB 2635，3.1 术语。

3.4 经济性状

是指烟草生产中构成影响烟叶经济效能主要相关性状。包括单位面积产量、产指、级指或产值、均价、上等烟比例、上中等烟比例、单叶重。

3.5 抗病性

是指对重要烟草病害的抗耐性能力。烟草主要病害包括黑胫病、赤星病、烟草普通花叶病（TMV）、烟草黄瓜花叶病（CMV）、马铃薯 Y 病毒（PVY）、青枯病、根结线虫病、气候性斑点病等。

3.6 生育期

烟草从出苗到籽实成熟的总天数；栽培烟草从出苗到烟叶采收结束的总天数。

注：参见 YC/T 142，定义 3.1。

3.7 大田生育期

从移栽至烟叶采收结束（留种田至种子采收结束）的整个生长阶段。

注：参见 GB/T 18771.1，烟草栽培 3.16。

3.8 品种的特异性

该品种明显区别于其他已知品种的特征特性。

注：参见 GB/T 19557.1，定义 3.7。

3.9 品种的一致性

指品种经过繁殖，除可以预见的变异外，其相关的特征或者特性一致。可以用该品种典型特征特性表现的一致性程度或纯度表示。原种纯度不低于 99.9%，一级良种纯度不低于 99.5%，二级良种纯度不低于 99.0%。

注：参见 GB/T 19557.1，定义 3.8。

注：指标按 YC 19 规定的执行。

3.10 品种的稳定性

该品种经过反复繁殖后或者在特定繁殖周期结束时，其相关的特征或者特性保持不变。即该品种在不同环境条件下具有最小的方差或与环境条件具有最小互作。

注：参见 GB/T 19557.1，定义 3.9。

4 品种来源

中国烟草遗传育种研究（北方）中心以 MSK326 为母本，以中烟 98 为父本，杂交育成的雄性不育一代杂交种中烟 201（CF964H.）。2004 年 12 月通过全国烟草品种审定委员会审定（国审烟 200402）。

5 特征特性

5.1 植物学性状

植株筒形，叶形长椭圆，叶色绿，叶尖渐尖，叶面略皱；花序较松散，花冠粉红色；蒴果卵圆形。

5.2 农艺性状

打顶株高 105~115 cm，茎围 8.6~10 cm，节距 4.8~5.7 cm，有效叶数 19~21 片，腰叶长 63.9~73.1 cm，腰叶宽 28.03~29.5 cm。移栽至中心花开放 60 d 左右，大田生育期 118 d 左右。田间生长势较强，生长整齐。

5.3 品质性状

原烟外观质量，深黄色至金黄色，组织结构疏松，油分多，色度强，身份中等；内在主要化学成分含量适宜，比例协调；感官评吸质量，香气质中等，香气量尚足，浓度中等，杂气有，劲头中等，刺激性有，余味尚适，燃烧性强，灰色灰白，质量档次中偏上。

质量要求指标参见 Q/SDYC 1218。

5.4 经济性状

烟叶产量 2 100 ~2 850 kg/ hm^2；上等烟比例占 30%~43%；上中等烟比例占 77%~81%；单叶重 8~13 g。

5.5 抗病性

高抗黑胫病；中抗青枯病与根结线虫病；中感马铃薯 Y 病毒（PVY）和烟草普通花叶病（TMV）；感烟草黄瓜花叶病（CMV）和赤星病；气候性斑点病田间自然发病轻。

6 适宜种植区域

凉山州宽窄烟叶原料产地肥水条件较好的地块种植。

7 栽培技术要点

该品种农艺适应性较强，适宜中等偏上肥力水平种植。中等肥力地块，可施纯氮 75~90 kg/hm^2，山区丘陵可施纯氮 105 ~135 kg/hm^2，氮磷钾配比 1：(1~2)：3，重施基肥，促进栽后根系早发。栽培密度 16 500~19 500 株/hm^2，现蕾至中心花开放打顶，留叶 19~21 片。

8 采收和烘烤技术要点

田间成熟时分层落黄快，易烘烤。要求充分变黄，及时定色。

烤烟品种评价规程

1 范围

本标准规定了对新引进品种（系）的评价鉴定方法

本标准适用于对引进到宽窄高端卷烟原料生产基地的品种评价。

2 规范性引用文件

下列文件对于本文件的应用是必不可少的。凡是注日期的引用文件，仅注日期的版本适用于本文件。凡是不注日期的引用文件，其最新版本（包括所有的修改单）适用于本文件。

GB 2635—1992 烤烟

GB/T 21136 烟叶含梗率的测定

GB/T 23219 烤烟烘烤技术规程

GB/T 23221 烤烟栽培技术规程

GB/T 23222 烟草病虫害分级及调查方法

GB/T 23224 烟草品种抗病性鉴定

YC/T 138 烟草及烟草制品感官评价方法

YC/T 142 烟草农艺性状调查测量方法

YC/T 217 烟草及烟草制品钾的测定连续流动法

YC/T 283 烟草及烟草制品淀粉的测定连续流动法

YC/T 311 烤烟品种烘烤特性评价

YC/T 344 烟草种质资源描述和数据规范

全国烟草品种审定办法

3 术语和定义

下列术语和定义适用于本文件。

3.1 烤烟

用烘烤设备（用火管或其他加热设备）通过烘烤调制的烟叶。

3.2 品种

在广东烟区进行综合评价的国内育成审定烤烟新品种、国外引进审定或认定烤烟品种、国内育成烤烟新品系（或 F_1 杂交组合），以验证这些品种在广东烟区的适应性。

3.3 对照品种

为了增强可比性，综合评价品种的产量、质量，在品种评价时附加的品种。对照品种一般为 K326 或各产区主栽品种。

4 材料和方法

4.1 供评价的品种

引进的品种类型有：国内育成审定烤烟新品种，国外引进审定或认定烤烟品种，国内育成烤烟新品系（或 F_1 杂交组合）。

4.2 小区试验方法

多地联合小区试验，一般在韶关、梅州、清远南雄各布置一组小区试验，随机区组设计，重复 3 次。

4.3 大田管理和烘烤

烤烟大田管理、采收烘烤等参照 GB/T 23221 和 GB/T 23219，并结合当地实际执行。

5 取样方法

每个处理选择 50 株，对上二棚、腰叶、下二棚三个部位叶片进行标示，单独采收、分处理烘烤，烘烤烟叶进行外观质量评定后，一半用来做化学成分分析，一半用来做评吸样。其余烟株用来测定产量、调查农艺性状和经济性状。

6 评价指标

6.1 评吸质量

按 YC/T 138 的规定，以 K326 品种为对照，对待评价品种烤后烟叶的香型、香气质、香气量、杂气、浓度、劲头、刺激性、余味、燃烧值、灰色等进行综合评价，确定是否在可接受的范围内。一般要求综合评吸得分在 75 分以上。

6.2 含梗率

按 GB/T 21136 的要求测定待评价品种 3 个部位叶片的含梗率。

6.3 化学成分分析

水溶性总糖分析，采用铜还原直接滴定法（Lane-Eyon 法）；还原糖测定，采用沸水浸提—铜还原—直接滴定法；烟碱测定，采用强碱蒸馏—紫外分光光度法；总氮采用凯氏定氮法；氧化钾采用 0.2 mol/L HCl 浸提火焰光度法；氯采用硝酸银容量法（莫尔法）；钾含量测定采用 YC/T 217 的规定执行；淀粉含量测定按 YC/T 283 的规定执行。

6.4 农艺性状

农艺性状调查按 YC/T 142 和 YC/T 344 的规定执行。一般要求可以推广品种应具备良好的株型、较大的根系和较强的抗倒伏能力。

6.5 烘烤特性

成熟烟叶烘烤按 GB/T 23219 的规定执行，烘烤特性评价按 YC/T 311 的规定执行。易烤性和耐烤性均较好的品种，烘烤特性较好；易烤性和耐烤性均较差的品种，烘烤特性较差；其他品种，烘烤特性中等。

6.6 抗病性

抗病性评价按 GB/T 23222 和 GB/T 23224 的规定执行。在广东烟区，要求可推广品种高抗黑胫病，中抗青枯病、气候斑点病，耐花叶病，中感赤星病。

6.7 经济性状

根据全国烟草品种审定委员会制定的《全国烟草品种审定办法》，烟草新品种在审定推广之前的经济效益分析，主要计算农业方面的单位面积产值和增量。在广东烟区，主要比较待评价品种较 K326 在单位面积产量和产值方面是否有优势。

6.8 外观质量评价

具有农艺师以上职称且具有烟叶高级分级工以上资格的人员按表 1 对烟叶的外观质量进行评价。

表 1　烟叶外观质量评价表

样品编号	颜色①	成熟度②	叶片结构③	身份④	油分⑤	色度⑥	分值合计	排名
对照								
品种 1								
品种 2								
品种 n								

注 1：外观质量评价以定性和定量相结合的方法进行。

注 2：定性评价以 GB 2635 为基础，定量评价是每个品质因素均按 10 分制打分，对品质因素各档次赋予不同分值，分值越高，质量越高。①橘黄 7~10、柠檬黄 6~9、红棕 3~7、微带青 3~6、青黄 1~4、杂色 0~3；②成熟 7~10、完熟 6~9、尚熟 4~7、欠熟 0~4、假熟 3~5；③疏松 8~10、稍疏松 5~8、稍密 3~5、紧密 0~3；④中等 7~10、稍薄 4~7、稍厚 4~7、薄 0~4、稍密 0~4；⑤多 8~10、有 5~8、稍有 4~7、少 0~3；⑥浓 8~10、强 6~8、中 4~6、弱 2~4、淡 0~2。

烟草品种抗病性鉴定

1 范围

本标准规定了烟草品种对由病原真菌、细菌、病毒和根结线虫等引起的主要病害的抗病性鉴定及抗性评价方法。

本标准适用于各类型烟草的品种抗病性鉴定。

2 规范性引用文件

下列文件中的条款通过本标准的引用而成为本标准的条款。凡是注日期的引用文件，其随后所有的修改单（不包括勘误的内容）或修订版均不适用于本标准，然而，鼓励根据本标准达成协议的各方研究是否可使用这些文件的最新版本。凡是不注日期的引用文件，其最新版本适用于本标准。

GB 2635　烤烟

GB/T 23222—2008　烟草病害分级及调查方法

3 术语和定义

下列术语和定义适用于本标准。

3.1 致病性分化

病原物由于突变、杂交、适应性变异、不同孢子细胞质的异质性致使生理小种的改变，导致致病性差异。

3.2 人工接种鉴定

用人工繁殖或收集的病原物，仿照自然情况，创造发病条件，按一定量接种，根据接种对象抗性表现和发病程度确定品种抗性强弱。

3.3 对照品种

标准中特指为检验试验的可靠性，在品种鉴定时附加的抗病品种和感病品种。

4 品种抗病性鉴定

4.1 黑胫病　black shank

4.1.1 田间鉴定

4.1.1.1 鉴定方法

品种抗病性的测定，大多数是利用病圃，诱其自然发病，病圃应明确病原生理小种类别。选择排灌方便，肥力水平中等，历年发病较重的烟田作鉴定圃。将苗龄 50～60 d

的烟苗移至病圃，每个品种种植1行，每行20株以上，设重复3次以上，随机排列或顺序排列，每50行设抗病品种革新三号、中抗品种金星6007和感病品种小黄金1025各1行为对照。另设当地种植的抗、中、感品种做辅助对照。参鉴烟草品种在全生育期内不使用杀菌剂，杀虫剂的使用根据病圃内害虫发生种类和程度而定。在参鉴品种四周种植不少于2行的保护行品种，株行距与参鉴品种相同。

也可进行人工辅助接种，鉴定接种体选用当地优势生理小种或根据试验需要选取菌株。烟草移至大田成活后（10~20 d）用菌谷接种（每株接种量4 g），接种后天气干旱要灌水，使田间土壤含水量处于饱和状态。

菌谷制作方法：将谷子煮至约一半谷粒开花捞出，装入三角瓶高压灭菌1 h。将已培养好的黑胫病菌种，接种到灭菌后冷却的谷子上，然后置于28~30℃下培养15~20 d即成。

4.1.1.2 分级及调查方法

病害严重度分级应符合 GB/T 23222—2008 的规定。

调查时间：自然发病于发病初期、盛期和末期各调查1次，若人工接种则于接种后20 d、40 d、60 d 各调查1次。每次均应调查各品种全部植株。

4.1.2 室内接种鉴定

4.1.2.1 鉴定方法

将苗龄40 d 左右的烟苗，移栽至直径大于10 cm 的花盆，每盆2株。每品种10~20株，待烟苗成活后，每株按0.25~0.50 g 菌谷量接种，置于28℃、80% 相对湿度条件下诱发病害发生。

4.1.2.2 分级及调查方法

病害严重度分级应符合 GB/T 23222—2008 的规定。

调查时间：接种后第3 d、5 d、7 d、10 d 调查病情。每次均应调查各品种全部植株。

4.2 青枯病 granville wilt

4.2.1 田间鉴定

4.2.1.1 鉴定方法

测定烟草品种抗青枯病的程度，一般在连作自然发病的田块，可以不经过人工接种，观察对青枯病的抗性。随机或顺序排列，每品种种植1行，每行20株，3次以上重复，设抗病品种 D101，感病品种长脖黄为对照。各地增设当地抗、中、感品种为对照。

4.2.1.2 分级及调查方法

病害严重度分级应符合 GB/T 23222—2008 的规定。

调查时间：在田间发病初期、盛期和末期，进行田间调查，每次均应调查各品种全部植株。

4.2.2 室内苗期接种鉴定

4.2.2.1 鉴定方法

将苗龄40 d 左右的烟苗，移栽至直径大于10 cm 的花盆，待烟苗成活后，用伤根灌菌液的方法，每株灌 20 mL 的青枯菌悬浮液（$3×10^8$ cfu/mL）接种后置于 28 ~30℃ 恒温室中，并将花盆放在盛水的瓷盘中保湿（相对湿度 80%以上），观察发病情况。每个品种至少设 4 次重复，每次重复至少 5 株烟苗。

接种体制备：鉴定接种体选用当地流行病原菌或根据试验需要选取菌株。将 4℃下保存于无菌水中的青枯菌，在肉汁培养基平板上划线，28 ~30℃下培养 24 h，挑取典型菌落移置于肉汁斜面，培养 24 h（28℃）后再移至肉汁斜面，在 28℃培养 24 h 后用无菌水稀释，至所需要的接菌浓度。

4.2.2.2 分级及调查方法

病害严重度分级应符合 GB/T 23222—2008 的规定。

调查时间：接种后第 7 d、10 d、15 d、21 d、30 d 进行调查，每次均应调查各品种全部植株。

4.3 炭疽病 anthracnose

4.3.1 菌种的培养

菌种的培养采用马铃薯葡萄糖琼脂（PDA）培养基，26℃下培养 7 d，用培养产生的分生孢子制备悬浮液供接种用。

4.3.2 接种材料的准备

将烟苗移栽到直径大于 10 cm 的花盆内，每品种至少 4 次重复，每重复至少 5 株烟苗。

4.3.3 接种方法

为保证烟苗均匀、适度发病，于烟苗 5~6 叶期进行炭疽菌孢子（$1×10^6$ cfu /mL）接种，采用喷雾法用小型手持喷雾器将孢子悬浮液喷洒到植株上，以叶片正反面充分湿润为宜。接种后立即支架并用塑料薄膜覆盖，并增加浇水次数和保证发病温度（26 ~ 30℃）、相对湿度（80%以上）。

4.3.4 分级及调查方法

病害严重度分级应符合 GB/T 23222—2008 的规定。

调查时间：接种后 5 d、10 d、20 d 分别调查发病程度，每次均应调查各品种全部植株。

4.4 根结线虫病 root-knot nematode

4.4.1 温室接种鉴定

4.4.1.1 接种体制备

鉴定接种体选用当地优势种及生理小种或根据试验需要选取，在感病的番茄品种"Rutgers"接种繁殖根结线虫，在 25~30℃下生长 55~60 d 后即可作为接种体使用。

4.4.1.2 接种方法

采用线虫卵或病土接种法。烟苗长至 3~4 片真叶时，移栽到直径大于 10 cm 花盆内，烟苗每盆接种 5 000 个线虫卵；或将其栽入装有病土（病根及根际病土与消毒营养土按 1∶4 混合）的花盆中，接种后按常规管理并防止其他病虫干扰。在室温为 25~30℃自然温度条件下生长。设感病品种长脖黄、抗病品种 T1706 和 NC95 为对照。各地可设当地的抗病品种、中抗品种和感病品种为对照。每处理 5 株，随机排列，重复 3~

4次。

4.4.1.3 分级及调查方法

调查时间：接种后2个月，拔出烟株，用自来水冲去根部泥土，调查全部烟株根结线虫病病情。

4.4.2 田间鉴定

4.4.2.1 鉴定方法

选择根结线虫为害的田块，在自然发病条件下，鉴定品种对根结线虫的抗性，每品种至少种1行，每行20株，3次以上重复，对照品种与4.4.1.2相同。

4.4.2.2 分级与调查方法

调查时间：收获期调查病情，调查全部烟株根结线虫病病情。

4.5 赤星病 tobacco brown spot

烟草赤星病抗性鉴定一般采用温室苗期接种和田间自然鉴定的方法。

4.5.1 温室苗期接种鉴定

4.5.1.1 接种体的制备

将烟草赤星病菌在PDA平板培养基上培养7 d（26℃），用1%葡萄糖液配成浓度 1×10^5 cfu/mL 孢子悬浮液，作为接种液。

4.5.1.2 接种材料的准备

将烟苗移栽到播有育苗土的直径大于10 cm的花盆内，每品种20盆，每盆2株，试验采用4次重复（5盆一次重复）。

4.5.1.3 接种方法

于烟苗9~10叶期进行赤星病孢子（1×10^5 cfu/mL）接种，用小型手持喷雾器将孢子悬浮液喷洒到植株上，然后置人工气候箱内，设定温度26~30℃，相对湿度70%。设感病品种G140、抗病品种净叶黄为对照，可设当地种植的抗病品种、中抗品种和感病品种做辅助对照。

4.5.1.4 分级与调查方法

接种后7 d调查发病程度。

4.5.2 田间鉴定

4.5.2.1 鉴定方法

田间鉴定应设立病圃，将苗龄50~60 d的烟苗移至病圃，每个品种种植1行，每行20株以上，不得少于3次重复，随机排列或顺序排列。对照品种同4.5.1.3。对照品种和参鉴品种烟株应适当多施氮肥，一般不打顶不采收，在全生育期内不使用杀菌剂，杀虫剂的使用根据病圃内害虫发生种类和程度而定。在参鉴品种四周种植不少于2行的保护行品种，株行距与参鉴品种相同。保护行品种应选择发病较轻的品种。

在发病较轻年份，可进行人工辅助接种。人工接种鉴定应在下部叶片开始成熟时进行，接种一般用浓度为3×10^4 cfu/mL左右的孢子悬浮液，进行喷雾接种，孢子悬浮液的制备同4.5.1.1。也可将带有赤星病菌的烟叶粉碎，撒入田间。

4.5.2.2 分级与调查方法

调查时间：自然发病于病发初期、盛期和末期各调查1次，若人工接种则于接种后每 10 d 调查 1 次，连续调查 3 次。

调查方法：每处理定点调查 5 株，每株调查全部叶片。

4.6 烟草普通花叶病毒病 tobacco mosaic virus，TMV

4.6.1 接种体的制备

鉴定接种体选用当地优势株系或根据试验需要选取，接种到系统寄主上繁殖保存。为了防止保存期病毒的致病性退化，在使用前 15 d 转接到三生-NN 烟上复壮 1 次，备用。

4.6.2 鉴定方法

于烟苗 5~6 叶期进行汁液摩擦接种，接种浓度为 1 g 病毒叶加蒸馏水 40 mL。在第一片真叶上撒少许 400~500 目的金刚砂，然后用棉花蘸取病毒汁液，在叶片上轻轻摩擦。大量烟苗可以用喷枪接种，接种前在病毒汁液中加入 1% 金刚砂，高压喷射（压力为 68 947.6~206 842.8 Pa）喷口距接种物 20 cm，每株喷接 0.5 s。接种 7 d 后未见发病再回接 1 次。试验设 3 个重复，每个重复至少 15 株烟苗。烟株保持在 25~28℃ 条件下生长，设三生-NN 为抗病对照，革新三号为中抗对照，G140 为感病对照。

4.6.3 分级与调查方法

调查时间：接种后第 7 d、14 d、21 d 调查全部烟株发病情况。

4.7 黄瓜花叶病毒病 cucumber mosaic virus，CMV

4.7.1 接种体的准备

鉴定接种体选用当地优势株系或根据试验需要选取，接种到三生-NN 上繁殖保存。为了防止保存期病毒的致病性退化，在使用前 15 d 转接到三生-NN 烟上复壮 1 次，备用。

4.7.2 鉴定方法

烟苗 4~5 片真叶期进行接种，方法同 4.6.2。设 Ti245、铁把子为抗病对照，G28、亮黄烟为感病对照。

4.7.3 分级与调查方法

同 4.6.3。

4.8 结果计算与评价

抗性评价分级标准，换算比例如下：

0 级（免疫）病指为 0；

1 级（抗病）病指为 0.1~20；

3 级（中抗）病指为 20.1~40；

5 级（中感）病指为 40.1~60；

7 级（感病）病指为 60.1~80；

9 级（高感）病指为 80.1~100。

感病对照的病情指数不低于 60 时方可认为试验及评价有效。

烟草品种抗虫性评价技术规程

1 范围

本标准规定了烟草对烟蚜、烟青虫等主要害虫的抗虫性鉴定及评价方法。

本标准适用于不同烟草类型、品种（系）对烟蚜、烟青虫等主要害虫的抗虫性鉴定及抗虫性评价。

2 规范性引用文件

下列文件对于本文件的应用是必不可少的。凡是注日期的引用文件，仅所注日期的版本适用于本文件。凡是不注日期的引用文件，其最新版本（包括所有的修改单）适用于本文件。

棉花抗病虫性评价技术规范 第1部分：棉铃虫

3 术语和定义

下列术语和定义适用于本文件。

3.1 烟草抗虫性

烟草抗虫性是指在烟田发生害虫的情况下，烟草未受害或虽受害但通过自身的补偿能力使产量、质量损失降低到较小程度的可遗传特性。

3.2 抗虫鉴定圃 nursery for evaluation of resistance to insects

用于进行抗虫性鉴定、评价的试验场所。

3.3 对照品种

用于控制整个抗虫性评价过程的指示性品种，可检验抗虫性评价的可靠性。

4 抗虫性鉴定圃的设置

4.1 抗蚜鉴定圃

抗蚜鉴定圃设置在烟蚜常年发生较重的地块，地势平坦，有水浇条件，地块周围500 m内干扰蚜虫活动的色谱源面积应不超过鉴定圃面积的1%。干扰蚜虫活动的色谱源主要指黄色、银灰色等物体，如开黄花的植物、黄色或银灰色覆盖物等。

进行烟草抗蚜性鉴定时，鉴定圃内对照品种的平均单株蚜量应不少于50头。

4.2 抗烟青虫、棉铃虫鉴定圃

抗烟青虫、棉铃虫鉴定圃一般为长25 m、宽5 m、高1.8 m的网室，若鉴定材料较多，可适当扩大鉴定圃面积。整个鉴定圃框架覆盖30目纱网。

5 田间试验设计及管理

5.1 参试材料

参试材料包括待鉴定抗虫性的烟草品种（系）和对照品种，其中抗蚜鉴定的对照品种为 Speight-G28、抗烟青虫、棉铃虫鉴定的对照品种为 93-1。

5.2 试验设计

每份参试材料单行种植 15 株，行株距为 1 m×0.5 m。重复 3 次，随机区组排列。试验区四周设置保护行。

5.3 田间管理

在进行烟草抗虫性鉴定时，通过调整播种期等措施，使各参试材料的生育期尽量保持一致。整个试验期间不使用任何影响鉴定结果的农药或其他化学制品，其他田间管理措施与当地常规烟草生产相同。

6 烟草对烟蚜的抗虫性鉴定与评价

6.1 调查方法

在烟株团棵期至旺长期，鉴定圃内烟蚜种群数量达到自然发生高峰期时进行调查。每个小区随机调查 10 株有蚜烟株，记载烟株上的所有蚜虫数量。

6.2 抗虫性指标计算方法

按式（1）计算各参试材料的抗蚜指数。

$$i = \frac{a}{b} \tag{1}$$

式中　i——抗蚜指数；

a——待鉴定材料被害最严重小区的平均单株蚜量；

b——所有参试材料的平均单株蚜量。

6.3 抗虫性评价

根据待鉴定材料的抗蚜指数，评判其对烟蚜的抗虫性程度，抗虫性评价指标见表 1。

表 1　烟草对烟蚜的抗虫性评价指标

抗蚜指数（i）	抗虫性级别
$i \leqslant 0.25$	高抗
$0.25 < i \leqslant 0.50$	抗
$0.50 < i \leqslant 0.75$	中
$0.75 < i \leqslant 1.25$	感
$i > 1.25$	高感

7　烟草对烟青虫的抗虫性鉴定与评价

7.1　供试虫源

供试烟青虫幼虫采自烟田，用人工饲料饲养至成虫。人工饲料配方及配制方法参见附录 A，饲养方法参见 GB/T 22101.1。

7.2　释放成虫

成虫释放时间选择在烟株团棵期~旺长期，且应与当地烟田烟青虫成虫盛发期一致。

成虫释放前在养虫笼内自由交配，并饲以 10%蜂蜜水。2 d 后选择活动能力强的成虫释放于鉴定圃内，每 10 m² 释放 2 对成虫，雌雄比例为 1∶1。

7.3　调查方法

成虫释放后第 15 d 进行调查。根据烟青虫为害造成的缺刻或孔洞等症状，记载每个小区的被害株数，并调查每个小区的总株数。

7.4　抗虫性指标计算方法

7.4.1　被害株率

按式（2）计算各参试材料的被害株率，数值以%表示。

$$d(\%) = \frac{n_d}{n_t} \times 100 \tag{2}$$

式中　d——被害株率；

$\quad n_d$——每个小区中被烟青虫为害的株数；

$\quad n_t$——每个小区的总株数。

7.4.2　被害减退率

按式（3）计算各参试材料的被害减退率，数值以%表示。

$$x(\%) = \frac{(d_c - d_t)}{dc} \times 100 \tag{3}$$

式中　x——被害减退率；

$\quad d_c$——对照品种平均被害株率；

$\quad d_t$——待鉴定材料 3 次重复中的最高被害株率。

7.5　抗虫性评价

根据待鉴定材料的被害减退率，评判其对烟青虫的抗虫性程度，抗虫性评价指标见表 2。

表 2　烟草对烟青虫的抗虫性评价指标

被害减退率（x）	抗虫性级别
$x > 85$	高抗
$70 < x \leqslant 85$	抗
$50 < x \leqslant 70$	中

（续表）

被害减退率（x）	抗虫性级别
30 <x≤ 50	感
x≤30	高感

8 烟草对棉铃虫的抗虫性鉴定与评价

棉铃虫人工饲料配方及饲养方法参考 GB/T 22101.1。烟草对棉铃虫的抗虫性鉴定与评价方法同烟青虫。

9 重复鉴定及评价

对每份待鉴定材料，均须用相同方法进行至少两年抗虫性鉴定与评价，若两年鉴定结果不一致，则以抗虫性较弱的级别作为该材料的最终抗虫性级别。

10 鉴定与评价结果记载

在烟草抗虫性鉴定与评价过程中，应记载鉴定圃环境条件、参试材料名称及来源、生育期、相关农事操作、田间调查结果等内容，记载表格见附录 B。

附录 A
（资料性附录）
烟青虫幼虫人工饲料配方及配制方法

A.1 烟青虫幼虫人工饲料配方

烟青虫幼虫人工饲料成分及含量见表 A.1。

表 A.1 表烟青虫幼虫人工饲料配方

成分	含量
黄豆粉	200 g
玉米粉	100 g
酵母粉	90 g
蔗糖	50 g
琼脂	13 g
番茄酱	38 g
山梨酸	2 g
尼泊金甲酯	2 g
维生素 C	8 g
复合维生素	15 mL
40%甲醛	2 mL
水	1 300 mL

A.2 烟青虫幼虫人工饲料配制方法

取 650 mL 水倒入锅中，依次加入尼泊金甲酯、山梨酸、蔗糖和琼脂粉加热至沸腾，然后将烘干的黄豆粉、玉米粉、酵母粉用 650 mL 水混匀后也倒入锅中，再次加热至沸腾。待饲料冷却到 70℃左右时依次加入番茄酱和甲醛，冷却至 50℃左右时再加入复合维生素和维生素 C，最后将配制好的饲料倒入已经消毒的瓷盘中，冷却、凝固后放入冰箱中备用。

附录 B

（资料性附录）

烟草抗虫性鉴定及评价结果记载表

表 B.1 _____ 年烟草抗蚜性鉴定及评价结果记载表

编号	参试材料	材料来源	抗蚜指数	抗虫性级别

注1：鉴定地点：

注2：海拔高度：　　　　　　　经度：　　　　　　　纬度：

注3：移栽日期：

注4：调查日期：

注5：调查人：

技术负责人（签字）：

表 B.2 _____ 年烟草抗烟青虫鉴定及评价结果记载表

编号	参试材料	材料来源	被害株率（%）	被害减退率（%）	抗虫性级别

注1：鉴定地点：

注2：海拔高度：　　　　　　　经度：　　　　　　　纬度：

注3：移栽日期：

注4：释放成虫日期：

注5：调查日期：

注6：调查人：

技术负责人（签字）：

烟草种子

1　范围

本标准规定了烟草种子有关概念及分级参数。

本标准适用于烟草种子分级。

2　规范性引用文件

YC/T 20—1994 烟草种子检验规程。

3　术语

3.1　规定

依法经过审定合格的育成品和引进品种的原始种子，经过提纯获得的与该品种典型性状一致，符合原种质量标准的种子。

3.2　良种

利用原种繁殖出来的符合良种质量标准的优良品种的种子。

3.3　品种纯度

符合本品种典型的特征、性状一致的个体占被检验群体的百分率。

3.4　种子纯度

在检验样品中，本品种净种子的重量占样品总重量的百分率。

3.5　发芽率

在种子发芽实验的技术条件和时间里，能够正常发芽的种子数占供试种子总数的百分率。

4　烟草种子分级

4.1　原种不在分等级，良种分一级良种和二级良种。

4.2　烟草种子分级以品种纯度、净度和发芽率为依据，其中品种纯度为主要定级标准。

4.3　凡净度和发芽率两项中无论一项或两项等于或高于品种纯度级别的都按品种纯度等级定级。凡净度和发芽率两项都比品种纯度级别低一级，按品种纯度等级降低一级定级，但两项均不得低于其最低标准。

5 烟草种子分级指标（表）

项目	纯度（%）不低于	纯度（%）不低于	纯度（%）不低于	水分（%）	色泽	饱满度
原种	99.9	99.0	99.5		深褐油亮、色泽一致	饱满、均匀
一级良种	99.5	98.0	90.0	7~8	深褐油亮、色泽一致	饱满、均匀
二级良种	99.0	96.0	85.0		深褐色、色泽稍差	饱满、均匀度稍差

6 烟草种子的检验方法按 YC/T 20—1994 进行。

烟草种子储藏与运输

1　范围

本标准规定了烟草种子贮藏、运输条件、方法和技术要求。

本标准适用于各类原（良）种生产单位繁殖的烟草种子的贮藏和运输。

2　引用标准

YC/T 19—1994 烟草种子

3　贮藏

3.1　仓库与设备

3.1.1　仓库

要选地势高，干燥向阳的地点建造，要求牢固安全，不漏雨，门窗能密闭、能通风，有防潮设施，有存放架。库内禁止堆放易燃、易爆物品及化肥、农药等与种子无关的物资。

3.1.2　器具

细口玻璃瓶，机制棉布袋，包装、运输、清扫、整理等仓用工具和材料，清洗机械，熏蒸杀虫器械和通风去湿设备及准确的衡器。

3.1.3　仪器

配备测温仪器、测湿仪器和种子检测仪器。

3.1.4　消防器材

配备灭火器械和水源。器材每月检查一次，灭火器要定期换药。

3.2　贮藏种子质量

3.2.1　种子入库必须持有符合烟草种子检验规程的种子检验合格证。种子水分、净度、纯度必须符合 YC/T 19—1994 的规定。

3.2.2　入库种子不得混入害虫及虫卵。

3.2.3　入库种子须称重、填写单证，做到账目、卡片、实物相符。

3.2.4　种子入库完毕，由检验员复验种子质量，按堆架、品种等级扦样，将检验结果记入卡片。

3.3　种子保管

3.3.1　库内设架堆放种子袋（瓶）必须分品种、分等级、分架单独堆放，品种间隔存放，瓶装种子单层摆放，袋装种子两层存放。

3.3.2　种子架间和沿仓壁四周应留 50 cm 的通道，架底层距地面要求不少于 60 cm，架层间隔 50 cm。

3.3.3 种子仓架、堆垛要有标牌，标明品种名称、等级、产地、入库日期。新陈种子不得混放。

3.3.4 原种一律用瓶装，瓶内应有卡片，瓶外有标签。

3.3.5 防止种子混杂

仓库用具不得带有异品种（品系）种子。

3.3.6 种子检查

种子贮藏期间，根据不同季节，不同品种实行定期定点检查，遇到灾害性天气要及时检查，检查内容包括种子水分、发芽率、仓库相对湿度、仓温、种子虫霉、鼠雀等，检查结果均应记入卡片，仓温要求不高于 18℃。

3.3.6.1 种子水分检查

一、四季度期间检查一次，二、三季度检查一次。

3.3.6.2 种子发芽率测定

种子进出仓、熏蒸前后各测定一次，每年冬季测定一次。

3.3.7 仓库去湿与通风

3.3.7.1 通风

根据仓内与仓外空气温、湿度状况比较而定，当仓外两项指标均低于仓内，或一项相同另一项低于仓内时可通风。

3.3.7.2 去湿

具有密闭条件仓库，根据仓库大小，种子贮藏数量，配备不同功率的去湿机，以降低仓内湿度，仓内相对湿度大于 40%，且仓外湿度大于此值时，应采用机械去湿。

3.3.8 定期核实账目

保管员要定期与会计核实账目，做到日清月结。账目、卡片、实物相符。

3.3.9 种子合理损耗

3.3.9.1 指种子入库到出库的过程中，在安全贮藏水分内的自然蒸发，倒袋尘杂的扬弃以及多次抽样检验、衡量微差等而发生的自然减量。

3.3.9.2 种子合理损耗规定：①保管期在 6 个月内不得超过 0.2%；②保管期在 1 年内不得超过 0.25%；③保管期在 1 年以上不得超过 0.5%。

3.4 病虫鼠害防治

3.4.1 仓内外清洁卫生

仓内保持清洁卫生，要求做到无洞、无缝、大门有防虫线，仓外 3 m 以内无垃圾、无积水、无杂草，检查用具、机械设备保持清洁无虫、无卵。

3.4.2 清仓消毒

种子入库前消毒，用敌敌畏、敌百虫喷雾消毒，密闭 72 h，然后通风 24 h。

3.4.3 物理、机械防治

采用晒种、风选、筛选等消灭仓虫。

3.4.4 治虫

入库种子不得带有检疫性仓虫，其他仓虫用磷化铝熏蒸或防虫磷原液超低量喷雾防治。

3.4.5　防霉变

种子因受潮、结霜和自然吸湿而超过安全水分标准时，必须晾晒，去湿到安全水分范围内，以防种子霉烂。

3.4.6　防鼠雀

种子袋、瓶离地架放，仓内设防鼠板，防雀网，做到无鼠、无雀、无鼠洞、无雀巢。

3.5　出库

3.5.1　种子出库前必须经过发芽试验，发芽率不符合国家标准的种子，不准做种子供应。

3.5.2　种子保管应与种子销售仓分开，种子应凭证出仓，种子销售凭三联单，核对品种、等级、数量，严防错发。

3.5.3　销售种子时，要随同种子发给种子说明书。并留种样以作验证。

4　种子运输

4.1　每批种子必须附有"种子检验合格证"，并标明发货、受货单位或个人的详细地址及邮政编码。

4.2　运输工具必须清洁、干燥，有防雨设备，严防油渍。

4.3　运输包装要求集袋装箱，层层标记，袋箱要求坚固耐用。

4.4　在运输过程中，严防潮湿、雨淋、混乱破损。

4.5　在运输过程中，如发现包装受潮、破损、混杂等情况，应做出标记并及时处理。

4.6　受货单位查验有关单证，齐备后方可接货。

烤烟生产籽种供应规程

1 范围

本标准对烤烟生产用种的采购及供应进行规范和要求。

本标准适用于宽窄烟叶原料生产籽种的供应。

2 规范性引用文件

下列文件中的条款通过本标准的引用而成为本标准的条款。凡是注日期的引用文件，其随后所有的修改单（不包括勘误的内容）或修订版均不适用于本标准，然而，鼓励根据本标准达成协议的各方研究是否可使用这些文件的最新版本。凡是不注日期的引用文件，其最新版本适用于本标准。

YC/T 22—1994 烟草种子贮藏与运输

YC/T 141—1998 烟草包衣丸化种子

3 生产用种的采购

3.1 烟叶种植县营销部在年度烟叶生产开始前，上报年度种植品种布局及品种采购计划，经市局（公司）审批后，向国家规定的良种繁育基地统一订购本年度所需的良种。

3.2 生产用种应选择由良种繁育基地上年度繁育的良种。

3.3 采购的包衣良种必须符合 YC/T 141—1998 的规定。

4 生产用种的供应

4.1 烟叶种植县营销部按照年度国家下达烟叶种植收购计划，对申请烟叶种植的农户进行调查摸底，科学安排品种布局，择优选择农户，并签订种植收购合同，育苗时按照合同面积、数量将烤烟种子发放给烟叶生产技术指导员，统一催芽，统一播种，并建立种子供应台账。

4.2 凡种植烤烟的农户不得自行留种或到当地烟草部门以外的其他地方采购种植杂劣品种。

4.3 对不签订烤烟种植收购合同、不履行合同规定的义务或超计划、无计划种植的烟农，烟草部门不得供应烤烟种子或烟苗。

5 生产用种的贮藏与运输

按 YC/T 22—1994 的规定执行。

6 支持性文件

无。

7 附录（资料性附录）

序号	记录名称	记录编号	填制/收集部门	保管部门	保管年限
—	—	—	—	—	—

第四部分　育苗关键技术标准

专业化、工场化育苗管理规范

1 范围

本标准规定了烤烟专业化集约化供苗管理流程、组织模式等工作规程。

本标准适用于本标准适用于宽窄高端卷烟原料生产基地专业化、集约化育苗服务。

2 规范性引用文件

下列文件对于本文件的应用是必不可少的。凡是注日期的引用文件，仅注日期的版本适用于本文件。凡是不注日期的引用文件，其最新版本（包括所有的修改单）适用于本文件。

GB/T 25241.1　烟草集约化育苗技术规程　第 1 部分：漂浮育苗

Q/GDYY032　烤烟标准化生产档案管理办法

Q/GDYY045　专业化服务规程

3 术语和定义

下列术语和定义适用于本文件。

3.1 烤烟专业化育苗

经过烟站选拔和培训，把一些有技术能力、组织能力、管理能力和经营能力的人员培养为育苗专业户。育苗专业户按烟站提供的合同面积和烟农的需求与烟站烟农签订育苗服务协议和供苗协议，在指定区域进行烤烟育苗，成苗验收合格后，按协议约定价格将烟苗销售给烟农。

3.2 烤烟工场化育苗

在人工控制的最佳环境条件下，运用机械化标准化、自动化的技术手段，进行规模化生产优质烟苗的先进育苗方式，使烟苗生产达到快速、优质、高产、高效率、成批而稳定的生产水平。其特点是育苗时间缩短、产苗量大、烟苗素质高、节省劳力、便于集中管理适于大批量商品化烟苗生产。

3.3 种植专业户

在家庭承包经营的基础上，具有生产能力的农户通过土地经营权的流转，集中 66 667～666 667 m^2 土地，进行烟叶生产经营的种植主体。

3.4 家庭农场

具有一定经济实力和生产管理能力的人员通过土地经营权的流转，集中 66 666.7 m^2 以上土地，进行烟叶生产经营的种植主体。

3.5 烟农专业合作社

在农村家庭承包经营基础上，烟叶生产经营者或烟叶生产专业化服务的提供者、利用者，通过自愿联合、民主管理、利益共享、风险共担的方式互助经营的经济组织。

4 标准内容

4.1 服务流程

服务流程见附录 A。

4.2 组织管理

以有效减少烟农复杂技术环节的用工，培育高质量壮苗为目标，育苗专业户与烟农签订专业化育苗服务协议，按协议约定的供苗数量组织育苗，按供苗协议约定的数量和时间供苗。

4.3 育苗管理

4.3.1 育苗现场管理

4.3.1.1 严格按 GB/T 25241.1 做好各个环节的工作。管理及操作人员进入场内工作，严禁吸烟，必须用肥皂洗净手后方可入内。严格遵守安全管理制度，要有严格的进出记录。

4.3.1.2 育苗记录翔实、完整、交接班记录详细。

4.3.1.3 严格遵守物资领用和保管制度；合理利用物资，杜绝浪费；每次用剩的物资应盘点交回。

4.3.1.4 进场物资和车辆必须按要求规范停放，车辆做到进出有序，物资运输时如有撒漏，应及时清扫维护。

4.3.1.5 工作场地必须保持清洁，轮流打扫卫生，现场产生的垃圾采取集中堆放，并及时处理外运。

4.3.1.6 严格控制进出人员，与育苗工作无关的人员不可进入育苗工场作业区。

4.3.2 温室大棚管理

4.3.2.1 防止温室骨架部件的损坏或失效，如有发现应及时维修或更换。

4.3.2.2 日常使用中，在保证棚内烟苗生长环境需要的前提下，尽可能多开窗通风，延长温室骨架寿命。

4.3.2.3 长期不使用的情况下，必须使大棚的各通风窗口保持敞开状态。

4.3.2.4 薄膜和防虫网尽可能避免接触烟株、燃烧产物、杀虫剂、除草剂、挥发性化学物质（如盐酸及其化合物）、腐蚀性化学物质（如硫酸及其化合物）等。

4.3.2.5 卷膜前应观察并清除卷膜表面附带的异物，如脱落的压膜线、防虫网或其他物品等。

4.3.2.6 时常检查，勤于维护。

4.4 质量监控

4.4.1 过程监督管理

育苗过程当中，烟站（点）烟技员必须全程参与技术指导，确保育苗专业户严格按 GB/T 25241.1 的要求，做到规范化操作、流水化作业、精细化管理。

4.4.2　成苗质量

实行过程监督管理与目标管理相结合的制度化管理办法，确保出苗率达到 98% 以上，成苗率达到 95% 以上，确保烟苗素质达到 GB/T 25241.1 规定的成苗标准。

4.4.3　成苗验收

在烟苗出售前，由专业合作社、烟草部门、服务对象组成联合验收组对烟苗素质进行验收，烟苗素质达到 GB/T 25241.1 规定的成苗标准或以上，视为合格，方能出售给烟农。

4.5　日常管护

4.5.1　管护模式

为切实管护好烟叶生产基础设施，确保温室大棚、育苗工场长期稳定发挥效益，每年烟叶育苗（或育苗工场综合利用）开始前及结束后，由烟站（点）或合作社组织相关技术人员对育苗工场的管护情况进行检查验收，验收合格后移交相关管护责任人进行管护。

4.5.2　综合利用期间管理

育苗工场综合利用期间，由育苗专业户（队）承担管护责任，组织人员做好育苗大棚、播种机、剪叶机、植保机械、育苗物资的管护维修保养及管理工作，确保育苗工作的正常运行。

4.5.3　闲置期间管理

育苗工场闲置期间，由烟草部门聘请人员进行管护，管护人员劳动报酬从由烟草部门或合作社支出；闲置期间综合利用，则由承包方负责管护。

4.5.4　值班管理

育苗期间，育苗大棚实行 24 h 值班制，由队员轮流值班，对育苗大棚的智能化操作系统等设施设备进行日常操作管理，并做好育苗管理记录等工作，做到育苗设备操控及温湿度观察记录齐全，育苗管理措施到位。

4.6　考核管理

4.6.1　培训考核

育苗工场每年育苗开始前至少组织一次专业化育苗的培训，育苗工场员工及专业化育苗人员必须参加并做好笔记记录，培训后进行考核，专业化育苗人员考核合格方可持证上岗。育苗期间，育苗工场可根据育苗质量、工作态度、工作时数等，每半个月对育苗人员进行考核，不合格者作扣分处理，两次以上考核不合格者取消其育苗工作资格。县局（分公司）或烟站（点）可在每年育苗工作结束后，对育苗工场进行工作考核，考核不合格者取消下年育苗工作资格。

4.6.2　痕迹管理

做好育苗协议、育苗各环节实施记录、烟苗发放记录、育苗人员考核记录交接班记录、物资发放使用记录等资料归档。

烟草漂浮育苗基质

1 范围

本标准规定了烟草漂浮育苗基质的质量要求、试验方法、检验规则、包装、标识、运输和贮存本标准适用于由有机物料及天然矿物为主生产的烟草漂浮育苗基质的质量要求和检测。

2 规范性引用文件

下列文件中的条款通过本标准的引用而成为本标准的条款。凡是注日期的引用文件，其随后所有的修改单（不包括勘误的内容）或修订版均不适用于本标准，然而，鼓励根据本标准达成协议的各方研究是否可使用这些文件的最新版本。凡是不注日期的引用文件，其最新版本适用于本标准。

GB/T 601 化学试剂标准滴定溶液的制备

GB/T 6678 化工产品采样总则

GB/T 6682 分析实验室用水规格和试验方法

GB/T 8170 数值修约规则与极限数值的表示和判定

GB 8172 城镇垃圾农用控制标准

GB/T 8571 复混肥料实验室样品制备

GB/T 11957 煤中腐植酸产率测定方法

NY/T 302 有机肥料水分的测定

NY 525—2002 有机肥料

3 术语和定义

下列术语和定义适用于本标准。

3.1 基质 nursery substrate

由有机物料（包括草炭、腐熟植物秸秆）及天然矿物（珍珠岩、蛭石）为主配制的、用于烟草漂浮育苗生产的人造土壤。

3.2 型式检验 type test

对产品质量进行全面考核，即对本标准中规定的技术要求全部进行检验。

3.3 出苗率 germination rate

每孔单粒播种，播种后 20 d 实际出苗孔数占总播种孔数的百分比。

3.4 生长速度 growth rate

从播种到 50%烟苗达到大十字期的天数。

3.5 基质平均温度 average temperature of substrate

生长速度调查期内，每天上午 8 时基质表面下 3 cm 的温度的平均值。

3.6 批 batch

同一原料、同一工艺、同一规格、同一天生产的产品为一批。

4 要求

4.1 外观

各种物料混合均匀呈颗粒状产品。

4.2 理化指标

烟草漂浮育苗基质理化指标要求见表 1，表中数值修约规则与极限数值的表示和判定按照 GB/T 8170。

表 1 烟草漂浮育苗基质理化指标

项目	要求
pH 值	5.0~7.0
1~5 mm 粒径（%）	≥40
容重（g/cm³）	0.10~0.35
总孔隙度（%）	80~95
有机质含量（%）	≥15
腐植酸（%）	10~40
电导率（pS/cm）	≤1 000
有效铁离子含量（mg/kg）	≤10 00
水分（%）	20~45

5 试验方法

5.1 取样和实验样品制备

取样方法按 GB/T 6678 中的规定执行；选取样品数量依据表 2 要求；将选取出的样品全部倒在干净的塑料袋上，混拌均匀后取不少于 5 L 为 1 个样品；进行理化指标的检测。

实验室样品制备按照 GB/T 8571 的要求，并明确标识。

表 2 基质选取样品数量规定 （单位：袋）

基质总数	选取最小的基质数
1~3	全部

（续表）

基质总数	选取最小的基质数
4~1 000	3
1 001~5 000	4
>5 000	5

5.2 理化指标

5.2.1 粒径检验
按本标准附录 A 执行。

5.2.2 容置检验
按本标准附录 B 执行。

5.2.3 总孔隙度检验
按本标准附录 C 执行。

5.2.4 有机质含量检验
按本标准附录 D 执行。

5.2.5 腐植酸检验
按 GB/T 11957 执行。

5.2.6 pH 值检验
按 NY 525—2002 中 5.7 执行。

5.2.7 电导率检验
按本标准附录 E 执行。

5.2.8 有效铁含量检验
按本标准附录 F 执行。

5.2.9 水分含量检验
按 NY 525—2002 中 5.6 执行。

6 检验规则

6.1 出厂检验
每批产品均需生产企业质量检验部门检验合格，并附产品质量检验合格证方可出厂出厂检验的项目为：粒径、孔隙度、pH 值、电导率、每袋净容量。

6.2 型式检验

6.2.1 型式检验在每年的生产季节中进行 1~2 次。

6.2.2 型式检验项目中为本标准规定的全部项目。有下列情况之一时，亦应进行型式检验。

（1）每年开始生产时；

（2）当原料或配方有较大变动时；

（3）当出厂检验结果与型式检验结果有较大差异时

（4）质量监督机构提出型式检验要求时。

6.3　判定规则

检验结果中若理化指标有一项不合格，应从同批产品中对不合格项目进行双倍抽样复检。

7　标志包装、运输和贮存

7.1　标志

包装袋上应印有下列标志：烟草专用、产品名称、执行标准、净容量、生产企业名称、生产企业地址、生产日期、联系电话。包装袋背面应印有基质的使用方法和注意事项。

7.2　包装

基质用编织袋内衬乙烯薄膜袋或覆膜袋包装。每袋容量 0.04 m^3、0.05 m^3、0.07 m^3 或 0.08 m^3（指在自然状态下的容积）。

7.3　运输和贮存

贮存于阴凉干燥处，在运输过程中应防潮、防晒、防破裂。

附录 A
基质粒径的测定方法

A.1 原理

将一定体积的基质用 1 mm 和 5 mm 孔径的筛子筛分，并分别量取大于 5 mm、1~5 mm粒径和小于 1 mm 粒径基质的体积，再除以三者体积之和，即为大于 5 mm、1~5 mm粒径和小于 1 mm 粒径的基质所占体积百分率。

A.2 仪器设备

A.2.1 筛子，孔径 1 mm 和 5 mm。

A.2.2 量筒，1 000 mL，50 mL。

A.2.3 电子天平。

A.3 操作步骤

用 1 L 的量筒量取体积为 1 000 mL 的风干基质，用 1 mm 和 5 mm 孔径的筛子振荡筛分，测量 1~5 mm 两筛之间基质的体积，计算其所占体积百分率。

A.4 结果计算

基质粒径按式（A.1）计算

$$M（\%）= \frac{V}{1\ 000} \times 100 \qquad (A.1)$$

式中　M——1~5 mm 粒径基质所占的体积分数，%；

V——1~5 mm 粒径基质的体积，mL；

1 000——量取测量基质的总体积，mL。

两次平行测定的平均值作为测定结果，结果精确至 0.1%。

两次平行测定的相对标准偏差<5%

附录 B

基质容量的测定方法

B.1　原理

采用环刀法进行测定。

B.2　仪器设备

B.2.1　环刀。

B.2.2　分析天平（感量为 0.01g）。

B.3　步骤

新鲜基质样品均匀装入套有环套的环刀（已知体积 V 和质量 m）中装满，用质量 65 g 的小圆盘轻放在基质上，3 min 后取去，削平多余基质。此时应保持基质样品与环刀口齐平，称量 m_1。重复 3～4 次。立即按 NY/T 302 测定新鲜基质含水量。

B.4　计算方法

基质容重按式（B.1）计算。

$$P = (m_1 - m) \times (1 - x) / V \qquad (B.1)$$

式中　P——容重，g/cm^3；

　　　m_1——基质样品与环刀的质量，g；

　　　m——环刀质量，g；

　　　x——新鲜基质含水量；

　　　V——环刀体积，cm^3。

两次平行测定的平均值作为测定结果，结果精确至 0.001 g/cm^3。

两次平行测定的相对标准偏差<5%。

附录 C
基质孔隙度的测定方法

C.1 原理

通过测定基质的容重、比重后，计算得出基质的总孔隙度。

C.2 仪器设备

C.2.1 比重瓶，100 mL。

C.2.2 天平，感量为 0.01 g，最大称量 200 g。

C.2.3 温度计。

C.2.4 电沙浴（或电热板）。

C.3 试剂

C.3.1 实验室用水

按 GB/T 6682 规定执行

C.3.2 标准溶液的制备

按 GB/T 601 规定执行。

C.4 测定步骤

C.4.1 基质密度的测定

取通过 2 mm 孔径筛的风干试样约 10 g，装入已知质量（m_0）的比重瓶中，称瓶+风干样的质量（m_1）（精确至 0.01 g）。另取 10 g 左右试样按 NY 525—2002 中 5.6 的方法测定含水量（X）。

向装有样品的比重瓶中缓缓注入去二氧化碳的蒸馏水或去离子水，至水和样品的体积约占比重瓶的 1/3~1/2 为宜。缓缓摇动比重瓶，使基质充分湿润，将比重瓶放在电热板上加热，沸腾后保持微沸腾 1 h，煮沸过程中应经常摇动比重瓶，驱除基质中的空气。煮沸完毕，将冷却的无二氧化碳蒸馏水沿瓶壁徐徐加入比重瓶至瓶颈，用手指轻轻敲打瓶壁，使残留基质中的空气逸尽。静置冷却，澄清后测量瓶内水温（T）。加蒸馏水至瓶口，塞上毛细管塞，瓶中多余的水即从塞上毛细管中溢出，用滤纸擦于瓶外壁后称取 T_1 时的（瓶+水+基质）质量（m_2）。

将比重瓶中的基质液倒出，洗净比重瓶注满冷却的无二氧化碳蒸馏水，测量瓶内水温（T_2），加水至瓶口，塞上毛细管塞，用滤纸擦干瓶外壁后称取 T_2 时的（瓶+水）质量（m_T）。若每只比重瓶事先都经过校正，则在测定时可省去此步骤。

C.4.2 基质密度结果计算

基质密度的结果按式（C.1）和式（C.2）计算。

$$\rho = \frac{m}{m_T + m - m_2} \times \frac{\rho_{W_1}}{\rho_{W_0}} \tag{C.1}$$

$$m = (m_1 - m_0) \times (1 - X_0) \tag{C.2}$$

式中 ρ——基质密度，g/cm³；

　　　m——烘干试样质量，g；

　　　m_T——T_2 时（$T_1 = T_2$）的瓶+水质量，g；

　　　m_2——T_1 时的瓶+水+基质质量，g；

ρ_{W_1}——T_1 时水的密度，g/cm^3；

ρ_{W_0}——4℃时水的密度，g/cm^3；

m_1——瓶+风干基质质量，g；

m_0——瓶的质量，g；

X_0——风干试样的含水量。

平行测定结果以算术平均值表示，保留两位小数。

C.5　总孔隙度的计算

基质总孔隙度按式（C.3）计算。

$$K= （1-\frac{P}{\rho}） \times 100\%　　　　　　　　（C.3）$$

式中　K——基质孔隙度，

P——基质容重，g/cm^3；

ρ——基质密度，g/cm^3。

基质密度测定结果精确至 0.001 g/cm^3。

两次平行测定的平均值作为测定结果，结果精确至 0.01%平行测定结果相对标准偏差<5%。

附录 D
基质中有机质的测定　重铬酸钾容量法

D.1　原理

用过量的重铬酸钾—硫酸溶液，在加热条件下，使基质中的有机碳氧化，多余的重铬酸钾用硫酸亚铁溶液滴定，同时以二氧化硅为添加物做空白试验，根据氧化前后氧化剂消耗量，计算出有机碳含量，再乘以常数 1.724，即为基质有机质含量。

D.2　仪器设备

D.2.1　分析天平：感量 0.001 g。

D.2.2　电炉：1 000 W；

D.2.3　硬质试管（配有弯颈小滑斗）：25×200 mm。

D.2.4　油浴锅（配有铁丝笼，大小和形状与油浴锅配套）。

D.2.5　用紫铜皮做成或用高度约 15~20 cm 的铝锅代替，内装菜油或石蜡（工业用）。

D.2.6　酸式滴定管：体积 25 mL。

D.2.7　温度计：300℃。

D.2.8　三角瓶：250 mL。

D.2.9　移液管：5 mL。

D.3　试剂

D.3.1　实验室用水按 GB/T 6682 规定执行。

D.3.2　二氧化硅，粉末状。

D.3.3　浓硫酸：1.84 g/mL。

D.3.4　重铬酸钾溶液：0.8 mol/L。

D.3.5　重铬酸钾标准溶液。

D.3.6　硫酸亚铁标准溶液

D.4　分析步骤

D.4.1　标准溶液的制备

按 GB/T 601 规定执行。

D.4.2　重铬酸钾溶液制备

称取 40.0 g 重铬酸钾（分析纯或化学纯）加 400~600 mL 水，加热使之溶解，冷却后用水定容至 1 L。将此溶液转移入 3 L 大烧杯中；另取 1 L 密度为 1.84 g/mL 的浓硫酸（分析纯或化学纯），慢慢地倒入重铬酸钾水溶液中，不断搅动。为避免溶液急剧升温，每加约 100 mL 浓硫酸后可稍停片刻，并把大烧杯放在盛有冷水的大塑料盆内冷却当溶液的温度降到不烫手时再加另一份浓硫酸，直到全部加完为止，此溶液浓度 $c(1/6K_2Cr_2O_7) = 0.8$ mol/L。此溶液极为稳定，可以长期保存。

D.4.3　重铬酸钾标准溶液制备

准确称取 130℃烘 2~3 h 的重铬酸钾（优级纯 FR）4.904 g，先用少量水溶解，然后无损地移入 1 000 mL 容量瓶中，加水定容，此标准溶液浓度 $c(1/6K_2Cr_2O_7) = 0.100$ mol/L。

D. 4. 4　硫酸亚铁标准溶液的制备

称取 56.0 g 硫酸亚铁（$FeSO_4 \cdot 7H_2O$，分析纯）或 80.0 g 硫酸亚铁铵［$(NH_4)_2SO_4 \cdot FeSO_4 \cdot 6H_2O$ 化学纯］溶解于 600~800 mL 水中，加浓硫酸（化学纯）15 mL，搅拌均匀，定容到 1 L 容量瓶内，此溶液易被空气氧化而致浓度下降，每次使用时应标定其准确浓度。

D. 4. 5　硫酸亚铁标准溶液的标定

吸取 0.100 0 mol/L（c_1）重铬酸钾标准溶液 20.00 mL（V_1）放入 150 mL 或 250 mL 三角瓶中，加浓硫酸 3~5 mL，摇匀，冷却，加邻菲啰啉指示剂 2~3 滴，用硫酸亚铁标准溶液滴定，根据硫酸亚铁标准溶液滴定时的消耗量（V_2，mL）即可计算出硫酸亚铁标准溶液的准确浓度（c_2）。硫酸亚铁标准溶液的浓度（c_2，mol/L）按式（D.1）计算：

$$c_2 = \frac{c_1 \times V_1}{V_2} \qquad\qquad (D.1)$$

D. 4. 6　邻菲咯啉（$C_{12}HN_2 \cdot H_2O$）指示剂

称取 0.695 g $FeSO_4 \cdot 7H_2O$ 或 1.00 g $(NH_4)_2SO_4 \cdot FeSO \cdot 6H_2O$ 和邻菲啰啉（分析纯）1.485 g 溶于 100 mL 蒸馏水中，密闭保存于棕色瓶中。

D. 5　测定步骤

准确称取通过 0.25 mm 筛的风干试样 0.02~0.03 g（精确到 0.0001 g，称样量根据有机质含量范围而定），放入硬质试管中，准确加入 5.00 mL 0.8 mol/L 重铬酸钾溶液，加入 5.00 mL 浓硫酸，摇匀并在每个试管口插上玻璃小漏斗。将试管还个插入铁丝笼中，再将铁丝笼沉入已在电炉上加热至 185~190℃ 的油浴锅内，使管中的液面低于油面要求放入后油浴温度下降至 170~180℃，等试管中的溶液沸腾时开始计时，此刻必须控制电炉温度，不使溶液剧烈沸腾，其间可轻轻提取铁丝笼在油浴锅中晃动几次，以使液温均匀，并维持在 170~180℃，5±0.5 min 后将铁丝笼从油浴锅中提出，冷却片刻，擦去试管外的油液冷却后将试管内的消煮液及基质残渣无损地转入 250 mL 三角瓶中，用水冲洗试管及小漏斗，洗液并入三角瓶中，使三角瓶内溶液的总体积控制在 50~60 mL。加 3 滴邻菲啰啉指示剂用硫酸亚铁标准溶液滴定剩余的 $K_2Cr_2O_7$，溶液的变色过程是橙黄→蓝绿→棕红。如果滴定所用硫酸亚铁溶液的毫升数不到空白试验所耗硫酸亚铁溶液毫升数的 1/3，则应减少基质称样量重测。

注：加热时，产生的 CO_2 气泡不是真正沸腾，只有在正常沸腾时才能开始计算时间。

D. 6　结果的计算

基质中有机质含量按式（D.2）计算。

$$X(\%) = \frac{c_2 \times (V_0 - V) \times 5.6892}{m \times (1 - X_0) \times 1\ 000} \times 100\%$$

式中　X——有机质含量，%；

c_2——硫酸亚铁标准溶液的摩尔浓度，mo/L；

V_0——空白试验时，使用硫酸亚铁标准滴定溶液的体积，mL；

V——测定时，使用硫酸亚铁标准溶液的体积，mL；

5.6892——换算有机质的系数；

m——试样质量，g；

X_0——风干试样的含水量，%。

取平行测定结果的算术平均值为最终检测结果。

平行测定的绝对差值应符合表 D.1 要求。

表 D.1 平行测定允许的绝对差值

有机质（%）	绝对差值
<30	0.6
30~45	0.8
>45	1.0

附录 E

基质电导率的测定方法

E.1　原理

根据基质：水＝1：10 形成液体介质，通过液体介质中正负离子移动导电的原理，引用欧姆定律表示液体的导电率。

E.2　仪器设备

E.2.1　电导仪。

E.2.2　分析天平，感量 0.001 g。

E.2.3　空气浴振荡器

E.3　试剂

E.3.1　实验室用水，按 GB/T 6682 规定执行。

E.3.2　标准溶液的制备，按 GB/T 601 规定执行。

E.4　测定步骤

E.4.1　待测液的准备

称取通过 2 mm 筛孔的风干基质样品 5.00 g（精确到 0.01 g）于 100 mL 带盖塑料瓶中，按基质：水＝1：10 的量加入无二氧化碳的蒸馏水，盖上盖子，以 170 r/min 的速度振荡 30 min，过滤后测定电导率。

E.4.2　电导率的调试

将电导仪插上电源按仪器说明书要求进行校准和温度补偿。

E.5　测定

将电极浸入待测溶液，待稳定后读数（电极使用前应用<0.5 μS/cm 蒸馏水冲洗干净，用滤纸吸干水）两次平行测定的平均值作为测定结果，结果精确至 0.1 pS/cm。

平行测定结果相对标准偏差<5%。

附录 F
基质有效铁的测定方法

F.1 原理

被测基质样品经 DTPA-TEA-CaCl$_2$ 提取后，用原子吸收光谱法直接测定。

F.2 设备仪器

F.2.1 原子吸收分光光度计，包括铁元素空心阴极灯。

F.2.2 酸度计。

F.2.3 空气浴振荡器。

F.2.4 带盖塑料瓶，100 mL。

F.3 试剂

F.3.1 实验室用水

按 GB/T 6682 规定执行。

F.3.2 DTPA 浸提剂

其成分为 0.005 mol/L CaCl$_2$，0.1 mol/LTEA，pH 值 7.30。称取 1.967 g 二乙三胺五乙酸（DTPA），溶于 14.92 g 三乙醇胺（TEA）和少量水中再将 1.47 g 氯化钙（CaCl$_2$·2H$_2$O）溶于水后，一并转入 1 L 容量瓶中，加水至约 950 mL；在酸度计上用 6 mol/L 盐酸溶液调节 pH 值至 7.30，用水定容至 1 000 mL，贮于塑料瓶中。

F.3.3 铁标准储备液

铁标准储备液：称取 1.000 g 金属铁（优级纯），溶于 40 mL 1:2 盐酸溶液（1 份水+2 份盐酸），移入 1 L 容量瓶中，用水定容，即为 1 000 mg/L 铁标准储备液。分别取此液 10.00 mL 于 100 mL 容量瓶中，用水定容，即为 100 mg/L 铁标准液。

铁标准储备液也可直接购买。

F.4 操作步骤

称取通过 2 mm 筛孔的待测风干样 5.00 g（精确到 0.01 g）于塑料瓶中，加入 DTPA 浸提剂 50 mL，盖好瓶盖，在 25±2℃ 的条件下，以 180 r/min 的速度振荡 1 h，然后过滤。在原子吸收分光光度计上测定，样品含量过高时，需稀释后，再测定，同时做空白对照。

标准曲线的绘制：参照标准系列溶液的配制方法，但不加 1:2 盐酸溶液，用 DTPA 浸提剂定容与样品同条件上机测定，读取浓度值或吸光度，绘制标准曲线。

F.5 结果计算

基质中有效铁含量（X，mg/kg）按式（F.1）计算：

$$X = c \times D \times V / [m \times (1 - X_0)] \qquad (F.1)$$

式中　c——直接读取或从标准曲线查出样品测定液中元素的浓度，mg/L；

　　　D——分取倍数，即浸提液体积/取滤液体积；若未稀释，D 取 1；

　　　V——浸提液体积，mL；

　　　m——风干待测样质量，g；

　　　X_0——风干试样的含水量。

两次平行测定的平均值作为测定结果。

平行测定结果相对标准偏差<5%。

附录 G
基质的出苗率及烟苗生长速度检测

G.1　出苗要求

在基质平均温度 15℃时播种后 20 d 的出苗率≥85%。10~20℃的出苗率统计时间校正值见表 G.1。10℃以下烟苗不能正常出苗，不宜进行育苗试验。

G.2　生长速度

在 15℃时，从播种到 50%烟苗达到大十字期的天数≤40 d。

G.3　杂草控制要求

杂草控制要求：每 100 孔苗盘中长出的杂草株数≤2 株。

表 G.1　出苗率与生长速度的基质平均温度调查时间校正

出苗率调查时间		生长速度调查时间	
基质平均温度（℃）	±天数（d）	基质平均温度（℃）	±天数（d）
10.0	+20	10.0	*
12.5	+10	12.5	*
15.0	0	15.0	0
17.5	−3	17.5	*
20.0	−6	20.0	*

注：出苗率的基质平均温度指从播种后到出苗率调查前的基质温度平均值。生长速度调查的基质平均温度指从播种后到生长速度调查前的基质温度平均值。

G.4　主要材料和仪器

G.4.1　塑料大棚。

G.4.2　营养池。

G.4.3　育苗盘。

G.4.4　温度计、湿度计。

G.4.5　苗肥。

G.5　操作步骤

G.5.1　装盘

将编好号的基质拌湿，以手握成团，松手后轻轻抖动散开即可。将拌湿的基质装到规格为 66 cm×34.5 cm×5 cm 的育苗盘中，用手指轻压基质不再下落为宜。每个编号基质设 3 个重复，每个重复播盘，每种基质的出苗率、生长速度及杂草株数均以每 100 孔的平均值计算。

G.5.2　播种

选用发芽率≥95%的包衣种每个孔穴中播 1 粒种子。播种深度 1~3 mm，以基质表面刚好看不到种子为宜。将播好种子的育苗盘放入育苗池中，随机排列。

G.5.3 出苗率计算

在15℃时播种后20 d进行出苗率调查，在5~20℃的出苗率调查时间按表 G.1校正值调整。

出苗率按式（G.1）计算：

$$\Gamma\ (\%) = \frac{\kappa}{\kappa_0} \times 100 \qquad (G.1)$$

式中　Γ——出苗率,%；

　　κ——每盘有苗孔数，个；

　　κ_0——每盘孔数，个。

最终出苗率按3盘平均数计算。

G.5.4 烟苗生长速度计算

当每个育菌盘上50%的苗进入大十字期，即为烟苗生长到达大十字期。记录烟苗生长到大十字期的日期。

G.5.5 杂草数量

在烟菌进行出苗率调查时进行杂草数量调查。

杂草数量按式（G.2）计算：

$$\Gamma\ (\%) = \frac{\kappa_1}{\kappa_0} \times 100 \qquad (G.2)$$

式中　Γ——杂草数量，株/100孔；

　　κ_1——每盘杂草数，株；

　　κ_0——每盘孔数，个。

烟草育苗基本技术规程

1　范围

本标准规定了烟草育苗的基本技术规程。

本标准适用于烟草生产的育苗环节，作为技术操作的依据。也适用于作为烟草生产的技术研究。

2　定义

2.1　覆盖育苗

播种后将苗床用适当物质盖住的育苗方式。覆盖物有透光性或漏光性。

2.2　通床育苗

整个育苗过程，从播种到成苗在同一苗床内完成。

2.3　假植育苗

种育苗方法，在烟苗有4~5片真叶时，从育苗的第一苗床（母床）栽种到预先做好的另一块苗床（子床）上，使它在较优越的环境条件下生长。

2.4　营养体育苗

一种育苗方式，将种子点播于含有较多营养物质的池状体（营养池）钵状物（营养钵）、袋内（营养袋）或盘内（营养盘），直至成苗。

2.5　十字期

出苗后不久，出现第一、第二片真叶，当这两片真叶大小近似并与子叶交叉成"十"字形时的时期2片真叶时称为小十字期，4片真叶时称为大十字期。

2.6　锻苗

烟草移栽前增强烟草抗逆能力的措施。

3　育苗设施

3.1　育苗设施的分类
3.1.1　按覆盖方式分类

分为塑料小拱棚、大棚（包括大棚内加单小拱棚的双棚和带有加热设施的暖窖式大棚）和露地育苗三大类。

3.1.2　按育苗方式分类

分为通床育苗和假植育苗。

3.1.3 按育苗营养体分类

分为营养钵、营养池、营养袋、育苗盘育苗。

3.2 育苗设施的构造

3.2.1 从覆盖方式角度构造（技术参数见附录A）

3.2.1.1 小拱棚（见附录A中A.1）

覆盖材料以具有无滴、保温、防老化性能的多功能塑料膜（0.05 mm 厚）育苗效果最佳。严寒地区加盖草苫。

3.2.1.2 大棚

覆盖材料以具有无滴、保温、防老化功能三层复合塑料膜（0.10~0.12 mm 厚）育苗效果较佳，棚膜可连续使用2~3年。播种前5~7 d 盖膜。每一标准大棚用500 mL 4%甲醛（福尔马林）喷洒，密闭灭菌2~3 d，打开两端门通风2~3 d，排净药气。

育苗初、中期气温极低地区，在大棚内半地下或离地5~10 cm 设加温火管，环棚边一圈。炉头与烟囱设在棚外。严寒地区加盖草苫。

3.2.1.2.1 标准大棚（见附录A中A.2）。

3.2.1.2.2 暖窖式大棚（见附录A中A.3）。

3.2.1.2.3 双棚（见附录A中A.4）。

3.2.1.3 露地育苗

畦宽1 m，长度随田块而定。在育苗期气温较高，不需加盖覆盖物的地区采用。

3.2.2 从育苗方式角度构造

3.2.2.1 通床育苗

3.2.2.1.1 半地下式

床体周边筑埂，埂顶宽20~25 cm，距床面10~15 cm，床面低于地面（约5 cm），床体两端设灌排水沟。适用于育苗季节少雨的旱地。

3.2.2.1.2 半地上式

床体周边下挖深15~20 cm、宽25~30 cm 的浅沟，床面高于沟底15~20 cm 适用于水田苗床地和育苗季节多雨的旱地。

3.2.2.1.3 离地式苗床

床底用木板或砖制成带四框的平面床，盘底（框底）用砖（或木棍）支撑，距地面10~15 cm。适用于大棚式育苗地区。

3.2.2.2 假植育苗

母床，用50 cm×40 cm 或50 cm×60 cm，边框高5~6 cm 的木盘或塑料盘装营养土育苗。也可以用50 cm×40 cm，边框高3 cm，排布1.5 cm×1.5 cm 孔洞的塑料盘装营养土育苗。

子床，采用直径5~8 cm，高5~8 cm 的塑料袋或纸袋；或者上口4.5 cm×4.5 cm，下口3 cm×3 cm，深5 cm 杯状体，底部有排水孔的塑料育苗盘；或者通床状床体。

3.2.3 从营养体角度构造

3.2.3.1 营养钵

制作营养钵的材料和方法有多种。有纸筒、稻草蘸泥浆、聚丙烯塑料无底格盘、固体泡沫状聚乙烯锥状体等制钵，或直接将泥土做成钵状。直径 6~7 cm，高 5~6 cm。

3.2.3.2 营养袋

端开口的纸袋、草袋或塑料袋。直径 6~7 cm，高 5~6 cm。

3.2.3.3 育苗盘

塑料压制成长 55 cm，宽 30 cm，其上划分成多个上口 4.5 cm×4.5 cm，下口 3 cm×3 cm，深 5 cm，底部有排水孔的杯状槽的盘体。

4 育苗技术

4.1 苗床地与床土

苗床选定背风向阳、靠近水源，近育苗也可以选在村中或院内，无论是通床育苗还是假植育苗，都要求土质疏松、肥沃。小棚育苗苗床畦面要平整。

4.2 营养土配制与灭菌

4.2.1 营养土配制

营养土要含充分腐熟、晒干、砸碎过筛的有机肥料。通床育苗，每平方米施用有机肥 1.0~1.5 kg（按有机肥中有机质计算为纯有机质），氮磷钾复合肥（8∶8∶16）0.1 kg；营养钵营养袋、营养盘的营养土有机质应增加，含量要达到 4%~6%［优质有机肥中有机质含量达 20%~25% 时，肥与土比例为 1∶（3~4）］，每 100 kg 营养土加 0.5 kg 氮磷钾复合肥（8∶8∶16）。肥料与土要充分混匀。

4.2.2 灭菌

4.2.2.1 高温灭菌

将配制好的营养土置于蒸笼内沸水蒸至营养土温度达 94℃，保持 30 min。

4.2.2.2 化学灭菌

用溴甲烷熏蒸，将营养土堆成 10~15 cm 厚的平顶方堆，每平方米营养土堆用溴甲烷 40~60 g，施药后用塑料膜包盖。营养土温度高于 15℃ 时熏蒸 48 h，低于 15℃ 时，时间适度延长，熏蒸完毕后，揭膜，翻堆使药液散逸。

4.2.3 营养土装填

通床装 7 cm 厚踩实后，畦面整平压实营养袋、营养钵要装满相互靠紧实。

4.2.4 苗床浇水

营养土要浇透达最大持水量，待畦面无明水时播种。

4.3 种子处理

4.3.1 灭菌消毒

将干种子置于布袋内（约占布袋容积 1/3），先将盛种袋放入 1% 小苏打水溶液中浸泡 20~30 s，取出后用清水洗净残液，放入 20℃ 左右的 0.1% 硝酸银溶液中浸泡 10~15 min 或 1% 硫酸铜溶液中浸泡 10~15 min，取出后洗净所附药液。

4.3.2 搓种

将洗净药液的种子置于布袋内反复搓揉，以磨破阻碍种子吸水与吸收氧气的种皮以及种皮所含抑制种子萌发的化学物质，然后用水冲洗至布袋内流出水呈无色或仅有淡淡棕色为止，再将种子袋置于 20℃ 左右水中浸泡 24 h，使种子充分吸水。

4.3.3 催芽

选用恒温培养箱培养。无此条件地区，将种子盛在布袋内或陶土盆内，放在25℃左右温暖处催芽。

催芽时掌握以下要点。

温度：以20℃ 4 h、30℃ 8 h变温催芽，种子出芽快而整齐。

湿度：湿种子手握成团，张开时湿种团有裂纹或散成小团为宜。种团不碎裂为过湿，立即散开为过干，不宜过湿或过干。

洗种与翻动：从催芽的第三天起，每日用20℃左右的温水清洗种子，冲洗掉催芽时种皮上滋生的黏液，以利种子吸收氧气，防止烂种，清洗后将种袋甩去多余水分。每天翻种3~4次，使种子里层积累的种子萌发时产生的热量得到散失，以免烧种，同时使种子均等得到新鲜空气供应达到发芽整齐。

种子胚根伸出种皮（露白），种子胚根长到1~1.5 mm时即可播种。

4.4 播种

4.4.1 播种时期

以移栽时期为准提前60 d左右即为播种时期。

4.4.2 播种方法

4.4.2.1 撒播

将种芽与过筛细土掺混后撒播，使种芽均匀分布于母床畦面。

4.4.2.2 点播

点播于畦式通床苗床时，将混细土的种芽撒于点播板上（点播板为硬质1.5~2 mm厚塑料或薄木板，板上按留苗行株距开0.4~0.5 cm直径的孔），撒播后刮去高于板面的土与种芽；点播于营养袋、盘时，用湿毛笔沾2~3粒种芽点播到袋、盘的中心。采用包衣种子时，每袋（穴）点播2粒种子，播后喷水使包衣裂解。

4.5 覆土

播种后要用经0.5~1 mm筛的细沙覆土1~1.5 mm厚以保持水分，防止畦面表层干结。

4.6 覆盖畦面

用细棍横向支撑覆罩地膜或普通农膜，其上再支撑距畦面40~50 cm的拱形架，覆以厚0.05 mm具有无滴、保温、防老化、转光性能的多功能塑料膜。寒冷地区，还可在此棚外再支撑距膜5 cm的另一拱棚，此时，内棚用普通地膜或农膜，外棚用多功能膜。待烟苗出齐后或长至小十字期时揭去最下层横向覆罩的地膜。

4.7 苗床管理

4.7.1 水分管理

播种后至成苗前一般不再灌水。从出苗至第五片真叶长出，根系营养土含水量保持在田间最大持水量80%为宜。若表层土（0~5 cm）含水量过低，只能在早晚用喷壶洒水补充，不能大水漫灌。第五片真叶长出至锻苗前，根系营养土含水量保持在田间最大持水量60%~70%为宜。成苗后至移栽前5~7 d，或烟苗形体接近移栽要求时，进行锻苗，根系土壤含水量保持在田间最大持水量50%~60%为宜，以晴天中午时，烟苗发生轻度凋萎，上部叶主脉稍部变软下弯作控水适度的依据。如果上午9~10时，烟苗就发生凋萎，则要用喷壶喷洒补水。

4.7.2 温度管理

连续晴天，棚内温度易过高，尤其在苗床中后期，当晴天上午9时，棚外气温达到18℃时，要揭开棚两端进行通风，防止中午时棚温超过35℃，影响烟苗生长。苗床初期要防止棚内畦面近地表1~2 cm空间气温低于−2℃。北方或高海拔地区，遇到强冷空气侵入时，要采取防寒措施。

4.7.3 养分管理

烟苗出现缺肥症状，可用硝酸铵或尿素（每10 m² 畦，0.1~0.2 kg）加磷酸氢二钾0.1 kg（或用0.5 kg过磷酸钙水浸液，加0.2 kg硫酸钾）配制成1份肥100份水的溶液于大十字期后浇灌，然后用清水喷洒，洗去粘在叶上的过多肥液。育苗盘育苗时，由于每株营养体小，在大十字期后，每隔5~7 d，用上述肥液浇灌，至锻苗前停止追肥。

4.7.4 间苗定苗

烟苗长至小十字期后、大十字期前，撒播苗床进行间苗，第五片真叶长出后进行定苗，留苗密度按栽植方式而定，培育高茎苗与碟状苗，苗间距定为5 cm，培育短胖苗，苗间距定为7 cm。点播苗床在小十字期后，大十字期前进行一次定苗。

4.7.5 病虫草害防治

播种前施用毒饵，防治地老虎、蝼蛄、金针虫等地下害虫。出苗后发现这些害虫为害时可用90%敌百虫800倍液浇灌、喷雾。出苗后结合间定苗，拔除杂草。大十字期起喷洒1∶1∶150倍波尔多液或50%代森锌500倍液。第一次喷药后7 d再喷第二次，共喷3次，以防炭疽病为害。

4.8 假植

适用于播种与苗床初期特别寒冷的地区。假植苗先在母床（木盘塑料盘）内培育，当烟苗长出第五片真叶，全株叶片展开伍分硬币大小时，为假植苗大小适宜假植标准。子床可以为营养袋、盘。一般地区，点播通床育苗省工。病毒病严重地区，假植育苗传病概率增加。

4.9 锻苗

移栽前要采取锻苗措施，促使烟苗健壮，移植后还苗生长快提高抗逆性。主要方法为控制水分供应，同时揭去覆盖物，增加光照量，使植株体内积累相对多的光合产物。锻苗时期从移栽前5~7 d开始，不再浇水。中午前后揭开覆盖物，如早晚气温较高，可全天不再覆盖。如果营养土水分过分亏缺，上午9~11时就开始凋萎，则应补充水分供应，但不能浇大水，在早晨用喷壶喷洒，全株叶片湿润，有少量水珠下滴为准。遇雨水时应及时覆盖苗床。育苗后期剪叶可提高烟苗整齐度，同时也起到抑制烟苗地上部分生长的作用。

4.10 剪叶

为了使烟苗在移栽时生长大小与健壮程度整齐一致，或者在烟苗已达到移栽要求而由于天气等原因不能及时移栽，为了抑制烟苗生长，采用剪叶操作成苗前剪叶，由于大苗受剪生长受到抑制，有利于小苗生长，最终达到烟苗大小一致，生长整齐。第一次剪叶可在 5 片真叶以后，烟苗竖膀期开始。剪叶时，用手捏住烟苗叶尖，用剪刀剪去叶片 1/3 左右。其后根据烟苗长势整齐与否，于 7 片、8 片或 9 片叶龄时再进行第二、第三次剪叶，可把剪过的叶再剪去一部分。剪叶后必须将落在畦面的碎叶捡出，以防病害发生。也可在 5~6 片叶龄时，掐去底部 2 片老叶，以利畦面通风，其后再掐或剪去大叶尖部。在锻苗前进行最后一次剪叶或掐叶，抑制叶片生长，促进苗茎增粗或根系生长。

在病毒病严重的烟区或种植户，剪叶操作易造成病毒病传播，应当慎用。而掐叶操作由于叶片与手接触的部位被掐取，故传播病毒病机会比剪叶轻。当出现"苗等地"情况，断水与掐叶是抑制烟苗生长过大的有效措施。

5　成苗形体标准

由于栽植方式及移栽前后各地降雨状况不同，要求移栽苗的成苗标准不同。

5.1　高茎苗

苗龄 9~10 片真叶，茎高 8~10 cm，茎粗（茎基直径）0.4 cm，最大叶长 12~15 cm，叶色淡绿，移栽时埋茎 6~8 cm，适于高垄裸栽和地膜覆盖膜上栽植方式的烟田。

5.2　碟状苗

苗龄 7 片真叶，茎高 2~3 cm，最大叶长 6~8 cm，叶色淡绿。适于栽植于膜下穴中栽植方式的烟田。

5.3　矮胖苗

苗龄 9~10 片真叶，茎高 6~7 cm，茎粗（茎基直径）0.4~0.5 cm，最大叶长 13~14 cm，叶色淡绿，

适于移栽后处于少雨干旱季节，低垄裸地栽植方式的烟田。

附录 A
覆盖育苗设施技术参数

A.1 小拱棚

畦宽 1.0 m，用 1.6 m 长竹片或细树条，每隔 50 cm 横跨苗畦作拱形支撑架。两支撑架之间用细绳连接绑紧，盖膜后再用细绳横向压膜，以防大风吹动时膜上下波动磨破塑料膜。拱棚顶距畦面 40~50 cm 高。严寒地区加盖草苫。

A.2 标准大棚

宽 5 m，长 10 m，顶部呈拱形，中脊高 1.7~1.8 m，边柱高 1.2 m，全部用塑料膜包被。可供 1 hm² （15 亩）大田用苗。严寒地区加盖草苫。

A.3 暖容式大棚

北东、西为土墙呈半拱形，北墙高 1.5 m，距北墙 1.5 m 为拱形脊，脊顶距地面 17~1.8 m，南面高 0.8 m。拱形脊北坡用高粱秸或玉米秸抹泥后用麦杆或稻草覆盖，塑料膜包被脊顶与南面。棚呈东西走向，长 9~10 m，宽 7.5 m，棚内每隔 1.5 m 立东西向支撑架，架上每隔 1.5 m 设南北支撑物。盖膜后于膜外支撑物中间拉绳索将膜压紧。可供 1 hm² （15 亩）大田用苗。严寒地区加盖草苫。

A.4 双棚

标准大棚内再设小棚，小棚宽 2 m，与大棚纵向平行，每个大棚内设两个小棚，适用于育苗初中期气温较低地区。严寒地区加盖草苫。

烟草集约化育苗基本技术规程

1 范围

本标准规定了烟草集约化育苗的基本技术规程。

本标准适用于烟草生产的育苗环节，作为技术操作的依据，也适用于作为烟草生产的技术研究。

2 定义

本标准采用下列定义。

2.1 覆盖育苗

播种后将苗床用适当物质盖住的育苗方式。覆盖物有透光性或漏光性。

2.2 通床育苗

整个育苗过程，从播种到成苗在同一苗床内完成。

2.3 假植育苗

一种育苗方法，在烟苗有4~5片真叶时，从育苗的第一苗床（母床）栽种到预先做好的另一块苗床（子床）上，使它在较优越的环境条件下生长。

2.4 营养体育苗

一种育苗方式，将种子点播于含有较多营养物质的池状体（营养池）、钵状物（营养钵）、袋内（营养袋）或盘内（营养盘），直至成苗。

2.5 十字期

出苗后不久，出现第一、第二片真叶，当这两片真叶大小近似并与子叶交叉成"十字"形时的时期。2片真叶时称为小十字期，4片真叶时称为大十字期。

2.6 锻苗

烟草移栽前增强烟草抗逆能力的措施。

3 定义

3.1 育苗设施的分类
3.1.1 按覆盖方式分类

分为塑料小拱棚、大棚（包括大棚内加罩小拱棚的双棚和带有加热设施的暖窖式大棚）和露地育苗三大类。

3.1.2 按育苗方式分类

分为通床育苗和假植育苗。

3.1.3　按育苗营养体分类

分为营养钵、营养池、营养袋、育苗盘育苗。

3.2　育苗设施的构造

3.2.1　从覆盖方式角度构造

3.2.1.1　小拱棚

覆盖材料以具有无滴、保温、防老化性能的多功能塑料膜（0.05 mm 厚）育苗效果最佳。严寒地区加盖草苫。

3.2.1.2　大棚

覆盖材料以具有无滴、保温、防老化功能三层复合塑料膜（0.10～0.12 mm 厚）育苗效果较佳，棚膜可连续使用 2～3 年。播种前 5～7 d 盖膜。每一标准大棚用 500 mL/4%甲醛（福尔马林）喷洒，密闭灭菌 2～3 d，打开两端门通风 2～3 d，排净药气。

育苗初、中期气温极低地区，在大棚内半地下或离地 5～10 cm 设加温火管，环棚边一圈。炉头与烟囱设在棚外。严寒地区加盖草苫。

3.2.1.2.1　标准大棚。

3.2.1.2.2　暖窖式大棚。

3.2.1.2.3　双棚。

3.2.1.3　露地育苗

畦宽 1 m，长度随田块而定。在育苗期气温较高，不需加盖覆盖物的地区采用。

3.2.2　从育苗方式角度构造

3.2.2.1　通床育苗

3.2.2.1.1　半地下式

床体周边筑埂，埂顶宽 20～25 cm，距床面 10～15 cm，床面低于地面 5 cm，床体两端设灌排水沟。适用于育苗季节少雨物旱地。

3.2.2.1.2　半地上式

床体周边下挖深 15～20 cm、宽 25～30 cm 的浅沟，床面高于沟底 15～20 cm。适用于水田苗床地和育苗季节多雨的旱地。

3.2.2.1.3　离地式苗床

床底用木板或砖制成带四框的平面床，盘底（框底）用砖（或木棍）支撑，距地面 10～15 cm。适用于大棚式育苗地区。

3.2.2.2　假植育苗

母床，用 50 cm×40 cm 或 50 cm×60 cm，边框高 5～6 cm 的木盘或塑料盘装营养土育苗。也可以用 50 cm×40 cm，边框高 3 cm，排布 1.5 cm×1.5 cm 孔洞的塑料盘装营养土育苗。

子床，采用直径 5～8 cm，高 5～8 cm 的塑料袋或纸袋；或者上口 4.5 cm×4.5 cm，下口 3 cm×3 cm，深 5 cm 杯状体，底部有排水孔的塑料育苗盘；或者通床状床体。

3.2.3　从营养体角度构造

3.2.3.1　营养钵

制作营养钵的材料和方法有多种。有纸筒、稻草蘸泥浆、聚丙烯塑料无底格盘、固体泡沫状聚乙烯锥状体等制钵，或直接将泥土做成钵状。6~7 cm，高5~6 cm。

3.2.3.2 营养袋

一端开口的纸袋、草袋或塑料袋。6~7 cm，高5~6 cm。

3.2.3.3 育苗盘

塑料压制成长55 cm，宽30 cm，其上划分成多个上口4.5 cm×4.5 cm，下口3 cm×3 cm，深5 cm，底部有排水孔的杯状槽的盘体。

4 育苗技术

4.1 苗床地与床土

苗床选定背风向阳、靠近水源，近3年内未种过烟草、茄科、葫芦科、十字花科作物的田块。采用大棚育苗也可以选在村中或院内。

无论是通床育苗还是假植育苗，都要求土质疏松、肥沃。小棚育苗苗床畦面要平整。

4.2 营养土配制与灭菌

4.2.1 营养土配制

营养土要含充分腐熟、晒干、砸碎过筛的有机肥料。通床育苗，每平方米施用有机肥1.0~1.5 kg（按有机肥中有机质计算为纯有机质），氮磷钾复合肥（8∶8∶16）0.1 kg；营养袋、营养盘的营养土有机质应增加，含量要达到4%~6%［优质有机肥中有机质含量达20%~25%时，肥与土比例为1∶（3~4）］，每100 kg营养土加0.5 kg氮磷钾复合肥（8∶8∶16）。肥料与土要充分混匀。

4.2.2 灭菌

4.2.2.1 高温灭菌

将配制好的营养土置于蒸笼内，沸水蒸至营养土温度达94℃，保持30 min。

4.2.2.2 化学灭菌

用溴甲烷熏蒸，将营养土堆成10~15 cm厚的平顶方堆，每平方米营养土堆用溴甲烷40~60 g，施药后用塑料膜包盖。营养土温度高于15℃时熏蒸48 h，低于15℃时，时间适度延长，熏蒸完毕后，揭膜、翻堆使药液散逸。

4.2.3 营养土装填

通床装7 cm厚（踩实后），畦面整平压实；营养袋、营养钵要装满，相互靠紧实。

4.2.4 苗床浇水

营养土要浇透达最大持水量，待畦面无明水时播种。

4.3 种子处理

4.3.1 灭菌消毒

将干种子置于布袋内（约占布袋容积1/3），先将盛种袋放入1%小苏打水溶液中浸泡20~30 s，取出后用清水洗净残液，放入20℃左右的0.1%硝酸银溶液中浸泡10~15 min或1%硫酸铜溶液中浸泡10~15 min，取出后洗净所附药液。

4.3.2 搓种

将洗净药液的种子置于布袋内反复搓揉，以磨破阻碍种子吸水与吸收氧气的种皮以及种皮所含抑制种子萌发的化学物质，然后用水冲洗至布袋内流出水呈无色或仅有淡淡棕色为止，再将种子袋置于 20℃ 左右水中浸泡 24 h，使种子充分吸水。

4.3.3　催芽

选用恒温培养箱培养。无此条件地区，将种子盛在布袋内或陶土盆内，放在 25℃ 左右温暖处催芽。催芽时掌握以下要点。

温度：以 20℃ 4 h、30℃ 8 h 变温催芽，种子出芽快而整齐。

湿度：湿种子手握成团，张开时湿种团有裂纹或散成小团为宜。种团不碎裂为过湿，立即散开为过干。不宜过湿或过干。

洗种与翻动：从催芽的第三天起，每日用 20℃ 左右的温水清洗种子，冲洗掉催芽时种皮上滋生的黏液，以利种子吸收氧气，防止烂种，清洗后将种袋甩去多余水分。每天翻种 3~4 次，使种子里层积累的种子萌发时产生的热量得到散失，以免烧种，同时使种子均等得到新鲜空气供应，达到发芽整齐。

种子胚根伸出种皮（露白），种子胚根长到 1~1.5 mm 时即可播种。

4.4　播种

4.4.1　播种时期

以移栽时期为准，提前 60 d 左右即为播种时期。

4.4.2　播种方法

4.4.2.1　撒播

将种芽与过筛细土掺混后撒播，使种芽均匀分布于母床畦面。

4.4.2.2　点播

点播于畦式通床苗床时，将混细土的种芽撒于点播板上（点播板为硬质 1.5~2 mm 厚塑料或薄木板，板上按留苗行株距开 0.4~0.5 cm 直径的孔），撒播后刮去高于板面的土与种芽；点播于营养袋、盘时，用湿毛笔沾 2~3 粒种芽点播到袋、盘的中心。采用包衣种子时，每袋（穴）点播 2 粒种子，播后喷水使包衣裂解。

4.5　覆土

播种后要用经 0.5~1 mm 筛的细沙覆土 1~1.5 mm 厚以保持水分，防止畦面表层干结。

4.6　覆盖

畦面用细棍横向支撑覆罩地膜或普通农膜，其上再支撑距畦面 40~50 cm 的拱形架，覆以厚 0.05 mm 具有无滴、保温、防老化、转光性能的多功能塑料膜。寒冷地区，还可在此棚外再支撑距膜 5 cm 的另一拱棚，此时，内棚用普通地膜或农膜，外棚用多功能膜。待烟苗出齐后或长至小十字期时，揭去最下层横向覆罩的地膜。

4.7　苗床管理

4.7.1　水分管理

播种后至成苗前一般不再灌水。从出苗至第五片真叶长出，根系营养土含水量保持在田间最大持水量 80% 为宜。若表层土（0~5 cm）含水量过低，只能在早晚用喷壶洒水补充，不能大水漫灌。第五片真叶长出至锻苗前，根系营养土含水量保持在田间最大持水量 60%~70% 为宜。成苗后至移栽前 5~7 d，或烟苗形体接近移栽要求时，进行锻苗，根系土壤含水量保持在田间最大持水量 50%~60% 为宜，以晴天中午时，烟苗发生轻度凋萎，上部叶主脉稍部变软下弯作控水适度的依据。如果上午 9~10 时，烟苗就发生凋萎，则要用喷壶喷洒补水。

4.7.2　温度管理

连续晴天，棚内温度易过高，尤其在苗床中后期，当晴天上午 9 时，棚外气温达到 18℃时，要揭开棚两端进行通风，防止中午时棚温超过 35℃，影响烟苗生长。苗床初期要防止棚内畦面近地表 1~2 cm 空间气温低于-2℃。北方或高海拔地区，遇到强冷空气侵入时，要采取防寒措施。

4.7.3　养分管理

烟苗出现缺肥症状，可用硝酸铵或尿素（每 10 m² 畦，0.1~0.2 kg）加磷酸氢二钾 0.1 kg（或用 0.5 kg 过磷酸钙水浸液，加 0.2 kg 硫酸钾）配制成 1 份肥 100 份水的溶液于大十字期后浇灌，然后用清水喷洒，洗去粘在叶上的过多肥液。育苗盘育苗时，由于每株营养体小，在大十字期后，每隔 5~7 d，用上述肥液浇灌，至锻苗前停止追肥。

4.7.4　间苗定苗

烟苗长至小十字期后、大十字期前，撒播苗床进行间苗，第五片真叶长出后进行定苗，留苗密度按栽植方式而定，培育高茎苗与碟状苗，苗间距定为 5 cm，培育短胖苗，苗间距定为 7 cm。点播苗床在小十字期后，大十字期前进行一次定苗。

4.7.5　病虫草害防治

播种前施用毒饵，防治地老虎、蝼蛄、金针虫等地下害虫。出苗后发现这些害虫危害时可用 90% 敌百虫 800 倍液浇灌、喷雾。出苗后结合间定苗，拔除杂草。大十字期起 1：1：150 倍波尔多液或 50% 代森锌 500 倍液。第一次喷药后 7 d 再喷第二次，共喷 3 次，以防炭疽病危害。

4.8　假植

适用于播种与苗床初期特别寒冷的地区。假植苗先在母床（木盘、塑料盘）内培育，当烟苗长出第五片真叶，全株叶片展开伍分硬币大小时，为假植苗大小适宜假植标准。子床可以为营养袋、盘。一般地区，点播通床育苗省工。病毒病严重地区，假植育苗传病机率增加。

4.9　锻苗

移栽前要采取锻苗措施，促使烟苗健壮，移植后还苗生长快，提高抗逆性。主要方法为控制水分供应，同时揭去覆盖物，增加光照量，使植株体内积累相对多的光合产物。锻苗时期从移栽前 5~7 d 开始，不再浇水。中午前后揭开覆盖物，如旱晚气温较高，可全天不再覆盖。如果营养土水分过分亏缺，上午 9~11 时就开始凋萎，则应补充水分供应，但不能浇大水，在早晨用喷壶喷洒，全株叶片湿润，有少量水珠下滴为准。遇雨水时就及时覆盖苗床。育苗后期剪叶可提高烟苗整齐度，同时也起到抑制烟苗地上部分生长的作用。

4.10　剪叶

为了使烟苗在移栽时生长大小与健壮程度整齐一致，或者在烟苗已达到移栽要求而由于天气等原因不能及时移栽，为了抑制烟苗生长，采用剪叶操作。

成苗前剪叶，由于大苗受剪生长遭到抑制，有利于小苗生长，最终达到烟苗大小一致，生长整齐。第一次剪叶可在 5 片真叶以后，烟苗竖膀期开始，剪叶时，用手捏住烟苗叶尖，用剪刀剪去叶片 1/3 左右。其后根据烟苗长势整齐与否，于 7~8 片或 9 片叶龄时再进行第二、第三次剪叶，可把剪过的叶再剪去一部分。剪叶后必须将落在畦面的碎叶捡出，以防病害发生。也可在 5~6 片叶龄时，掐去底部 2 片老叶，以利畦面通风，其后再掐或剪去大叶叶尖部。在锻苗前进行最后一次剪叶或掐叶，抑制叶片生长，促进苗茎增粗或根系生长。

在病毒病严重的烟区或种植户，剪叶操作易造成病毒病传播，应当慎用。而掐叶操作由于叶片与手接触的部位被掐取，故传播病毒病机会比剪叶轻。当出现"苗等地"情况，断水与掐叶是抑制烟苗生长过大的有效措施。

5 成苗形体标准

由于栽植方式及移栽前后各地降雨状况不同，要求移栽苗的成苗标准不同。

5.1 高茎苗

苗龄 9~10 片真叶，茎高 8~10 cm，茎粗（茎基直径）0.4 cm，最大叶长 12~15 cm，叶色淡绿，移栽时埋茎 6~8 cm，适于高垄裸栽和地膜覆盖膜上栽植方式的烟田。

5.2 碟状苗

苗龄 7 片真叶，茎高 2~3 cm，最大叶长 6~8 cm，叶色淡绿。适于栽植于膜下穴中栽植方式的烟田。

5.3 矮胖苗

苗龄 9~10 片真叶，茎高 6~7 cm，茎粗（茎基直径）0.4~0.5 cm，最大叶长 13~14 cm，叶色淡绿。适于移栽后处于少雨干旱季节，低垄裸地栽植方式的烟田。

6 支持文件

无。

7 附录（资料性附录）

序号	记录名称	记录编号	填制/收集部门	保管部门	保管年限
—	—	—	—	—	—

烤烟漂浮育苗技术规程

1 范围

为规范烤烟规范化生产的烤烟漂浮育苗管理及壮苗标准、育苗材料、育苗棚建造、装盘播种、苗期管理等，特制定本标准。

本标准适用于宽窄高端卷烟原料生产基地。

2 规范性引用文件

下列文件对于本文件的应用是必不可少的。凡是注日期的引用文件，仅所注日期的版本适用于本文件。凡是不注日期的引用文件，其最新版本（包括所有的修改单）适用于本文件。

GB 4455 农业用聚乙烯吹塑薄膜

YC/T 479—2013 烟草商业企业标准体系构成与要求

YC/Z290—2009 烟草行业农业标准体系

YC/T 143 烟草育苗基本技术规程

YC/T 142 烟草农艺性状调查方法

DB 53/T 112—2004 烟草漂浮育苗基质的质量标准

3 术语与定义

下列术语和定义适用于本标准。

3.1 集约化育苗

是在整个育苗过程中集合所有可利用资源，集成育苗优势技术，用较少的成本育出烟苗。烤烟集约化育苗包含漂浮育苗，湿润育苗，无基质或少基质育苗，砂培育苗等多种育苗方式。而其中漂浮育苗为集约化育苗的一种最重要的育苗方式。

3.2 烤烟漂浮育苗

是在温室或塑料棚条件下，利用成型的聚苯乙烯格盘（育苗盘）为载体，填装上人工配制的基质，播种后将育苗盘漂浮于苗池中，完成烟草种子的萌发、生长和成苗的烤烟育苗方式。它集中体现了无土栽培、保护地栽培、现代控制技术育苗的先进性。与营养袋育苗方式相比，烤烟漂浮育苗具有能缩短成苗时间，确保烟苗充足、整齐、健壮、适龄、根系发达，杜绝病虫草害的发生和传入大田，大幅度提高烟苗的素质，移栽后能早生快发等优点。

3.3 烤烟膜上烟移栽

是充分利用光、温、气、水、肥、土等自然资源和地膜覆盖栽培的作用,栽烟覆膜后立即将烟苗掏出膜外,此种栽烟方式主要是解决移栽期干旱而影响大田移栽的一项有效技术措施。也是促进烟株早生快发,避开病虫害高发病高峰和烟叶成熟期低温,早成熟,早采收,提高烟叶产质量,增加经济效益的有效措施。

3.4 烤烟膜下小苗移栽

是充分利用光、温、气、水、肥、土等自然资源和地膜覆盖栽培的作用,栽烟覆膜后不立即将烟苗掏出膜外,待烟苗成活后,再将烟苗掏出膜外,此种栽烟方式主要是解决前期低温、干旱而影响大田移栽的一项有效技术措施。也是促进烟株早生快发,大田生产期前移,避开病虫害高发病高峰和烟叶成熟期低温,早成熟,早采收,提高烟叶产质量,增加经济效益的有效措施。

3.5 基质

无土栽培技术中使用,为植株提供机械支持,可保持水分和营养,允许气体在植株根部进出交换的物质,通常由草炭土、珍珠岩和蛭石等混合而成。

3.6 苗龄

从出苗至成苗的天数。

3.7 出苗期

从播种至幼苗子叶完全展开,整棚50%出苗为出苗期。

3.8 小十字期

幼苗在第三片真叶出现时,第一、第二片真叶与子叶大小相近,交叉呈十字状的时期。

3.9 大十字期

第三、第四片真叶大小相近与第一、第二片真叶交叉呈十字状的时期。

3.10 成苗期

烟苗达到成苗指标,适宜移栽的时期。

4 内容与要求

4.1 集约化育苗基地建设及育苗管理规程

4.1.1 集约化育苗基地建设

4.1.1.1 育苗基地布局原则

注重实用性,合理布局,相对集中。结合本区域烤烟种植区划和基本烟田建设布局情况,合理布局建设集约化育苗基地。

4.1.1.2 建设规模

漂浮育苗采用小棚温室育苗和大棚温室育苗。小棚温室育苗池主要有两种,一种是固定漂浮育苗池,另一种是临时性,可拆卸漂浮育苗池;大棚温室育苗池采用固定漂浮育苗池。育苗基地的建设要与本乡(镇)街道的种烟面积相配套。

4.1.2 育苗管理规程

4.1.2.1 集中育苗

由村委会和烟叶站根据当年下达的指定性种植面积及指令性收购量确定当年烤烟育苗的片数、育苗地块及育苗数量等，实行集中连片育苗。栽烟农户不应私自育苗，所有集中连片以外的育苗一律视为劣杂品种铲除。

4.1.2.2 育苗承包

由烟草分公司与烤烟育苗合作社签订育苗合同、种烟农户根据和烟草公司签订的种植合同与烤烟育苗合作社签订供苗协议，在合同中明确烟草分公司、育苗合作社及种烟农户的各方职责，育苗专业户要按时、按质育出充足的适龄壮苗供烤烟适时移栽，种烟农户根据购苗协议购买烟苗。

4.1.2.3 统一管理

烤烟育苗合作社在育苗管理过程中要服从烟草部门及当地烤烟生产技术服务社的技术指导，整个育苗过程由育苗合作社统一管理，烟草部门、村委会和地方政府对育苗合作社具有监督权。

4.1.2.4 以苗养苗

育苗所需的费用由烟农和烟草公司共同承担。漂浮育苗烟草公司按实际移栽面积适当给予补助，其余部分从烟农收取。

4.1.2.5 定量供应

育苗合作社在供应烟苗时应按烟农与合作社签订的供苗协议为依据，统一供苗。育苗合作社应与村委会密切配合，根据各个连片的移栽时间及各地块所涉的栽烟农户，确定对各个烟农的供苗时间及供苗数量，确保每个连片在5~7 d内移栽结束。

4.1.3 育苗合作社的管理

4.1.3.1 总则

在整个育苗过程中，育苗合作社应服从烟草部门和烤烟生产技术服务社的技术指导。

4.1.3.2 烟苗发放

育苗合作社所育出的烟苗应由烟草部门同意后，由各乡镇烟站按照供苗协议统一组织供苗，烟农按供苗协议并携带烟站开具的领苗通知单到指定的供苗点领取烟苗，育苗点同时建立供苗台账，烟农领取的烟苗应当天栽完，不能过夜。育苗合作社不应把烟苗私自卖给种烟农户。

4.1.3.3 烟苗的销毁

多余烟苗应在烟草专卖行政管理部门监督下统一销毁，烟苗销毁时育苗合作社应建立毁苗台账，记录育苗数量、成苗数量、供苗数量和销毁数量。

4.2 漂浮育苗技术规程

4.2.1 技术原理

4.2.1.1 漂浮育苗

漂浮育苗属于无土育苗范畴。利用辅助设施和人工配制基质为烟苗生长发育创造最佳环境条件。

4.2.1.2 基质材料及基质配方

通过不同性质、不同种类的材料组合优化，模拟最适宜烟种萌发、烟苗生长的土壤条件。

4.2.1.3 营养液及养分供应

养分由营养液提供，要求是完全的矿质营养元素，并且都是溶解态。

4.2.1.4 装盘播种

能为烟种萌发提供均匀一致的固、液、气三相比最佳环境。

4.2.1.5 温湿度调控

通过自然通风，遮阳网控制育苗棚内温湿度，创造烟苗生长发育不同时期的最适宜温湿度条件。

4.2.2 壮苗标准

4.2.2.1 膜下烟壮苗标准

（1）个体标准：4 叶 1 心，叶色绿；茎高 3 cm 左右，茎色浅绿，有韧性，不易折断；根系发达；出苗后苗龄 30~35 d；

（2）群体标准：壮苗率 90% 以上、整齐健壮无病、数量充足（保证有 15%~20% 的预备苗）。

4.2.2.2 膜上烟壮苗标准

（1）个体标准：叶色绿；茎高 8~12 cm，茎围 2.2~2.5 cm，茎色浅绿、有韧性，不易折断；根系发达；出苗后苗龄 55~60 d。

（2）群体标准：壮苗率 90% 以上、整齐健壮无病、数量充足（保证有 15%~20% 的预备苗）。

4.2.3 技术规程

4.2.3.1 育苗材料及规格

4.2.3.1.1 育苗盘

（1）膜下烟育苗盘：325 孔、162 孔、81 孔和 595 孔漂浮盘。

（2）膜上烟漂浮盘：162 孔漂浮盘。

4.2.3.1.2 基质

符合 DB53/T 112—2004 的规定。

4.2.3.1.3 营养液肥

与基质配套的营养液专用复合肥、含氮量在 15% 以上的烤烟专用复合肥。

4.2.3.1.4 种子

经国家审定的优良品种的优质包衣种子。

4.2.3.1.5 压穴板、播种器

使用与育苗盘相配套的压穴板、播种器。

4.2.3.1.6 聚乙烯膜

采用符合 GB 4455 规定的聚乙烯膜，池底膜用厚度 8 丝以上的黑膜；小棚盖膜用厚 0.1~0.12 mm 的白膜，大棚盖膜用厚 0.15 mm 的白膜。

4.2.3.1.7 防虫网

40目以上规格的农用尼龙网。

4.2.3.1.8 遮阳网

遮光率≥70%~75%规格的遮阳网。

4.2.3.2 育苗棚建造

4.2.3.2.1 育苗场地选择

育苗场地要求背风向阳，无污染，水源方便，排水顺畅，交通便利，容易平整。如空闲地、荒地、水田地、广场等。禁止在房前屋后育苗。

4.2.3.2.2 育苗棚

4.2.3.2.2.1 常规小拱棚

4.2.3.2.2.1.1 拱架制作

用钢筋、竹条等拱架材料作为搭棚，在拱架顶上用草绳直拉3条连接箍紧，加盖白色棚膜、遮光率在70%~75%的遮阳网，盖膜窄埂的一侧用细土压实，宽埂的一侧及两头用压膜袋装上土或沙后压实。

4.2.3.2.2.1.2 育苗池制作

（1）育苗池规格：池长670 cm，池宽105~110 cm，池深20 cm，每个池子摆放30个标准漂浮盘。

（2）池埂制作：池埂采用宽窄埂，可用空心砖、红砖、土坯做成。用空心砖或红砖码成的池埂窄埂30 cm、宽埂50 cm，用土坯做成的池埂窄埂50 cm、宽埂70 cm。池埂做好后，找平池底，用沙子、稻草、细土等垫平池底，防止砂石、草、秸秆划破池膜。

（3）铺保温材料：采用稻草、草席、松毛等材料铺在池底，增加漂浮液的温度。

4.2.3.2.2.2 可拆移小拱棚

4.2.3.2.2.2.1 拱架制作

为全钢架结构，小棚骨架的基本用料是镀锌钢管和圆钢，由14个拱架、1组池膜固定架、1组拱膜固定架、2副连接管、16个插销、60个膜夹组成，小棚通过用2根镀锌钢管相互连接，插销固定形成长方形立体池体，用拱架插孔固定在镀锌钢管上形成半圆形拱体，安装上两网、两膜就成温室小棚。

4.2.3.2.2.2.2 育苗池制作

（1）育苗池规格：池长670 cm，池宽140 cm，池深20 cm，每个池子摆放40个标准漂浮盘。

（2）铺保温材料：采用稻草、草席、松毛等材料铺在池底，增加漂浮液的温度。

4.2.3.2.2.3 大棚

4.2.3.2.2.3.1 温棚制作

用热镀锌管材，搭建成长3 200 cm、宽3 200 cm、高480 cm的棚架，在拱架顶上加盖白色棚膜、棚内用遮光率在70%~75%的遮阳网。

4.2.3.2.2.3.2 育苗池制作

（1）育苗池规格：池长4 100 cm，池宽135 cm，池深15 cm，每个池子摆放480个标准漂浮盘，8 个育苗池为一个大棚。

（2）池埂制作：池埂采用宽窄埂，宽埂 55 cm，窄埂 50 cm，用混凝土浇筑。

（3）铺保温材料：采用稻草、草席、松毛等材料铺在池底，增加漂浮液的温度。

（4）配套设施：大棚配套设施包括计算机自动控制系统、大门、水电、蓄水池、配肥池、配药池、泵房、计算机控制室、简易仓库、铁丝网围栏、沙石路面、播种工作区混凝土硬化等。

4.2.3.2.2.4　中棚

4.2.3.2.2.4.1　温棚制作

用热镀锌管材，搭建成长 3 200 cm、宽 820 cm、高 480 cm 的棚架，在拱架顶上加盖白色棚膜、棚内用遮光率在 70%～75% 的遮阳网。

4.2.3.2.2.4.2　育苗池制作

（1）育苗池规格：池长 4 100 cm，池宽 135 cm，池深 15 cm，每个池子摆放 480 个标准漂浮盘，2 个育苗池为一个大棚。

（2）池埂制作：池埂采用宽窄埂，宽埂 55 cm，窄埂 50 cm，用混凝土浇筑。

（3）铺保温材料：采用稻草、草席、松毛等材料铺在池底，增加漂浮液的温度。

（4）配套设施：中棚配套设施包括水电、简易仓库、铁丝网围栏、沙石路面、播种工作区混凝土硬化等。

4.2.3.3　消毒

4.2.3.3.1　育苗场地、漂浮池、拱架消毒

装盘播种前 5 d，可用消毒剂 100 倍液二氧化氯对场地周围、漂浮池、拱架进行喷雾消毒 1 次。同时，喷施 2.5%（敌杀死）1 000 倍液，防治虫害。

4.2.3.3.2　漂浮盘消毒

新漂浮盘使用前不必消毒，但新盘在保管和使用过程中，要注意不要与土壤、粪肥等可能带菌、带毒的物体接触。使用过的漂浮盘应进行清洗消毒。具体方法为：可用消毒剂 100 倍二氧化氯进行消毒，浸泡 5～10 min，晒干，操作应在播种前 10 d 完成。

4.2.3.3.3　育苗器具消毒

在每项操作前，应对育苗器具用消毒剂 100 倍二氧化氯进行喷雾消毒。

4.2.3.3.4　操作人员消毒

在每项育苗操作前，应对操作人员的手或足底进行严格消毒。足底用 100 倍二氧化氯（100 倍漂白粉）溶液放入足底消毒池，操作人员用肥皂水洗手。

4.2.3.4　播种期确定

结合气候、管理水平，以大田移栽时间倒推计算播种时间，确保适龄壮苗移栽。

4.2.3.5　播种操作技术

4.2.3.5.1　调节基质水分

装盘前，应调节基质水分达 40%～50%，即基质水分含量达到手捏能成团、落地自然散开为宜或装盘后放入漂浮池中 5～10 min 保证全部孔穴吸水。

注：对于 595 孔、325 孔或 81 孔漂浮盘不必调节基质水分（基质内包装袋没有破、基质水分没有散失的情况下），可直接装盘。

4.2.3.5.2 装盘（针对使用手工简易播种器）

基质装盘松紧应适中。具体方法是将基质铺在盘上，铺满全部孔穴后用手轻拍盘侧3次或抬起盘离地面20~30 cm自由下落2~3次，再铺上基质，刮去盘面上多余的基质即可。

注：小型机械播种机和全自动播种机由机器完成操作。

4.2.3.5.3 压穴（针对使用手工简易播种器）

将装好基质的盘用压穴板压出种穴，严禁用手压穴。

注：小型机械播种机和全自动播种机由机器完成操作。

4.2.3.5.4 播种

将装好基质和压穴后的漂浮盘，用播种器播入包衣种，同时确保有15%~20%预备苗。播种应在晴天，并进行晒水处理，禁止在低温阴天播种。

4.2.3.5.5 补种、覆盖（针对使用手工简易播种器和小型机械播种机）

专人对播种漏穴进行补种，然后轻扫盘面，使基质盖住种子，种子不能裸露。

4.2.3.5.6 运盘、放盘

将播种后的盘，及时轻轻放入漂浮池，以免漂浮盘放置时间过长，基质水分散失影响出苗。

4.2.3.5.7 盖防虫网、盖膜、盖遮阳网（针对使用育苗小棚）

小棚拱好拱架后，及时盖防虫网和棚膜，最后盖上遮光率为70%~75%的遮阳网，窄埂一侧用细土压实固定，宽埂一侧和棚两头用薄膜裹泥巴或沙子卷成长条形压实、固定。

4.2.3.6 苗期管理

4.2.3.6.1 温湿度管理

（1）从播种到出苗：使育苗盘表面温度在20~28℃，以保证较好的出苗率和出苗整齐度，此时期以保温为主，与适当的降温相结合。

（2）从出苗期到十字期：在漂浮棚中悬挂温度计，使温度计的感温部分距离盘面5 cm。从播种后第7 d开始注意观察棚内温度情况。出苗和小十字期烟苗嫩弱，对温度非常敏感，高温容易烧苗。当棚内温度高于38℃时，小棚需通风降温、大棚则开启门窗通风降温。小棚因空间小，调节温度的能力弱，应注意防止出苗期棚内温度过高。当气温下降时，要及时盖膜、关门窗保温。一般阴天、雨天需盖膜保温，晴天则是早晚保温，中午降温。

（3）猫耳期：猫耳期温度的管理与十字期相同。

（4）成苗期：移栽前10~15 d开始炼苗，除低温或雨天外，白天揭去拱膜全天炼苗。晚上盖膜保温，严防倒春寒冻伤烟苗。

（5）湿度调控：在棚内气温的升降过程中，当棚内湿度较大有雾气时开棚通风排湿。另外，连续阴天时，应每3~4 d中午开棚通风30 min左右。

4.2.3.6.2 水肥管理

（1）水分管理：漂浮育苗用水要求用自来水、流动的河流水、水库水、水井水等洁净的水。播种时漂浮池水的深度以5~6 cm，大十字期漂浮池水的深度10 cm，炼苗

时漂浮池水的深度距离池面 3 cm；漂浮池中只能加入无污染洁净的水；注意观察漂浮液是否清澈，深度是否合适。如漂浮液混浊、发臭，应及时换水、加肥；如漂浮液泄漏，应及时换膜、加水、加肥；漂浮液正常变浅时，应及时补充清水。

（2）营养液管理：在播种前，进行第一次施肥（150 mg/kg），施入 $N : P_2O_5 : K_2O = 15 : 15 : 15$ 的烤烟专用复合肥或专用苗肥，含氮、磷量不是15%的复合肥，按照漂浮液要求浓度，进行相应换算。以烤烟专用复合肥为例：大棚（中棚）5.1~6.1 kg/池、常规小棚 0.35~0.42 kg/池 、可拆移小棚 0.47~0.56 kg/池；大十字期加水 10 cm后，进行第二次施肥（膜下烟 150 mg/kg、膜上烟 225 mg/kg），施入 $N : P_2O_5 : K_2O = 15 : 15 : 15$ 的烤烟专用复合肥或专用苗肥，含氮、磷量不是15%的复合肥，按照漂浮液要求浓度，进行相应换算。以烤烟专用复合肥为例（膜下烟）：大棚（中棚）10.2 kg/池、常规小棚 0.7 kg/池 、可拆移小棚 0.95 kg/池。以烤烟专用复合肥为例（膜上烟）：大棚（中棚）15.5 kg/池、常规小棚 1.1 kg/池 、可拆移小棚 1.4 kg/池。营养液pH 值为 5.5~6.5。

（3）注意事项：缺素症处理，如果缺磷喷施 0.2%~0.3%钙镁磷肥溶液，缺硼喷施 0.1%~0.25%硼砂溶液，缺镁喷施 0.1%~0.2%钙镁磷肥溶液，缺铁喷施 0.5%硫酸亚铁溶液，使用时间选择阴天或晴天露水干后进行。

4.2.3.6.3　间苗、补苗、定苗管理

当烟苗100%进入小十字期（最大叶长 1 cm）后，开始进行间苗补苗，间除大、小苗，保留中等苗，每穴留苗 1 株，缺苗处用盘中多余苗或预备苗补上。

4.2.3.6.4　揭遮阳网

定苗后 3~5 d 补上的烟苗已还苗，应揭去遮阳网，增加光照，促进烟苗生长。

4.2.3.6.5　剪叶（针对膜上烟）

（1）剪叶原则：坚持"前促、中稳、后控"的原则。

（2）剪叶方法：当茎高达到 5 cm 左右用弹力剪叶器或机械剪叶器进行第一次剪叶，以促进烟苗根系和茎秆的生长发育，采用"平剪"方式，剪叶高度灵活掌握，以后剪叶根据烟苗长势灵活进行。

（3）剪叶器具消毒：用弹力机械剪叶时，剪叶前和每剪完一个池子的烟苗用毛巾蘸消毒液擦拭剪叶器。

（4）同时操作人员要用肥皂水洗手。用人工剪叶时，每人用两把剪刀，每剪完一盘就更换剪刀，并将剪过的一把放入 50 倍肥皂水中消毒。

4.2.3.6.6　剪根

在第一次剪叶的同时用消毒竹片刮去伸出盘底的根系，促进侧根生长。

4.2.3.6.7　炼苗

移栽前 7~10 d 开始炼苗，炼苗方法：低温或雨天除外，白天揭去拱膜全天炼苗，晚上盖膜保温，严防倒春寒冻伤烟苗。在有水的地方，将水升至距池埂面 2~3 cm 处，使漂浮盘一半露出池埂，有利于通风炼茎秆；无水的地方，加强剪叶，同时去除老叶、黄叶，有利于裸露茎秆进行炼苗。

4.2.3.6.8　注意事项

（1）卫生规范操作，基质、场地及器具在使用前都应消毒，操作过程中操作人员要严格消毒。

（2）非工作人员不可进入苗床。

（3）苗床中禁止吸烟。

（4）如发现有花叶病发生，应及时清除病盘及整池烟苗，并对清除后的漂浮池进行消毒处理，相关器具进行消毒，其他漂浮池要及时喷施毒消 600 倍液进行防治，并加强观察。

（5）剪叶器具应做好消毒，每次剪叶前后要喷施毒消 600 倍液，以预防花叶病。

4.2.3.6.9　病虫害防治

按病虫害综合防治技术规程、农药合理使用规范的规定执行。

4.2.3.6.10　日常管理

苗床管理人员每天应观察漂浮池中营养液情况、温度情况等，发现问题及时处理。晴天当棚内温度达 35℃时揭膜通风。

4.2.3.7　移栽

按大田移栽技术规程的规定执行。

5　支持文件

5.1　病虫害综合防治技术规程
5.2　农药合理使用规范
5.3　大田移栽技术规程

6　附录（资料性附录）

序号	记录名称	记录编号	填制/收集部门	保管部门	保管年限
—	—	—	—	—	—

烤烟壮苗标准

1 范围

本标准规定了宣城优质烤烟壮苗的标准。

本标准适用于宽窄高端卷烟原料生产基地

2 标准

2.1 个体标准

2.1.1 符合本品种特性，烟苗根系发达，侧根达100条以上，根尖嫩白，螺旋根少，根系活力。

2.1.2 茎秆粗壮、柔韧，木质化程度高，采用栽膜下烟，烟苗茎高度 5~10 cm，采用覆膜待栽，烟苗茎高度 10~15 cm。

2.1.3 成苗时叶色绿色偏黄，单叶面积不大于 25 cm² （剪叶后）。

2.1.4 适时成苗，便于移栽，苗龄为 60~70 d。

2.1.5 无病虫害，无机械损伤，无冷、热及除草剂危害。

2.2 群体标准

壮苗率达95%以上。

2.3 栽后表现

适应性强，还苗期短，生长迅速。

第五部分　移栽关键技术

烤烟整地、起垄、覆膜技术规程

1　范围

为规范烟叶生产大田整地理操作技术，特制定本标准。

本标准适用于宽窄烟叶原料生产规划区域。

2　规范性引用文件

下列文件对于本文件的应用是必不可少的。凡是注日期的引用文件，仅所注日期的版本适用于本文件。凡是不注日期的引用文件，其最新版本（包括所有的修改单）适用于本文件。

GB 16151　农业机械运行安全技术条件

YC/T 479—2013　烟草商业企业标准体系　构成与要求

YC/T 320—2009　烟草商业企业管理体系规范

YC/Z 290—2009　烟草行业农业标准体系

3　术语和定义

下列术语和定义适用于本部分。

3.1　整地

作物播种或移栽前进行的一系列土壤耕作措施的总称。整地能疏松土壤、改良土壤的物理、化学及生物学性状，熟化土壤，提高肥力，防治病虫害并减少杂草，为烤烟的正常生长发育创造良好的环境条件。

3.2　起垄

烤烟要求垄作。起垄是在田间筑成高于地面的狭窄土垄，起垄能加厚耕层、提高地温、改善通气和光照状况、便于排灌。

4　内容与要求

4.1　整地

4.1.1　原则

4.1.1.1　把握好耕地时期

烟田（地）的耕地时期受主产区的气候特点、土壤特性、前茬作物的影响较大。一般来说，在旱作烟区，耕地时期一般在前作收获后，及旱地灭茬耕地；此外，确定耕地时期时，还要根据土壤的耕性，一般结构不良或黏粒含量高，质地黏重而耕作较难的烟田，要早耕，经冻结、融化和干湿交替等作用，促使土壤团粒化或团聚化。

4.1.1.2 把握好耕地深度

一般认为深耕比浅耕好，适当的深耕有利于烟草根系的生长，从而提高烟草根系对养分和水分的吸收能力。一般烟田（地）耕翻的深度在 20~30 cm，并且每隔 2~3 年要深耕一次，以打破犁底层。此外，在肥力较低的烟田（地），可以适当地增加耕深；而在肥力较高的烟田（地）则不宜过深。

4.1.2 耕翻要求

4.1.2.1 机械深耕

（1）地块深度要求地烟 25 cm 以上，田烟 30 cm 以上。

（2）做到深度均匀，垡碎垡细。

（3）冬闲地要及早组织冬耕晒垡，绿肥地要在 2 月底以前翻耕结束。

4.1.2.2 非机械耕翻

（1）地块深度要求达到地烟 15 cm 以上，田烟 20 cm 以上。

（2）做到耕翻深度均匀，垡碎垡细。

4.2 起垄覆膜

4.2.1 时间

依据示范区历年的气候特点及水源条件，为缩短移栽期，提高移栽质量，调剂烟农的劳动力，在前茬作物收获后要及时深耕土地，或者将绿肥直接翻压，翻耕深度 25~30 cm 以上，在移栽前 10~15 d 全面完成预整地。于 4 月 10 日前全部完成。

4.2.2 起垄标准

定向起垄，行距：120 cm；预整地田烟垄高 25 cm 以上，地烟 20 cm 以上；拉线打窝，窝径 25~30 cm、窝深 18~20 cm、窝距田烟 50 cm、地烟 55 cm。同时开好排水沟，要求边沟深于腰沟，腰沟深于厢沟，沟沟相通。

4.2.3 地膜规格与覆膜

4.2.3.1 地膜规格

单行：厚 0.005~0.006 mm、宽 70 cm。

双行：厚 0.005~0.006 mm、宽 140 cm。

4.2.3.2 覆膜方法

覆膜时，膜要拉紧铺展，紧贴垄面，两边拥土压严。

5 烤烟的轮作

5.1 烤烟前茬

最佳为糜子、谷子茬，其次为小麦茬。禁忌在重茬或茄科作物茬栽植。

5.2 轮作方式

提倡在有条件的烟区推广"烤烟—休闲"的轮作，大力实行水旱轮作、旱地轮作。

（1）休闲轮作：在休闲期间，对烟田进行深翻、晾晒、休耕，因地制宜种植生长期短的豆科绿肥作物（或富钾作物如籽粒苋、秋荞）。

（2）旱地轮作：烤烟与玉米、豆类、麦类等旱地作物轮换种植。旱地轮作方式主要分三年六熟（烤烟—小麦或油菜—玉米或红薯—麦类—玉米或豆类—毛大麦、秋荞或绿肥—烤烟）和两年四熟（烤烟—油菜或小麦—玉米—豆类、秋荞或绿肥—烤烟）两种。

6　土壤消毒

6.1　耕地前亩撒施 5% 神农丹 5 kg，可杀灭土壤中的病虫卵。

6.2　起垄前，亩喷施锌硫磷 100 倍液杀虫、杀菌。

7　支持文件

无。

8　附录（资料性附录）

序号	记录名称	记录编号	填制/收集部门	保管部门	保管年限
—	—	—	—	—	—

烟用聚乙烯吹塑地膜

1 范围

本标准规定了聚乙烯烟用地膜的技术要求、试验方法、检验规则及标志、标签、包装、运输与贮存。

本标准适用于以低密度聚乙烯树脂（LDPE）、线性低密度聚乙烯树脂（LLDPE）、高密度聚乙烯树脂（HDPE）为主要原料或与其他树脂共混，加入其他功能性助剂，以吹塑法制成的聚乙烯烟用地膜，以及同规格加入光、生物等降解剂的烟用地膜。

其他类型的烟用膜也可参照使用。

2 规范性引用文件

下列文件中的条款通过本标准的引用而成为本标准的条款。凡是注日期的引用文件，其随后所有的修改单（不包括勘误的内容）或修订版均不适用于本标准，然而，鼓励根据本标准达成协议的各方研究是否可使用这些文件的最新版本。凡是不注日期的引用文件，其最新版本适用于本标准。

GB/T 2828.1—2003 计数抽样检验程序 第 1 部分：按接收质量限（AQL）检索的逐批检验抽样计划

GB/T 2918 塑料试样状态调节和试验的标准环境

GB/T 6672 塑料薄膜和薄片厚度测定 机械测量法

GB/T 6673 塑料薄膜和薄片 长度和宽度的测定

GB/T 13022 塑料 薄膜拉伸性能试验方法

GB/T 13735—1992 聚乙烯吹塑农用地面覆盖薄膜

GB/T 16422.2—1999 塑料实验室光源暴露试验方法 第 2 部分：氙弧灯

QB/T 1130 塑料直角撕裂性能试验方法

3 要求

3.1 宽度、厚度及偏差

宽度、厚度及偏差应符合表 1 规定。

表1　宽度、厚度及偏差

项目		极限偏差（mm）	平均厚度偏差（%）
单幅宽度	≤800 mm	±15	—
	>800 mm	±20	—
厚度	0.006 mm	±0.001	±15
	0.008 mm	±0.002	
	0.010 mm	±0.002	
	0.012 mm	±0.002	

3.2　每卷净质量及偏差

每卷净质量及偏差应符合表2规定。

表2　净质量及偏差　　　　　　　（单位：kg）

每卷净质量	偏差
5	±0.10
10	±0.10

3.3　外观质量

3.3.1　产品应质地均匀，不应有影响使用的气泡、斑点、褶皱、杂质、针孔、鱼眼和僵块等缺陷，对不影响使用的缺陷不应超过20个/100 cm²。

3.3.2　膜卷卷取平整，不应有明显的暴筋。每卷断头数不应超过2个，每段长度不少于100 m。端面卷绕错位宽度不超过公称宽度25 mm。

3.4　物理性能

物理性能应符合表3的规定。

表3　物理性能

项目	指标
拉伸强度（N）	≥1.0
断裂伸长率（%）	≥150
直角撕裂负荷（N）	≥0.5

3.5　降解性能

光降解后断裂伸长率保留率应不大于10%。

4　试验方法

4.1　取样方法

从膜卷外端先剪去1 m，裁取足够数量的薄膜样品进行试验。

4.2　试样状态调节和试验的环境

按 GB/T 2918 的标准环境与正常偏差范围进行，并在此条件下进行试验。状态调节时间 4 h 以上。

4.3　宽度

按 GB/T 6673 的规定进行测定。

4.4　厚度

按 GB/T 6672 的规定进行测定。极限厚度偏差的结果计算与表示，见式（1）。

$$\Delta t = t_{max}（或~t_{min}）-t_0 \tag{1}$$

式中　Δt——极限厚度偏差，mm；

　　　t_{max}——实测的最大值，mm；

　　　t_{min}——实测的最小值，mm；

　　　t_0——公称厚度，mm。

平均厚度偏差的结果计算与表示，见式（2）。

$$t（\%）=（t_n-t_0）/t_0×100 \tag{2}$$

式中　t——平均厚度偏差，%；

　　　t_0——公称厚度，mm；

　　　t_n——平均厚度，mm。

4.5　外观

在自然光或日光灯下目测。

4.6　拉伸强度和断裂伸长率

按 GB/T 13022 的规定进行测定。

4.7　直角撕裂强度

按 QB/T 1130 的规定进行测定。

4.8　光降解后断裂伸长率保留率

4.8.1　光降解试验

按 GB/T 16422.2—1999 的规定进行试验。

（1）光降解试验条件：①黑板温度为（63±3）℃；②相对湿度为（65±5）%；③喷水周期为 18 min/102 min（喷水时间/不喷水时间）。

（2）光降解试验时间：120 h。

4.8.2　光降解后断裂伸长率的测定

按 GB/T 13022 的规定进行测定。

4.8.3　光降解后断裂伸长率的保留率

光降解后断裂伸长率的保留率按式（3）计算。

$$f（\%）=f_2/f_1×100 \tag{3}$$

式中　f——光降解后断裂伸长率的保留率，%；

　　　f_1——光降解前断裂伸长率，%；

　　　f_2——光降解后断裂伸长率，%。

5 检验规则

5.1 组批

产品以批为单位进行验收,同一配方、同一规格连续生产的产品 20 t 以下为一批。

5.2 抽样

产品规格、外观按 GB/T 2828.1—2003 规定的二次正常抽样方案进行;采用一般检查水平Ⅱ,接收质量限(AQL)为 6.5,见表 4。

表 4 抽样方案

批量(卷)	样本	样本大小	累计样本大小	合格判定数 Ac	不合格判定数 Re
26~50	第一	5	5	0	2
	第二	5	10	1	2
51~90	第一	8	8	0	3
	第二	8	16	3	4
91~150	第一	13	13	1	3
	第二	13	26	4	5
151~280	第一	20	20	2	5
	第二	20	40	6	7

物理性能从抽取的任一个样本中裁取进行检验。

5.3 检验分类

5.3.1 出厂检验

出厂检验项目为 3.1、3.2、3.3 及 3.4 中的内容。

5.3.2 型式检验

按 GB/T 13735—1992 中 6.3.2 的规定执行。

5.4 判定规则

5.4.1 合格项的判定

5.4.1.1 规格、外观样本单位的判定,分别按 3.1、3.2 和 3.3 进行。样本单位的检验结果根据表 4 作出判定。

5.4.1.2 物理性能若有不合格项目时,应在原批中抽取双倍样品分别对不合格项目进行复检,复检结果全部合格判为合格,否则判为不合格产品。

5.4.2 交付批质量判定

规格、外观按 GB/T 2828.1—2003 规定的二次正常抽样方案进行,检查水平Ⅱ,接收质量限(AQL)为 6.5,具体规定见表 4。

6 标志、包装、运输、贮存

按 GB/T 13735—1992 中第 7 章标志、包装、运输、贮存规定执行。

烤烟移栽技术规程

1 范围

为规范烤烟规范化生产的大田移栽技术，特制定本标准。

本标准适用于宽窄烟叶原料生产规划区域。

2 规范性引用文件

下列文件对于本文件的应用是必不可少的。凡是注日期的引用文件，仅所注日期的版本适用于本文件。凡是不注日期的引用文件，其最新版本（包括所有的修改单）适用于本文件。

YC/T 479—2013   烟草商业企业标准体系构成与要求

YC/Z 290—2009   烟草行业农业标准体系

3 术语和定义

下列术语和定义适用于本标准。

3.1 移栽

指植物从苗圃环境转移到大田的自然环境中继续生长的过程。

3.2 膜上烟移栽

将适龄壮苗进行明水深栽，打好大塘，将优质有机肥和部分烤烟专用复合肥环施入塘内，将化学肥料与有机肥、细土混合均匀，每塘浇水 3 kg 以上，当塘内尚能看见水时趁水移栽漂浮苗，及时盖膜。

3.3 膜下烟移栽

在地膜覆盖栽培的基础上改常规苗龄移栽为小苗龄移栽的方式，就是把相对较小的烟苗移栽于地膜下面，整株烟苗罩在膜下，使小苗在地膜下生长 15~20 d 左右，然后再破膜，把烟株拉出膜面生长的栽培方式。

4 适度深打孔穴

打孔穴应根据确定的栽烟株距进行，打孔穴时要用有标记号的绳子或尺子打孔穴，做到孔穴与孔穴之间的距离一致，打孔穴深度 8~10 cm，使每株烟生长的营养面积和体积基本相同。

5 育苗移栽

5.1 取苗和运苗

5.1.1 取苗时要选择大小一致、根系发达、健壮无病的烟苗。

5.1.2 在运输过程中烟苗上面盖上较厚的遮阳物，避免中午烈日下移栽。当天所取烟苗，当天要移栽结束。

5.1.3 烟苗移栽实行"带水、带肥、带药"移栽。

带水：烟苗放入烟穴固定后，每穴浇水 1 kg。

带肥：在水中加入磷酸二氢钾叶面肥微肥（按 1∶500 倍）。

带药：用敌百虫（晶体）兑水 1∶500 倍，用喷雾器（去掉喷头）施入，每穴 20~30 cm，防治地下害虫。或用敌百虫兑炒熟的麸皮 1∶100 倍施入烟穴，随后覆土。

5.2 移栽时间

根据当地多年气象资料及当年气象预报，以基地单元为单位，分片区合理确定移栽期，确保烟叶大田生产的光、温、水资源在适宜条件。原则上，常规烟苗要求冷凉烟区和海拔 1 800 m 以上烟区在 4 月 30 日前结束移栽，1 800 m 以下坝区在 5 月 5 日前结束移栽，沿江干热河谷在 5 月 15 日前结束移栽；膜下小苗要求冷凉烟区和海拔 1 800 m 以上烟区在 4 月 15 日前结束移栽，1 800 m 以下坝区在 4 月 20 日前结束移栽，沿江干热河谷在 5 月 1 日前结束移栽。

5.3 移栽方法

5.3.1 人工移栽

采用条塘结合的基肥施用方法，打好塘，每塘浇水 2 kg 以上，趁水还未完全渗下去时栽烟覆土，栽完后立即盖膜。

5.3.2 机械移栽

利用移栽机一次完成栽植、浇水、覆土、施肥、喷药等工序。

5.3.3 移栽规格

烤烟大田移栽实行宽行窄株，采用大窝深栽，移栽后呈"茶盘状"，无高脚苗。移栽密度：田烟 1 100株/亩，行距 120 cm，株距 50 cm；地烟 1 100株/亩，行距 110 cm，株距 55 cm。实行地膜覆盖栽培，高海拔和北部冷凉烟区推广使用红外线增温地膜、配色膜或黑色地膜。

5.3.4 移栽方式

全部实行地膜覆盖栽培。拉线定点打窝后，将有机肥（腐熟后的油枯和农家肥）施入窝中，与窝土混合均匀，浇足底水；烟苗植入窝内，用土固定后将复合肥环施于烟苗周围 8~10 cm 处，浇足定根水（2 kg/株以上）后覆土，露出芯叶；盖膜，将窝心膜划破，露出烟苗，用细土压膜固苗，使烟窝呈"茶盘状"。

5.4 地膜覆盖

5.4.1 地膜规格

（1）膜上烟移栽以无色膜和黑膜为主，无色膜厚度为 0.006 mm，宽度为 100 cm，每亩供膜 4~5 kg；黑膜厚度为 0.008 mm，宽度为 100 cm，每亩供膜 6 kg。

（2）膜下烟移栽必须使用透光率25%～30%的黑膜，厚度为0.008 mm，宽度为100 cm，每亩供膜6 kg。

5.4.2 盖膜时间

栽完一墒后立即盖膜。

5.4.3 盖膜质量要求

膜口用土封严，膜两边用土压实，注意不要损伤地膜。

5.5 移栽注意事项

5.5.1 膜上烟移栽注意事项

（1）土壤水分过大或雨后不宜立即栽烟，否则导致土壤板结，影响烟苗根系的生长发育。

（2）干旱天气栽烟，可将大叶掐去一部分，以减少水分蒸腾，有利于缓苗成活。

（3）在气温较高的晴天，一般在清晨和傍晚栽烟，避免中午栽烟，遭受强烈日晒，导致烟苗失水过多，影响还苗。

（4）烟苗栽后覆土埋垛，深浅要适宜，以叶心距土面3～4 cm为宜，如果过深，下雨时易被泥土压住烟心；若过浅，茎秆离地面太高，被烈日暴晒后，木质化程度高，难以恢复正常生长，因此天旱栽紧栽深，雨天栽松栽浅。

（5）栽植时，土、肥应拌匀，烟苗不能栽在肥料上，否则将造成烟苗死亡或延迟成活。

（6）栽后3～5 d要查塘补缺，弱苗偏管，保证全田烟株生长一致。

5.5.2 膜下烟移栽注意事项

（1）土壤水分过大或雨后不宜立即栽烟，否则导致土壤板结，影响烟苗根系的生长发育。

（2）在气温较高的晴天，一般在清晨和傍晚栽烟，避免中午栽烟，遭受强烈日晒，导致烟苗失水过多，影响还苗。

（3）浇足定根水，待水还未全部落下时进行明水移栽，每株烟浇水量为2 kg；栽烟后一定要用细碎干土进行覆盖，以见不到湿土为宜。

（4）跟苗肥环状施肥，在起垄前，70%肥料施于深5～10 cm的沟内，并以此沟底为起垄的垄底起垄，移栽时总肥料的10%（以氮钾为主）环施于烟株周围，施肥后用细碎干土进行覆盖；第二次是当烟苗顶到薄膜，须将烟苗掏出时穴施于烟株周围，用量为肥料10%，施肥后用细碎干土进行覆盖。

（5）破口降温，当膜下温度超过35℃时，在烟株的正上方膜上打孔，利用小孔排湿降温，防止高温高湿烫伤烟苗。

（6）及时掏苗，当烟苗长至离膜顶1 cm处时，结合追肥及时进行掏苗压土，让烟苗伸出膜外生长，然后转入大田正常管理。

6 支持文件

无。

7　附录（资料性附录）

序号	记录名称	记录编号	填制/收集部门	保管部门	保管年限
—	—	—	—	—	—

烤烟井窖式移栽技术规程

1 范围

本标准规定了烤烟井窖式移栽的烟苗要求、井窖规格、移栽和施肥等技术。

本标准适用于宽窄烟叶原料生产区域。

2 规范性引用文件

下列文件对于本文件的应用是必不可少的。凡是注日期的引用文件，仅所注日期的版本适用于本文件。凡是不注日期的引用文件，其最新版本（包括所有的修改单）适用于本文件。

GB/T 23221　烤烟栽培技术规程

GB/T 25241.1　烟草集约化育苗技术规程　第 1 部分：漂浮育苗

GB/T 252.2　集约化育苗技术规程　第 1 部分；托盘育苗

DB52/T 663　烤烟生产肥料使用准则

DB52/T 664　烤烟生产农药合理使用准则

3 术语和定义

下列术语和定义适用于本文件。

3.1 井窖

在待栽的土壤垄体上部，制作一个上部为圆柱形、下部为圆锥形，外形类似微型水井和地窖的孔洞。

3.2 井窖式移栽

烟苗移植于井窖内的一种移栽方式。

4 烟苗要求

功能叶 4~5 片、茎高 3~5 cm、茎直径 0.4~0.6 cm，拔苗时根部基质不散，无病虫害。

5 井窖规格

上部为圆柱体，直径 8~10 cm，高 10~12 cm；下部呈圆锥体，圆锥体直径 8~10 cm，高 7~8 cm。

井窖形态见井窖结构示意图见图 1。

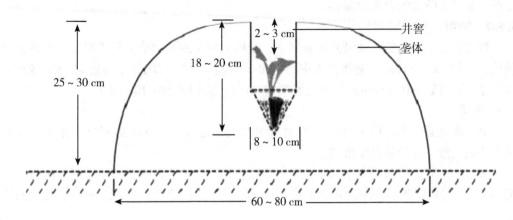

图 1　井窖结构示意图

6　操作步骤

6.1　整地、施肥、起垄与覆膜

6.1.1　整地

清除上茬作物秸秆，深翻土地≥30 cm，开挖好排水沟。

6.1.2　施肥

70%的氮钾肥和全部的磷肥作为基肥条施于垄底，肥料类型与养分配比按照 GB/T 23221 的要求执行。

6.1.3　起垄

利用农机或人工起垄，垄底宽 60~80 cm、垄面宽 40 cm，高 25~30 cm，起垄后的垄体外形饱满、垄面土壤细碎。

6.1.4　覆膜

起垄时，土壤含水率<土壤田间饱和持水量 60%时，采用先栽烟后覆膜的方式；土壤含水率>土壤田间饱和持水量 60%时，采取先覆膜后栽烟的方式。

6.2　育苗

按照 GBT 25241.1 或 GB/T 25241.2 执行。育苗期烟苗剪叶 1~2 次。

6.3　制作井窖

烟苗移栽前，在待栽土壤垄体上部，按株距 0.5 m 制作井窖，井窖规格符合第 5 章中的要求。

6.4　移栽

垂直提着烟苗叶片，根系向下，将烟苗放入井窖内，应避免根部基质散落。

6.5　淋施肥药水

6.5.1　配制

用占总量 5%的烤烟追肥［肥料 $N：K_2O＝（6\%～17\%）：（25\%～41\%）$］配成

100~150 倍液的追肥液，按照 DB52/T 664 的要求加防治地下害虫的农药，混匀，盛于专用水壶或无喷头的农用喷雾器内。

6.5.2 施用

将按 6.5.1 配制的溶液沿井窖壁淋下，或用无喷头的农用喷雾器的喷头对准井窖壁喷施，每井 50~200 mL（垄体含水率<50%时，施用量 150~200 mL；垄体含水率 50%~70%时，施用量 100~150 mL 垄体含水率>70%时，施用量 50~100 mL）。

6.6 追肥

第一次追肥：移栽后 7~10 d，用总量 10% 的追肥（同 6.5.1 的肥料）配制 40~50 倍液的追肥液，并沿井窖壁淋施。

第二次追肥：移栽后 20~25 d，在距烟株基部 10 cm 的垄体上，制作深 10~12 cm、宽 2~3 cm 的追肥孔，将剩余 85% 的追肥（同 6.5.1 中的肥料）施入追肥孔，覆土封严追肥孔。

6.7 病虫害防治

按照 DB52/T 64 执行，特别注意井窖内蛞蝓的防治。

6.8 查苗与补苗

移栽后查苗补苗，保证苗壮苗齐。

6.9 填土封膜

当烟株生长点高出井窖口 2~3 cm 时，用细土将井窖填实。此环节可结合第二次追肥同时进行。

6.10 其他管理

烤烟井窖式移栽填封膜后，其他田间管理按照 GB/T 23221 执行。

烤烟小苗膜下移栽技术规程

1　范围

本标准规定了烤烟小苗膜下移栽技术操作规范。

本标准适用于宽窄烟叶原料生产规划的烤烟种植区域。

2　规范性引用文件

下列文件对于本文件的应用是必不可少的。凡是注日期的引用文件，仅所注日期的版本适用于本文件。凡是不注日期的引用文件，其最新版本（包括所有的修改单）适用于本文件。

GB 4285　农药安全使用标准

GB/T 23221　烤烟栽培技术规程

GB/T 25241.1　烟草集约化育苗技术规程　第 1 部分：漂浮育苗

YC/T 143　烤烟育苗基本技术规程

YC/T 371　烟草田间农药合理使用规程

YC/Z 459　烤烟肥料使用指南

DB53/T 607.13　烤烟生产　第 13 部分：整地理墒

3　术语和定义

下列术语和定义适用于本文件。

3.1　烤烟小苗膜下移栽

烤烟小苗膜下移栽是指采用 4 叶 1 心至 5 叶 1 心烟苗进行移栽，浇水、移栽、施肥、覆膜一次性完成，让烟苗在膜下（膜内）保温保湿生长一段时间，再破膜掏苗进行正常管理的一种抗旱节水栽培方式。

3.2　破膜

破膜是指烟苗移栽后，当膜内温度超过 45℃时，在烟苗顶部开一小口降温排湿。

3.3　掏苗

掏苗是指当烟苗长至与地膜接触时，将薄膜开口直径扩大，让整株烟苗露出膜外生长。

3.4　封穴

封穴是指烟苗掏出后，用细土覆盖烟苗的基部，把膜口封严实。

4 育苗

4.1 移栽苗标准

苗龄 30~40 d，4 叶 1 心至 5 叶 1 心，叶色正绿，根系发达，整齐健壮。

4.2 播种时间

按照当地移栽时间，从播种到移栽按 40~50 d 计算，倒推播种时间。

4.3 播种批次

视生产规模分批次播种，每批次播种间隔时间为 7~10 d。

4.4 育苗方式

采用漂浮育苗，按照 GB/T 25241.1 和 YC/T 143 规定执行。

5 整地理墒

5.1 整地理墒

按 DB53/T 607.13 标准执行。

5.2 打塘

塘深 15~18 cm，移栽前 2~3 d 打好塘。

6 移栽

6.1 移栽期

4 月 20 日前移栽，连片区域在 7 d 内栽完。

6.2 移栽方法

浇水、移栽、施肥、覆膜一次性完成，每塘浇定根水 2~3 kg，明水移栽烟苗，边栽烟边覆膜。

6.3 施肥

6.3.1 基肥

定根水全部渗入土壤后，以烟苗为圆心，5~8 cm 为半径，进行环状施肥，然后用农家肥或细干土进行覆盖，以见不到湿土为宜。

6.3.2 追肥

结合掏苗和揭膜培土，将剩余肥料采用兑水浇施或环状施用的方式进行追施。

6.4 覆膜

选择透光率为 30%~40%，厚度 0.8~1 μm 的黑色地膜，边移栽边覆膜。

7 田间管理

7.1 破膜降温

烟苗移栽后，当膜内温度超过 45℃时，在烟苗顶部开一直径为 2~3 cm 小口降温排湿。

7.2 掏苗

烟苗长至与地膜接触时，将薄膜开口直径扩大到 5 cm 以上露苗 1~2d 后将苗掏出，让整株烟苗露出膜外生长，掏苗时间以晴天下午或阴天进行。

7.3　封穴

掏苗后，将薄膜破口直径扩大到 10~15 cm，完成病虫害防治、补水、施肥后，用细土覆盖烟苗基部，把膜口封严实。

8　病虫害防治

打塘后重点对地下害虫、黑胫病、根结线虫病进行防治，农药按 GB 4285 和 YC/T 371 规定执行。

第六部分　大田生产管理关键技术

烤烟生产轮作规范

1　范围

为规范宽窄高端卷烟原料生产基地烤烟生产轮作原则、轮作周期、轮作类型，特制订本标准。

本标准适用于宽窄高端卷烟原料生产基地烤烟生产轮作规范。

2　术语和定义

下列术语和定义适用于本标准。

2.1　种植制度

是指在一个生产单位或区域内，用较少的投入（环境与人力）获取持久最佳效益为目的的作物配置方式。包括作物种植的合理安排、科学布局、轮作、复种及连作等内容。

2.2　轮作

是作物种植制度中的一项主要内容，是在同一块田地上，有顺序地轮换种植不同作物的种植方式。

2.3　连作

是指在同一块地里连续种植同一种作物（或同一科作物）。

2.4　轮作周期

是指就一个轮作田区而言，每完成一次完整的轮作顺序所需要的时间。

2.5　水旱轮作

是指在同一地块上有顺序地轮换种植水稻和旱地作物的种植方式。

2.6　旱地轮作

是指在同一地块（旱地）上有顺序地轮换种植不同旱地作物的种植方式。

3　轮作原则

3.1　全局出发，着眼长远，重点突出，统筹兼顾的原则。

3.2　建立以烟为主的种植制度原则。

3.3　因地制宜的原则。

4　轮作周期

烤烟为忌连作作物。从防病角度考虑，烤烟轮作周期一般为两年以上，即 3 年两头种烟，以年种烟面积占宜烟面积的 $1/3 \sim 1/2$。

5 烤烟对前作的选择

5.1 茬口的时间要适宜，即前作的正常收获不影响烤烟及时移栽。

5.2 施用氮肥过多的作物（如蔬菜）不宜作为烤烟前作。

5.3 茄科作物（如马铃薯、番茄、茄子等）和葫芦科作物（如南瓜等）不宜作为烤烟前作。

6 支持文件

无。

7 附录（资料性附录）

序号	记录名称	记录编号	填制/收集部门	保管部门	保管年限
—	—	—	—	—	—

烟田土壤改良技术规程

1 范围

本标准规定了烟田土壤改良的目标要求和技术措施。

本标准适用于宽窄高端卷烟原料生产基地烟田土壤改良技术规程。

2 规范性引用文件

下列文件对于本文件的应用是必不可少的。凡是注日期的引用文件，仅所注日期的版本适用于本文件。凡是不注日期的引用文件，其最新版本（包括所有的修改单）适用于本文件。

GB 18877 有机—无机复混肥料

3 目标要求

通过采取土地整理、培肥养地等措施，改善土壤的理化和生物学性状，增加烟田有机质含量，降低土壤的 pH 值，达到用地与养地相结合的目的。

4 土地整理

4.1 冬耕整地

烟田封冻前及时冬耕。冬耕宜深，在 25 cm 以上，耕后不耙，春季解冻后及时耙透、耙细、耙平。烟田冬耕时应注意土壤的易耕性，耕翻时土壤水分应适宜，水分太多或太少，均不能达到改良土壤结构的作用。

4.2 质地改良

对于过砂或过黏的地块可采用"客土法"进行土壤质地改良。从别地搬运土壤掺和在过沙或过黏的地块里，使之相互混合，通过"泥入沙，沙掺泥"的办法，调整耕作层的泥沙比例。

4.3 调整酸碱度

对于 pH 值较高的地块，可在耕翻土地时撒入适量石膏粉，调节土壤酸碱度。

5 培肥养地

5.1 种植绿肥

推广播种黑麦草品种冬牧 70 或长柔毛野豌豆。

每年 9 月底至 10 月初将确定好的烟田深耕（深度 25 cm 以上）、耙细、挖好排水沟,播种冬牧 70,播种量为 45～75 kg/hm²,行距 20～30 cm,播种时沟施过磷酸钙 225～300 kg/hm²,第二年春季结合灌溉追施尿素 45～75 kg/hm²。在第二年烟苗移栽前 45 d 左右、绿肥木质化前进行翻耕压青,先用圆盘耙将绿肥打碎,然后用旋耕犁翻压。

5.2　增施堆肥

5.2.1　堆肥沤制方法

使用猪粪、牛粪、马粪、秸秆和菌剂为原料。在室外温度达到 15℃ 以上时进行,选择在背风向阳处沤制。

将作物秸秆粉,按照猪牛粪 500～700 kg、秸秆 300～500 kg、水 250 kg 的比例混合,加入生物发酵剂,搅拌均匀,选择背风向阳且地势较高的地方堆制。期间适当翻堆,促进发酵。当物料温度变化平稳,外观呈黑褐色并伴有白色菌团时发酵腐熟结束。

5.2.2　堆肥使用技术

堆肥适用于土壤氯离子含量低于 25 mg/kg 的平原烟田和低于 28 mg/kg 的丘陵、山地烟田。按有机肥占烟田总施氮的 40% 计算,一般用量 12 000～18 000 kg/hm²。堆肥可采用撒施和条施两种方法。撒施,在起垄前均匀撒在烟田;条施,起垄时均匀施在垄中心线底部。

5.3　秸秆还田

冬耕时,将腐熟的作物秸秆均匀撒施在烟田,并耕翻地下。一般用量 7 500 kg/hm²。

5.4　优质腐熟厩肥

仅限于土壤贫瘠地块施用。厩肥氯离子含量小于 150 mg/kg。施用前充分腐熟、晒干、砸细,可在起垄前均匀撒施于烟田,或在起垄时条施于垄中心线底部。施用量 7 500～11 250 kg/hm²。

烟田土壤水分管理技术规程

1　范围

为规范烟叶生产过程中烟田土壤水分管理操作技术，特制定本标准。

本标准适用于宽窄高端卷烟原料生产基地烟田土壤水分管理。

2　规范性引用文件

下列文件对于本文件的应用是必不可少的。凡是注日期的引用文件，仅所注日期的版本适用于本文件。凡是不注日期的引用文件，其最新版本（包括所有的修改单）适用于本文件。

YC/T 479—2013　烟草商业企业标准体系构成与要求

YC/T 320—2009　烟草商业企业管理体系规范

YC/Z 290—2009　烟草行业农业标准体系

3　术语与定义

下列术语和定义适用于本标准。

3.1　水分在烟草生命活动中的作用

烟草株体高大、叶片繁茂，体内含水量约占全株重量70%~80%。当正常烟株叶片水分减少6%~8%时，就会呈现萎蔫现象。

3.2　土壤水分对烟草生长和产量及质量影响

烟株在干旱、缺水的环境中，或在水分过多，土壤湿度过大的环境中生长极为不利。在干旱缺水环境中生长，一般是株小茎细。叶少而小，产量低，品质差；在雨水过多土壤湿度过大环境中，烟株生长不良，叶片薄，不易烘烤，烤后叶色暗，品质低劣。

4　烟草需水规律

4.1　烟田耗水量的分布

烟草需水较多，每生产1 kg干烟叶大约需水1 500 kg。烟田耗水量的分布为：移栽到团棵占10%，团棵到现蕾占53%，现蕾到采收占37%。

4.2　还苗期

烟苗移栽时根系损伤，吸水、吸肥能力减弱，移栽时必须及时浇足定根水，以后要注意保持塘土的湿润，一般每隔3~5 d浇一次水。

4.3　伸根期

大田伸根期是烤烟旺盛生长的准备阶段，此期间应适当控水，以促进根系生长。这一期间，土壤持水量以田间最大持水量的 50%~60% 较为适宜。

4.4 旺长期

旺长期烟株体内的生理活动十分活跃，是干物质积累最多的时期。此时期，应保持土壤含水量达田间最大持水量的 80% 左右。

4.5 成熟期

此期间烟株耗水量不大，应适当控制水分，以利于积累较多的干物质，促进叶片正常成熟。此时期，应保持土壤含水量达田间最大持水量的 60%~70%。

5 烟田灌水方法

5.1 良好的灌水方法

良好的灌水方法，能使灌水分布均匀，土壤水分和空气得到合理调节，不产生地表径流和深层渗漏，保持土壤结构良好。

5.2 穴灌

穴灌的主要优点是用水经济，地温稳定，有利于早发根，是烤烟生产传统的灌溉方法。

5.3 沟灌

灌溉水沿着烟沟通过毛细管作用向两侧渗透，因此垄体土壤不板结，能保持良好的结构。灌水深度应为垄高的 1/3，1 h 左右即可撤水。

5.4 喷灌

喷灌是比较先进的灌水技术，是利用水管和喷头将水均匀喷往烟地。使用此种方法能省水，省工，改变田间小气候，减轻日灼伤和病虫害。

5.5 滴灌

滴灌是一种先进的节水灌溉技术，是利用泵水供水中央系统和有孔水管将水以水滴的形式缓慢均匀地灌往植株根部。

6 烟田排水方法

6.1 开设腰沟、田沟及通向池塘和主干渠的大小干沟。

6.2 理墒要高，烟沟要直、要深、要平。

6.3 要注意及时清沟，防止淤塞。

6.4 要及时准备足够排水能力的排水设备。

7 支持文件

无。

8 附录（资料性附录）

序号	记录名称	记录编号	填制/收集部门	保管部门	保管年限
—	—	—	—	—	—

烟田灌溉技术规程

1　范围

本标准规定了烟田灌溉的依据、水质要求和技术要求。

本标准适用于宽窄高端卷烟原料生产基地烟田灌溉技术。

2　规范性引用文件

下列文件对于本文件的应用是必不可少的。凡是注日期的引用文件，仅所注日期的版本适用于本文件。凡是不注日期的引用文件，其最新版本（包括所有的修改单）适用于本文件。

GB 15618　土壤环境质量标准

GB 23221　烤烟栽培技术规程

3　灌溉依据

3.1　土壤水分状况

3.1.1　垄底土壤 6 cm 以上干燥，早晨地面不回潮，或地膜下面较为干燥，水滴较少，即应灌溉。

3.1.2　当土壤水分含量低于干旱指标时即应灌溉。不同时期干旱指标为：伸根期土壤含水量占最大田间持水量的50%，旺长期占70%，成熟期占55%。

3.2　烟株形态指标

当烟株叶片白天萎蔫，傍晚不能恢复，到夜间才能恢复时，应及时灌溉，或者叶片在上午11：00以前萎蔫，也应及时灌溉。烟株叶片中午萎蔫，下午能恢复的，可暂不灌溉。

4　水质要求

灌溉水质量要求如表1。

表1　灌溉水质量要求

项目	指标
pH 值	5.5~8.5
总汞（mg/L）	≤0.001

（续表）

项目	指标
镉（mg/L）	≤0.005
砷（mg/L）	≤0.1
铅（mg/L）	≤0.1
铬（六价）（mg/L）	≤0.1
氯离子（mg/L）	≤16
氟化物（mg/L）	≤3.0
石油类（mg/L）	≤10
矿化度（g/L）	≤0.6

5 技术要求

5.1 灌溉标准

移栽水要保证 1.0~1.5 kg/株；栽后 25 d 内宜少浇或不浇水，在团棵以前，若雨水少应及时补充烟株水分；揭膜培土之后，也应及时浇水；旺长期及时灌溉，浇透水，但田间不能存有积水；成熟期应小水轻灌，避免土壤水分过多。

5.2 灌溉时间

炎热天气宜在上午 10 时前或下午 5 时后浇水。

5.3 灌溉方法

5.3.1 沟灌

水源充足的地区可采用此灌溉方式。团棵末期和成熟期隔沟轻灌水，旺长期满沟多灌水。

5.3.2 喷灌

采用移动式喷灌系统，喷灌强度以水能渗下，不产生径流，不破坏土壤团粒结构为宜，水滴大小适宜。

5.3.3 穴灌

适宜于水源不足或运输不便的山岗丘陵区。每穴灌水 1~2 kg，在团棵期左右可结合追肥进行。

5.4 灌溉要求

5.4.1 一般情况下，烟田灌溉次数不宜超过 3 次，以避免出现因灌溉次数过多而导致烟叶身份变薄、氯离子含量超标的问题。

5.4.2 烟田宜采用穴灌、喷灌等节水灌溉模式，不宜采用沟灌等大水漫灌模式。

5.5 排水要求

雨季来临前，烟田及时修整排水沟，雨后及时排水，沟内杜绝积水。

烤烟测土配方平衡施肥技术规程

1 范围

为规范烤烟规范化生产的标准化测土配方施肥技术，特制定本标准。

本标准适用于宽窄高端卷烟原料生产基地测土配方平衡施肥技术。

2 规范性引用文件

下列文件对于本文件的应用是必不可少的。凡是注日期的引用文件，仅所注日期的版本适用于本文件。凡是不注日期的引用文件，其最新版本（包括所有的修改单）适用于本文件。

GB 15618 土壤环境质量标准

GB 18877 有机无机复混肥料

NY 525 有机肥料

GB/T 6274 肥料和土壤调理剂

NY/T 496 肥料合理使用准则

NY/T 497 肥料效应鉴定田间试验技术规程

NY/T 309—1996 全国耕地类型区、耕地地力等级划分

NY/T 310—1996 全国中低产田类型划分与改良技术规范

YC/T 479—2013 烟草商业企业标准体系构成与要求

YC/Z 290—2009 烟草行业农业标准体系

3 术语和定义

下列术语和定义适用于本规范。

3.1 测土配方施肥

测土配方施肥是以肥料田间试验和土壤测试为基础，根据作物需肥规律、土壤供肥性能和肥料效应，在合理施用有机肥料的基础上，提出氮、磷、钾及中微量元素等肥料的施用数量、施肥时期和施用方法。

3.2 肥料

以提供植物养分为其主要功效的物料。

3.3 有机肥料

主要来源于植物和（或）动物，施于土壤以提供植物营养为其主要功效的含碳物料。

3.4 无机（矿质）肥料

标明养分呈无机盐形式的肥料，由提取、物理和（或）化学工业方法制成。

3.5 单一肥料

氮、磷、钾3种养分中，仅具有1种养分标明量的氮肥、磷肥和钾肥的通称。

3.6 主要养分

对元素氮、磷、钾的通称。

3.7 次要养分

对元素钙、镁、硫的通称。

3.8 微量养分，微量元素

植物生长所必需的、但相对来说是少量的元素，例如硼、锰、铁、锌、铜、钼或钴等。

3.9 氮肥

具有氮（N）标明量，以提供植物氮养分为其主要功效的单一肥料。

3.10 磷肥

具有磷（P_2O_5）标明量，以提供植物磷养分为其主要功效的单一肥料。

3.11 钾肥

具有钾（K_2O）标明量，以提供植物钾养分为其主要功效的单一肥料。

3.12 复混肥料

氮、磷、钾3种养分中，至少有两种养分标明量的由化学方法和（或）掺混方法制成的肥料。

3.13 复合肥料

氮、磷、钾3种养分中，至少有两种养分标明量的仅由化学方法制成的肥料。

3.14 掺合肥料

氮、磷、钾3种养分中，至少有两种养分标明量的由干混方法制成的肥料。

3.15 肥料效应

肥料效应是肥料对作物产量的效果，通常以肥料单位养分的施用量所能获得的作物增产量和效益表示。

注：参见 NY/T 496—2010，术语和定义 3.16。

3.16 施肥量

施于单位面积耕地或单位质量生长介质中的肥料或土壤调理剂或养分的质量或体积。

3.17 常规施肥

亦称习惯施肥，指当地前三年平均施肥量（主要指氮、磷、钾肥）、施肥品种和施肥方法。

3.18 配方肥料

以土壤测试和肥料田间试验为基础，根据作物需肥规律、土壤供肥性能和肥料效应，用各种单质肥料和（或）复混肥料为原料，配制成的适合于特定区域、特定作物的肥料。

3.19 地力

是指在当前管理水平下，由土壤本身特性、自然背景条件和基础设施水平等要素综合构成的耕地生产能力。

3.20 耕地地力评价

耕地地力评价是指根据耕地所在地的气候、地形地貌、成土母质、土壤理化性状、农田基础设施等要素相互作用表现出来的综合特征，评价耕地潜在生物生产力高低的过程。

4 肥料效应田间试验

4.1 试验目的

肥料效应田间试验是获得种植烤烟最佳施肥数量、施肥品种、施肥比例、施肥时期、施肥方法的根本途径，也是筛选、验证土壤养分测试方法、建立施肥指标体系的基本环节。通过田间试验，掌握各个施肥单元不同作物优化施肥数量，基肥、追肥分配比例，施肥时期和施肥方法；摸清土壤养分校正系数、土壤供肥能力、烤烟养分吸收量和肥料利用率等基本参数，为肥料配方设计提供依据。

4.2 试验设计

肥料效应田间试验设计，取决于研究目的。本规范推荐采用"3414"方案设计，在具体实施过程中可根据研究目的采用"3414"完全实施方案和部分实施方案。

"3414"方案设计吸收了回归最优设计处理少、效率高的优点，是目前应用较为广泛的肥料效应田间试验方案。"3414"是指氮、磷、钾3个因素、4个水平、14个处理。4个水平的含义：0水平指不施肥，2水平指当地推荐施肥量，1水平＝2水平×0.5，3水平＝2水平×1.5（该水平为过量施肥水平）。为便于汇总，同一作物品种、同一区域内施肥量要保持一致。如果需要研究有机肥料和中、微量元素肥料效应，可在此基础上增加处理。

试验方案处理见表1。氮、磷二元二次肥料设计与"3414"方案处理编号对应表见表2。

表1 试验方案处理（推荐方案）

试验编号	处理	N	P	K
1	$N_0P_0K_0$	0	0	0
2	$N_0P_2K_2$	0	3	3
3	$N_1P_2K_2$	2	3	3
4	$N_2P_0K_2$	3	0	3
5	$N_2P_1K_2$	3	2	3
6	$N_2P_2K_2$	3	3	3
7	$N_2P_3K_2$	3	5	3

（续表）

试验编号	处理	N	P	K
8	$N_2P_2K_0$	3	3	0
9	$N_2P_2K_1$	3	3	2
10	$N_2P_2K_3$	3	3	5
11	$N_3P_2K_2$	5	3	3
12	$N_1P_1K_2$	2	2	3
13	$N_1P_2K_1$	2	2	2
14	$N_2P_1K_1$	3	2	2

表2　氮、磷二元二次肥料试验设计与"3414"方案处理编号对应

处理编号	"3414"方案处理编号	处理	N	P	K
1	1	$N_0P_0K_0$	0	0	0
2	2	$N_0P_2K_2$	0	3	3
3	3	$N_1P_2K_2$	2	3	3
4	4	$N_2P_0K_2$	3	0	3
5	5	$N_2P_1K_2$	3	2	3
6	6	$N_2P_2K_2$	3	3	3
7	7	$N_2P_3K_2$	3	5	3
8	11	$N_3P_2K_2$	5	3	3
9	12	$N_1P_1K_2$	2	2	3

4.3　试验实施

4.3.1　试验地选择

试验地应选择平坦、整齐、肥力均匀，具有代表性的不同肥力水平的地块；坡地应选择坡度平缓、肥力差异较小的田块；试验地应避开靠近道路、堆肥场所等特殊地块。

4.3.2　试验作物品种选择

田间试验应选择当地主栽作物品种或拟推广品种。

4.3.3　试验准备

整地、设置保护行、试验地区划；小区应单灌单排，避免串灌串排；试验前多点采集土壤混合样品；依测试项目不同，分别制备新鲜或风干土样。

4.3.4　试验重复与小区排列

为保证试验精度，减少人为因素、土壤肥力和气候因素的影响，田间试验一般设3

次重复。采用随机区组排列，区组内土壤、地形等条件应相对一致，区组间允许有差异。同一生长季、同一作物、同类试验在 10 个以上时可采用多点无重复设计。

小区面积：小区面积一般为 20~50 m^2，每个处理不少于 40 株。

4.3.5 试验记载与测试

参照肥料效应鉴定田间试验技术规程（NY/T 497—2002）执行。

4.4 试验统计分析

常规试验和回归试验的统计分析方法参见肥料效应鉴定田间试验技术规程（NY/T 497—2002）或其他专业书籍。

5 样品采集方法

采样人员要具有一定采样经验，熟悉采样方法和要求，了解采样区域农业生产情况。采样前，要收集采样区域土壤图、土地利用现状图、行政区划图等资料，准备采样工具、采样袋（布袋、纸袋或塑料网袋）、采样标签等。

5.1 土壤样品采集

土壤样品采集应具有代表性，并根据不同分析项目采用相应的采样和处理方法。

5.1.1 采样规划

采样点参考县级土壤图，做好采样规划设计，确定采样点位。实际采样时严禁随意变更采样点，若有变更须注明理由。

5.1.2 采样单元

根据土壤类型、土地利用等因素，将采样区域划分为若干个采样单元，每个采样单元的土壤性状要尽可能均匀一致。

平均每个采样单元为 100~200 亩（平原区、大田作物每 100~500 亩采一个混合样，丘陵区、大田园艺作物每 30~80 亩采一个混合样）。为便于田间示范追踪和施肥分区，采样集中在位于每个采样单元相对中心位置的典型地块，采样地块面积为 1~10 亩。

5.1.3 采样时间

在作物收获后或播种施肥前采集，一般在秋后。进行氮肥追肥推荐时，应在追肥前或作物生长的关键时期采集。

5.1.4 采样周期

同一采样单元，无机氮及植株氮营养快速诊断每季或每年采集 1 次；土壤有效磷、速效钾等一般 2~3 年采集 1 次；中、微量元素一般 3~5 年采集 1 次。

5.1.5 采样深度

采样深度 0~20 cm。土壤无机氮含量测定，采样深度应根据不同作物、不同生育期的主要根系分布深度来确定。

5.1.6 采样点数量

要保证足够的采样点，使之能代表采样单元的土壤特性。每个样品采样点的多少，取决于采样单元的大小、土壤肥力的一致性等。采样必须多点混合，每个样品取 15~20 个样点。

5.1.7 采样路线

采样时应沿着一定的线路，按照"随机""等量"和"多点混合"的原则进行采样。一般采用 S 形布点采样，能够较好地克服耕作、施肥等所造成的误差。在地形变化小、地力较均匀、采样单元面积较小的情况下，也可采用梅花形布点取样。要避开路边、田埂、沟边、肥堆等特殊部位。

5.1.8 采样方法

每个采样点的取土深度及采样量应均匀一致，土样上层与下层的比例要相同。取样器应垂直于地面入土，深度相同。用取土铲取样应先铲出一个耕层断面，再平行于断面取土。因需测定或抽样测定微量元素，所有样品都应用不锈钢取土器采样。

5.1.9 样品量

混合土样以取土 1 kg 左右为宜（用于推荐施肥的 0.5 kg，用于试验的 2 kg 以上，长期保存备用），可用四分法将多余的土壤弃去。方法是将采集的土壤样品放在盘子里或塑料布上，弄碎、混匀，铺成正方形，画对角线将土样分成 4 份，把对角的 2 份分别合并成一份，保留 1 份，弃去 1 份。如果所得的样品依然很多，可再用四分法处理，直至所需数量为止。

5.1.10 样品标记

采集的样品放入统一的样品袋，用铅笔写好标签，内外各一张。

5.2 土壤样品送检

土壤样品采集结束后要尽快送往正规检验结构化验。

6 肥料配方设计

6.1 基于田块的肥料配方设计

基于田块的肥料配方设计首先确定氮、磷、钾养分的用量，然后确定相应的肥料组合，通过提供配方肥料或发放配肥通知单，指导农民使用。肥料用量的确定方法主要包括土壤与植物测试推荐施肥方法、肥料效应函数法、土壤养分丰缺指标法和养分平衡法。

6.1.1 土壤、植物测试推荐施肥方法

该技术综合了目标产量法、养分丰缺指标法和作物营养诊断法的优点。对于大田作物，在综合考虑有机肥、作物秸秆应用和管理措施的基础上，根据氮、磷、钾和中、微量元素养分的不同特征，采取不同的养分优化调控与管理策略。其中，氮肥推荐根据土壤供氮状况和烤烟需氮量，进行实时动态监测和精确调控，包括基肥和追肥的调控；磷、钾肥通过土壤测试和养分平正施肥策略。该技术包括氮素实时监控衡进行监控；中、微量元素采用因缺补缺的矫、磷钾养分恒量监控和中、微量元素养分矫正施肥技术。

6.1.1.1 氮素实时监控施肥技术

根据目标产量确定作物需氮量，以需氮量的 30%～60% 作为基肥用量。具体基施比例根据土壤全氮含量，同时参照当地丰缺指标来确定。一般在全氮含量偏低时，采用需氮量的 50%～60% 作为基肥；在全氮含量居中时，采用需氮量的 40%～50% 作为基肥；

在全氮含量偏高时，采用需氮量的 30%~40% 作为基肥。30%~60% 基肥比例可根据上述方法确定，并通过"3414"田间试验进行校验，建立当地不同烤烟品种的施肥指标体系。有条件的地区可在播种前对 0~20 cm 土壤无机氮（或硝态氮）进行监测，调节基肥用量。

$$水分(\%) = \frac{试样重量 - 烘后重量}{试样重量} \times 100 \tag{1}$$

$$沙土率(\%) = \frac{砂土重量}{试样重量} \times 100 \tag{2}$$

其中：土壤无机氮（kg/亩）= 土壤无机氮测试值（mg/kg）×0.15×校正系数

氮肥追肥用量推荐以烤烟关键生育期的营养状况诊断或土壤硝态氮的测试为依据，这是实现氮肥准确推荐的关键环节，也是控制过量施氮或施氮不足、提高氮肥利用率和减少损失的重要措施。

6.1.1.2 磷钾养分恒量监控施肥技术

根据土壤有（速）效磷、钾含量水平，以土壤有（速）效磷、钾养分不成为实现目标产量的限制因子为前提，通过土壤测试和养分平衡监控，使土壤有（速）效磷、钾含量保持在一定范围内。对于磷肥，基本思路是根据土壤有效磷测试结果和养分丰缺指标进行分级，当有效磷水平处在中等偏上时，可以将目标产量需要量（只包括带出田块的收获物）的 100%~110% 作为当季磷肥用量；随着有效磷含量的增加，需要减少磷肥用量，直至不施；随着有效磷的降低，需要适当增加磷肥用量，在极缺磷的土壤上，可以施到需要量的 150%~200%。在 2~3 年后再次测土时，根据土壤有效磷和产量的变化再对磷肥用量进行调整。钾肥首先需要确定施用钾肥是否有效，再参照上面方法确定钾肥用量，但需要考虑有机肥和秸秆还田带入的钾量。一般大田作物磷、钾肥料全部做基肥。

6.1.1.3 中微量元素养分矫正施肥技术

中微量元素养分的含量变幅大，烤烟对其需要量也各不相同。主要与土壤特性（尤其是母质）、作物种类和产量水平等有关。矫正施肥就是通过土壤测试，评价土壤中微量元素养分的丰缺状况，进行有针对性的因缺补缺的施肥。

6.1.2 肥料效应函数法

根据"3414"方案田间试验结果建立当地主要烤烟品种的肥料效应函数，直接获得某一区域、某种作物的氮、磷、钾肥料的最佳施用量，为肥料配方和施肥推荐提供依据。

6.1.3 土壤养分丰缺指标法

通过土壤养分测试结果和田间肥效试验结果，建立不同品种、不同区域的土壤养分丰缺指标，提供肥料配方。

土壤养分丰缺指标田间试验也可采用"3414"部分实施方案。"3414"方案中的处理 1 为空白对照（CK），处理 6 为全肥区（NPK），处理 2、4、8 为缺素区（即 PK、NK 和 NP）。收获后计算产量，用缺素区产量占全肥区产量百分数即相对产量的高低来表达土壤养分的丰缺情况。相对产量低于 50% 的土壤养分为极低；相对产量 50%~75%

为低；75%~95%为中，大于95%为高，从而确定适用于某一区域、某一品种的土壤养分丰缺指标及对应的肥料施用数量。对该区域其他田块，通过土壤养分测试，就可以了解土壤养分的丰缺状况，提出相应的推荐施肥量。

6.1.4 养分平衡法

6.1.4.1 基本原理与计算方法

根据目标产量需肥量与土壤供肥量之差估算施肥量，计算公式为：

$$熄火率(\%) = \frac{熄火叶片数}{检查总叶数} \times 100 \tag{3}$$

养分平衡法涉及目标产量、作物需肥量、土壤供肥量、肥料利用率和肥料中有效养分含量五大参数。土壤供肥量即为"3414"方案中处理1的作物养分吸收量。目标产量确定后因土壤供肥量的确定方法不同，形成了地力差减法和土壤有效养分校正系数法两种。

地力差减法是根据作物目标产量与基础产量之差来计算施肥量的一种方法。其计算公式为：

$$施肥量 = \frac{(目标产量 - 基础产量) \times 单位经济产量养分吸收量}{肥料中养分含量 \times 肥料利用率}$$

基础产量即为"3414"方案中处理1的产量。

土壤有效养分校正系数法是通过测定土壤有效养分含量来计算施肥量。其计算公式为：

$$施肥量 = \frac{作物单位产量养分吸收量 \times 目标产量 - 土壤测试值 \times 0.15 \times 土壤有效养分校正系数}{肥料中养分含量 \times 肥料利用率}$$

6.1.4.2 有关参数的确定

6.1.4.2.1 目标产量

目标产量可采用平均单产法来确定。平均单产法是利用施肥区前3年平均单产和年递增率为基础确定目标产量，其计算公式是：

$$目标产量（kg/亩）= （1+递增率）\times 前3年平均单产（kg/亩）$$

一般粮食作物的递增率为10%~15%为宜，露地蔬菜一般为20%左右，设施蔬菜为30%左右。

6.1.4.2.2 烤烟需肥量

通过对正常全株养分的分析，测定各种作物百公斤经济产量所需养分量，乘以目标常量即可获得作物需肥量。

$$烤烟目标产量所需养分量（kg）= \frac{目标产量（kg）}{100} \times 100\,kg\,产量所需养分量（kg）$$

6.1.4.2.3 土壤供肥量

土壤供肥量可以通过测定基础产量、土壤有效养分校正系数两种方法估算。

（1）通过基础产量估算（处理1产量）：不施肥区作物所吸收的养分量作为土壤供肥量。

$$土壤供肥量（kg）= \frac{不施养分区农作物产量（kg）}{100} \times 100\ kg\ 产量所需养分量（kg）$$

（2）通过土壤有效养分校正系数估算：将土壤有效养分测定值乘一个校正系数，以表达土壤"真实"供肥量。该系数称为土壤有效养分校正系数。

$$土壤有效养分校正系数（\%）= \frac{缺素区作物地上部分吸收该元素量（kg/亩）}{该元素土壤测定值（mg/kg）\times 0.15}$$

6.1.4.2.4　肥料利用率

一般通过差减法来计算：利用施肥区作物吸收的养分量减去不施肥区农作物吸收的养分量，其差值视为肥料供应的养分量，再除以所用肥料养分量就是肥料利用率。

$$肥料利用率（\%）= \frac{施肥区农作物吸收养分量（kg/亩）-缺素区农作物吸收养分量（kg/亩）}{肥料施用量（kg/亩）\times 肥料中养分含量（\%）} \times 100$$

上述公式以计算氮肥利用率为例来进一步说明。

施肥区（NPK区）农作物吸收养分量（kg/亩）："3414"方案中处理6的作物总吸氮量。

缺氮区（PK区）农作物吸收养分量（kg/亩）："3414"方案中处理2的作物总吸氮量。

肥料施用量（kg/亩）：施用的氮肥肥料用量。

肥料中养分含量（%）：施用的氮肥肥料所标明的含氮量。

如果同时使用了不同品种的氮肥，应计算所用的不同氮肥品种的总氮量。

6.1.4.2.5　肥料养分含量

供施肥料包括无机肥料与有机肥料。无机肥料、商品有机肥料含量按其标明量，不明养分含量的有机肥料养分含量可参照当地不同类型有机肥养分平均含量获得。

6.2　肥料配方的校验

在肥料配方区域内针对特定作物，进行肥料配方验证。

6.3　测土配方施肥建议卡

提出不同地域、品种、前茬、地力所选用的肥料种类、数量、施肥时期、施肥方法。

7　配方肥料合理施用

在养分需求与供应平衡的基础上，坚持有机肥料与无机肥料相结合；坚持大量元素与中量元素、微量元素相结合；坚持基肥与追肥相结合；坚持施肥与其他措施相结合。在确定肥料用量和肥料配方后，合理施肥的重点是选择肥料种类、确定施肥时期和施肥方法等。

7.1　配方肥料种类

根据土壤性状、肥料特性、作物营养特性、肥料资源等综合因素确定肥料种类，可选用单质或复混肥料自行配制配方肥料，也可直接购买配方肥料。

7.2　施肥时期

根据肥料性质和植物营养特性，适时施肥。常年份采用起垄时将肥料作基肥一次性施入。有灌溉条件的地区应分期施肥。对作物不同时期的氮肥推荐量的确定，有条件区域应建立并采用实时监控技术。

7.3 施肥方法

常用的施肥方式有撒施后耕翻、双条施肥、穴施等。应根据品种、栽培方式、肥料性质等选择适宜施肥方法。双条施肥：先确定株行距，根据地形确定垄向，搭线绳作基准线，然后在基准线左右两边 10 cm 处并沟，深度 15~20 cm，将肥料均匀撒施在沟内，然后起垄，并在耕前施入，深翻入土。

8 经验施肥法

8.1 肥力偏高的土壤

土壤含速效氮 60 mg/kg 以上（相当于前茬小麦亩产 250 kg），每亩需补施纯氮 2 kg，氮、磷、钾纯养分补施比例为 1：2：3。

8.2 肥力中等土壤

土壤含速效氮 40~60 mg/kg（相当于前茬小麦亩产 150~200 kg），每亩需补施纯氮 2.5~3 kg，氮、磷、钾纯养分补施比例为 1：2：2。

8.3 肥力偏低的土壤

土壤含速效氮 40 mg/kg（相当于前茬小麦亩产 150 kg），每亩需补施纯氮 3.5~4 kg，氮、磷、钾纯养分补施比例为 1：2：（2~3）。

8.4 膜下移栽烟田，亩补纯氮量要比膜上烟田增加 1~2 kg。

9 施肥原则

烤烟施肥坚持化肥和有机肥相结合，以化肥为主，有机肥为辅；化肥以氮肥为主，配合施用磷、钾；有机肥以厩肥为主，配合使用饼肥。

10 施肥量的计算方法

10.1 计算公式

$$亩补肥料量（kg）= \frac{亩补肥料纯养分量（kg）}{养分利用率}$$

10.2 利用参数

10.2.1 将土壤化验分析出的速效氮（mg/kg）值乘以 0.15 即为每亩速效氮的含量（kg）。

10.2.2 一般亩总氮水平控制在 10~11 kg（土壤氮+补施氮）范围。

10.2.3 用亩含氮水平 10~11 kg 减去土壤化验分析得出的速效氮的含量，即为应补施的亩速效氮量。

10.2.4 按氮、磷、钾纯养分补施比例算出亩应补施的磷、钾纯养分量，再用 6.1 中计算式算出亩补肥料量。

11 支持性文件

无。

12　附录（资料性附录）

序号	记录名称	记录编号	填制/收集部门	保管部门	保管年限
—	—	—	—	—	—

烤烟打顶抑芽技术规程

1 范围

本标准规定了宽窄高端卷烟原料生产基地范围内烤烟打顶与抑芽技术规程。

本标准适用于宽窄高端卷烟原料生产基地烤烟打顶抑芽技术。

2 规范性引用文件

下列文件对于本文件的应用是必不可少的。凡是注日期的引用文件，仅所注日期的版本适用于本文件。凡是不注日期的引用文件，其最新版本（包括所有的修改单）适用于本文件。

烟草农药使用推荐意见（中国烟叶公司发布）

3 打顶

3.1 要求

打顶早晚、留叶多少，应根据烤烟品种特性、烟株长势和土壤当时的肥力状况灵活掌握。长势强、肥力足的烟田应晚打顶，反之要适当早打顶。要留足叶片数。

打顶应选在晴天的上午进行。打顶时，应注意所留茎梗比顶叶高出 2～3 cm。先打无病烟株再打有病烟株。打下的花芽、花梗等要及时清理出烟田。

正常生长情况下采用现蕾打顶的方式。烟田长势过旺时采用开花打顶的方式；烟田营养条件较差的情况下采用扣心打顶。

3.2 现蕾打顶

即在烟株的花序完全露出顶端叶片，烟田 50%左右的中心花开放时，将整个花序连同两三片小叶（也称花叶）一同摘去。土壤中等肥力，烟株长势正常的烟田可以考虑采用。

3.3 开花打顶

即在烟株 100%花序的中心花开放时，将整个花序，连同两三片小叶一同摘去。水肥条件好，烟株长势旺盛的烟田采用此种打顶方式。

3.4 抠心打顶

即在花蕾包在顶端小叶内时，用小竹针挑去或用镊子夹去。土壤瘠薄的山丘地、旱地、肥少而烟株长势差的烟田，宜采用。

4　抑芽

4.1　人工抹杈

强调早抹、勤抹，最好腋芽长至 3~5 cm 抹去。一般每隔 5~7 d 抹一次，要连腋芽基部一起抹掉。操作时先无病烟株再有病烟株。打下的烟杈要及时清理出烟田。

4.2　化学抑芽

触杀剂或触杀剂与内吸剂配合使用。化学抑芽剂应符合中国烟叶公司发布的《烟草农药使用推荐意见》的相关规定。抑芽剂的使用按照《烟草农药使用推荐意见》推荐的方法使用。

抑芽剂在打顶后 24 h 内使用。采用低压喷淋或壶淋方法施药，以每个腋芽接触到药液为原则。使用化学抑芽用药前，应摘除 2 cm 以上的烟杈。避免在雨后、露水未干时用药，用药 2 h 内降雨会降低抑芽效果，最好在傍晚或清晨施药，尽量避免在中午用药。

烟叶结构优化工作规程

1 范围

为规范烤烟规范化生产优化烟叶结构的组织领导、工作流程、监管要求、生产技术和不适用烟叶田间处理办法，特制定本标准。

本标准适用于宽窄高端卷烟原料生产基地。

2 规范性引用文件

下列文件对于本文件的应用是必不可少的。凡是注日期的引用文件，仅所注日期的版本适用于本文件。凡是不注日期的引用文件，其最新版本（包括所有的修改单）适用于本文件。

GB/T 23221　烤烟栽培技术规程

YC/T 479—2013　烟草商业企业标准体系构成与要求

YC/Z 290—2009　烟草行业农业标准体系

3 术语与定义

下列术语和定义适用于本标准。

3.1 优化烟叶结构

综合应用政策、科技、农艺、经济等措施，在烟叶生产环节处理不适用烟叶，改善烟叶等级结构，提高优质烟叶有效供给能力。

3.2 不适用烟叶

卷烟生产不需要的烟叶，一般指无烘烤价值的下部叶和顶部烟叶及病残叶。

4 烟叶结构优化监督管理

4.1 组织领导

4.1.1 组织结构

烟草公司逐级成立优化烟叶结构工作领导小组和工作组，全面组织实施宽窄高端卷烟原料生产基地内优化烟叶结构工作。

4.1.2 工作职责

4.1.2.1 市公司

4.1.2.1.1　按照省烟草专卖局（公司）的相关要求，落实本辖区优化烟叶结构相关政策，制定实施方案和考核管理办法。

4.1.2.1.2 负责本辖区优化烟叶结构工作的组织、协调、指导、监督考核等工作。

4.1.2.1.3 做好本辖区优化烟叶结构工作的政策宣传和培训工作。

4.1.2.2 县（市）区分公司

4.1.2.2.1 按照市烟草专卖局（公司）的相关要求，落实本辖区优化烟叶结构相关政策，制定实施方案和考核管理办法。

4.1.2.2.2 负责本辖区优化烟叶结构工作的组织、协调、指导、监督考核等工作。

4.1.2.2.3 与乡镇签订不适用烟叶消化处理协议。

4.1.2.2.4 与烟站签订不适用烟叶消化处理责任状。

4.1.2.2.5 负责督促烟叶站与村委会签订不适用烟叶消化处理协议。

4.1.2.2.6 做好本辖区优化烟叶结构工作的政策宣传和培训工作。

4.1.2.2.7 做好本辖区优化烟叶结构相关资金的使用和管理工作。

4.1.2.3 烟叶站（点）

4.1.2.3.1 负责制定本辖区实施方案，将目标任务分解到村、组、农户，做好本辖区优化烟叶结构工作的组织、协调和实施。

4.1.2.3.2 与种烟村委会签订不适用烟叶田间处理协议。

4.1.2.3.3 做好宣传、培训、指导等工作，指导、督促村组制定方案和计划，并汇总归档。

4.1.2.3.4 督促指导村组、烟农（合作社）按要求清除田间不适用烟叶，对烟农（合作社）田间清除工作进行全面验收，完成不适用烟叶田间处理工作目标任务，负责组织相关人员完成不适用烟叶毁形及做好毁形后烟叶的综合利用。

4.1.2.3.5 负责不适用烟叶田间处理工作的检查验收，并进行结果公示；根据检查验收结果，兑现烟农补贴，拨付不适用烟叶田间处理专项组织协调经费。

4.1.2.3.6 负责田间不适用烟叶处理工作痕迹资料的收集、整理、归档和上报等工作。

4.1.2.4 合同烟农

严格按照田间不适用烟叶消化处理技术规范和流程，在规定的时间内完成田间不适用鲜烟叶的摘除，并把摘除的不适用烟叶运送到指定消化处理场地称量、登记、签字确认。

4.2 工作流程

4.2.1 制定方案

市公司、县分公司、烟叶站制定优化烟叶结构方案，以村委会为单位，制订优化宽窄高端卷烟原料生产基地烟叶结构方案。

4.2.2 政策宣传

通过网络、报刊、电视等媒体，利用手机短信等媒介，依托现场培训会等平台，运用宣传手册、宣传挂图、宣传单、宣传车等手段，全方位加强政策宣传工作，把优化烟叶结构工作各项政策宣讲到宽窄高端卷烟原料生产基地。

4.2.3 签订协议

乡（镇）与村委会签订责任状，明确不适用烟叶田间处理目标任务、工作责任、考核内容与奖励办法等；烟叶站与村委会签订协议，明确不适用烟叶的处理数量、处理要求、处理方式、清除时间及工作经费考核验收兑现办法等。

4.2.4 培训

制定具体的培训方案，明确培训目的、培训对象、培训主题、师资来源等内容。

4.2.5 信息采集

宽窄高端卷烟原料生产基地内烟叶站和村委会对作业单位内不适用烟叶田间处理的农户编号、农户姓名、种植地块、种植面积、处理部位、处理数量、处理方式、处理日期、责任人、专卖监管人员等进行信息采集并登记造册。

4.2.6 张榜公示

以村委会为单位，分别在底脚叶和顶叶清除前 7 d 进行不适用烟叶清除信息公示；公示内容包括清除时间、销毁地点、销毁标准及农户、面积、地块、责任人等信息，公示时间 7 d。

4.2.7 发放通知书

市公司统一制作不适用烟叶田间消化处理通知书，明确不适用烟叶田间消化处理时间、数量、标准等信息，在公示结束后 5 d 内发放到烟农手中。

4.2.8 组织采摘

烟农根据不适用烟叶田间消化处理通知书要求，自行采摘田间不适用鲜烟叶，并根据约定时间将采摘的不适用鲜烟叶运送至消化处理场地。

4.2.9 过磅称重

过磅员将烟农运送来的鲜烟认真称重，如果不认可重新过磅称重。

4.2.10 登记造册（烟农确认）

过磅员将烟农的姓名、销毁时间、销毁数量等登记造册，烟农对自己销毁处理的烟叶数量认可后进行签字。

4.2.11 销毁

烟农签字确认后，将不适用鲜烟叶销毁。

4.2.12 验收考核

4.2.12.1 在不适用烟叶消化处理结束后进行，检查验收内容主要包括烟农田间消化处理的不适用烟叶数量、田间杂草的清除、封顶打杈、烟杆清理、田间卫生等。

4.2.12.2 不适用烟叶田间处理结束后，由村委会及烟站人员逐户、逐块进行检查验收，并由烟农签字确认检查验收结果，检查验收结束后向烟站提交验收报告及复验申请。

4.2.12.3 乡（镇）及烟站接复验申请后组织人员在 10 个工作日内对提交申请单位进行复验，复验结果由村委会负责人签字确认，复验结束收向县（市）区分公司提交复验报告及复验申请。

4.2.12.4 县（市）区分公司接复验申请后组织人员在 10 个工作日内对提交申请单位进行抽查复验，复验结果由乡（镇）及烟站负责人签字确认，复验结束后向市公司提交复验报告和抽查复验申请。

4.2.12.5 市公司接抽查复验申请后组织人员在 10 个工作日内对申请单位进行抽查复验，复验结果由县（市）区分公司负责人签字确认，复验结束后由市公司出具复验报告。

4.2.13   结果公示

检查验收结束后，以村民小组为单位对检查验收结果进行公示，公示时间为 7 d。

4.3   优化烟叶结构工作监管

4.3.1   现场监管

4.3.1.1   监管部门

各级烟草专卖管理部门及烟叶生产科。

4.3.1.2   监管内容

4.3.1.2.1   不适用烟叶的称重、登记造册。

4.3.1.2.2   不适用烟叶的销毁效果。

4.3.1.2.3   不适用烟叶消化处理工作人员配置及上岗情况。

4.3.1.2.4   不适用烟叶消化处理痕迹资料真实性。

4.3.2   资金监管

4.3.2.1   监管部门

各级烟草专卖管理部门及烟叶生产科。

4.3.2.2   监管内容

对优化烟叶结构的田间清除不适用烟叶补贴、组织协调经费和不适用烟叶处置补贴等内容进行监管。

5   不适用烟叶清除要求

5.1   不适用鲜烟叶部位特征

（1）下部烟叶：正常封顶合理留叶后，烟株底部的光照不足、叶片轻薄，预计烤后品质较差，烘烤价值低，卷烟工业不适用的下部叶。

（2）顶部烟叶：正常封顶合理留叶后，烟株顶部开片不好、长度不足、结构紧密、叶片过厚，预计烤后品质较差，烘烤价值低，卷烟工业不适用的顶叶。

5.2   不适用鲜烟叶各部位清除时间

（1）下部烟叶：封顶后 5~10 d。

（2）顶部烟叶：上部 4~6 片顶叶一次采摘时。

5.3   不适用烟叶田间处理

5.3.1   场地和人员配置

5.3.1.1   场地选择

在不污染环境、不影响田间卫生的烤烟种植地块周边区域，合理设置不适用鲜烟叶消化处理场地。

5.3.1.2   人员配置

按照同一片区 5 d 内完成消化处理任务的要求，每个消化处理场地配备过磅、开单、毁形等人员，根据种烟面积合理设置鲜烟叶消化处理作业组数量。

5.3.2   运输和称重登记

摘除的不适用鲜烟叶采取统一运输或烟农自行运送的方式运送至指定的消化处理场

地集中，称重登记。

5.3.3 销毁

将不适用鲜烟叶销毁，使其无烘烤价值。

6 支持文件

无。

7 附录（资料性附录）

序号	记录名称	记录编号	填制/收集部门	保管部门	保管年限
—	—	—	—	—	—

优质烤烟田间长相标准

1　范围

本标准规定了标准化烤烟生产的株型、管理要求、营养状况和田间群体结构。

本标准适用于宽窄高端卷烟原料生产基地烟叶生产工作。

2　规范性引用文件

下列文件中的条款通过本标准的引用而成为本标准的条款。凡是注日期的引用文件，其随后所有的修改单（不包括勘误的内容）或修订版均不适用于本标准，然而，鼓励根据本标准达成协议的各方研究是否可使用这些文件的最新版本。凡是不注日期的引用文件，其最新版本适用于本标准。

YC/T 142—2010　烟草农艺性状调查方法

3　定义

本标准采用以下定义。

3.1　群体长势长相

指同一地块或同一调制区域烟株的总体长势长相。群体长势长相着重要求群体的一致性。评价时间以下二棚叶片进入成熟期为准。

3.2　个体长相

指群体内烟株个体或叶片个体。评价时间以下二棚叶片进入成熟期为准。

3.3　行间叶尖距

指群体内相邻两行烟株内侧烟叶叶尖之间的距离。

3.4　叶片综合营养状态

指叶片个体发育状态及表现，是烟叶内在化学成分的外观反映。

3.5　田间烟株生长动态

指在基本正常的气候条件下烟株的生长发育过程，在烟株生长的各个时期进行评价。

4　田间株型

4.1　大田烟株的理想株形为腰鼓形或桶形。

4.2　株高 120~140 cm，茎围 8~9 cm，节距 4~5 cm 。

4.3　单株有效叶为 18~20 片。

5 田间管理要求

5.1 前期达到无缺苗断垄，无杂草，无病虫，无板结，长势旺盛，生长整齐一致。

5.2 后期达到"四无一平"，即无杂草、无病虫害、无花、无杈，顶平。打顶后行间叶片不重叠，叶尖距 10~15 cm。

6 烟株营养状况

6.1 烟株营养充足均衡，无缺素症和营养失调症状。

6.2 叶色正常，整块烟田均匀一致，能够分层次正常落黄。

7 烟株田间群体结构

7.1 烟株田间长势均匀一致，叶色一致。

7.2 行与行之间烟株中部烟叶尖距 10~15 cm。

8 田间烟株生长动态

8.1 发育阶段

从移栽起 5~7 d 还苗，25~30 d 团棵，55~60 d 现蕾，60~70 d 打顶（下部叶开始成熟）；110~120 d 采收结束。

8.2 叶面积系数

团棵期 0.45~0.55，现蕾期 2.3~2.5，打顶期 2.8~3.2。

9 支持文件

无。

10 附录（资料性附录）

序号	记录名称	记录编号	填制/收集部门	保管部门	保管年限
—	—	—	—	—	—

烟草肥料合理使用技术规程

1 范围

为规范烤烟规范化生产的烟草肥料合理使用的基本原理与准则、方法及烤烟肥料合理用量，特制定本标准。

本标准适用于宽窄高端卷烟原料生产基地。

2 规范性引用文件

下列文件对于本文件的应用是必不可少的。凡是注日期的引用文件，仅所注日期的版本适用于本文件。凡是不注日期的引用文件，其最新版本（包括所有的修改单）适用于本文件。

GB 15063 复混肥料（复合肥料）

GB 15618 土壤环境质量

GB/T 17419 含氨基酸叶面肥料

GB/T 17420 含微量元素叶面肥料

GB 18877 有机—无机复混肥料

GB 20406 农业用硫酸钾

GB 20412 钙镁磷肥

GB 20413 过磷酸钙

GB/T 20784 农业用硝酸钾

GB/T 23221 烤烟栽培技术规程

GB/T 23349 肥料中砷、镉、铅、铬、汞生态指标

NY 227 微生物肥料

NY 525 有机肥料

NY/T 798 复合微生物肥料

NY 884 生物有机肥

NY/T 1118 测土配方施肥技术规范

YC/T 479—2013 烟草商业企业标准体系构成与要求

YC/Z 290—2009 烟草行业农业标准体系

3 术语与定义

下列术语和定义适用于本标准。

3.1 肥料

以提供植物养分为其主要功效的物料。

3.2 有机肥料

主要来源于植物和（或）动物、施于土壤以提供植物营养为其主要功效的含碳物料。

3.3 无机（矿质）肥料

标明养分呈无机盐形式的肥料，由提取、物理和（或）化学工业方法制成。

3.4 单一肥料

氮、磷、钾3种养分中，仅具有一种养分标明量的氮肥、磷肥或钾肥的通称。

3.5 氮肥

具有氮（N）标明量，以提供植物氮养分为其主要功效的单一肥料。

3.6 磷肥

具有磷（P_2O_5）标明量，以提供植物磷养分为其主要功效的单一肥料。

3.7 钾肥

具有钾（K_2O）标明量，以提供植物钾养分为其主要功效的单一肥料。

3.8 复混肥料

氮、磷、钾3种养分中，至少有两种养分标明量的由化学方法和（或）掺混方法制成的肥料。

3.9 商品有机肥料

具有明确养分标明的、以大量动植物残体、排泄物及其他生物废物为原料加工制成的商品肥料。

3.10 饼肥

作为肥料使用的、以各种含油分较多的种子经加工去油后的残渣，如菜籽饼、豆饼、芝麻饼、花生饼等。

3.11 测土配方施肥

测土配方施肥是以肥料田间试验和土壤测试为基础，根据作物需肥规律、土壤供肥性能和肥料效应，在合理施用有机肥料的基础上，提出氮、磷、钾及中微量元素（植物生长所必需的、但相对来说是少量的元素，如硼、锰、铁、锌、铜、钼或钴等）等肥料的施用品种、数量、施肥时期和施用方法。

4 烟草合理施肥总则

4.1 合理施肥目标

烟草合理施肥应达到优质、适产、高效、安全和土壤可持续利用等目标。

4.2 合理施肥依据

4.2.1 合理施肥原理

烟草施肥应根据矿质营养理论、养分归还学说、最小养分律、报酬递减律和因子综合作用律等施肥理论确定合理用量。

4.2.2 烟草营养特性

4.2.2.1 不同烟草品种对养分吸收利用能力存在差异。

4.2.2.2 烟草不同生育期、不同产量水平对养分需求数量和比例不同。

4.2.2.3 烟草属喜钾忌氯作物，烟草打顶前对氮需求旺盛，打顶后应减少或停止氮供应。

4.2.3 土壤性状

土壤类型、物理性质、化学性质和生物性状等因素导致土壤保肥和供肥能力不同，从而影响烟草的肥料效应。适宜烟草种植的土壤应符合 GB/T 23221 的规定；烟草施肥应根据土壤养分状况采用测土配方施肥技术，土壤采样和分析按照 NY/T 1118 要求执行。

4.2.4 气象条件

干旱、降雨等因素导致养分吸收困难或流失，从而影响烟草的肥料效应。

4.2.5 肥料种类

不同肥料种类和肥料品种施用后对土壤农化性质的影响决定该肥料适宜的土壤类型和施肥方法。烟草肥料应含一定比例的硝态氮肥，不宜使用酰胺态氮肥，不含或含适量氯。

注1：硝态氮肥指具有氮标明量，氮素形态以硝酸根离子（NO_3^-）形式存在的化肥，主要有硝酸钾等。

注2：酰胺态氮肥指具有氮标明量、氮素形态以酰胺态形式存在的化肥，主要有尿素等。

4.2.6 耕作（种植）制度

不同的前茬作物影响烟草生长季的土壤养分有效性，烟叶主产区应建立以烟草为主的种植制度，统筹考虑周年养分供应。

4.2.7 土壤环境容量

确定不同生态区烟草肥料用量时应综合考虑土壤环境容量。

注：土壤环境容量又称土壤负载容量，指一定土壤环境单元在一定时限内遵循环境质量标准，既维持土壤生态系统的正常结构与功能，保证农产品的生物学产量与质量，又不使环境系统污染超过土壤环境所能容纳污染物的最大负荷量。

5 允许施用的肥料种类

5.1 有机肥料

允许施用的有机肥料包括农家肥料（堆肥、厩肥、作物秸秆肥等）、饼肥、商品有机肥料等。

5.2 无机肥料

允许施用的无机肥料包括烤烟专用基肥、烤烟专用追肥、普通过磷酸钙、钙镁磷肥、硫酸钾、硝酸钾等。

5.3 绿肥

允许使用的绿肥包括紫云英、紫花苕子、黑麦草、燕麦等。

5.4 其他肥料

有机—无机烤烟专用肥、正式登记的不含化学合成调节剂的生物肥料和叶面肥料等也可使用。

6 禁止施用的肥料种类

6.1 城市生活垃圾、污泥、工业废渣、含病原菌或污染物超标的有机肥料。

6.2 无正式登记的肥料

6.3 不符合 GB/T 17419 和 GB/T 17420 要求的叶面肥料。

7 肥料质量要求

7.1 有机肥料

农家肥料使用前应充分发酵腐熟。商品有机肥料的技术指标应符合 NY 525 的要求。农家肥料和商品有机肥中重金属和有害生物限量符合 NY 525 的要求。

7.2 无机肥料

无机复合肥料（氮、磷、钾 3 种养分中，至少有两种养分标明量的仅由化学方法制成的肥料）技术指标应符合 GB 15063 的要求。过磷酸钙的技术指标应符合 GB 20413 的要求；钙镁磷肥的技术指标应符合 GB 20412 的要求；硫酸钾的技术指标应符合 GB 20406 的要求；硝酸钾的技术指标应符合 GB/T 20784 的要求；各类无机肥料中重金属限量符合 GB/T 23349 的要求。

7.3 其他肥料

有机—无机复混肥料［来源于标明养分的有机和无机物质的产品，由有机和无机肥料混合（或）化合制成的肥料］技术指标和重金属限量应符合 GB 18877 的要求。

生物肥料技术指标、重金属和有害生物限量应符合 NY 884 和 NY/T 798 的要求，微生物肥料技术指标、重金属和有害生物限量应符合 NY 227 的要求。

8 烤烟肥料合理用量

烟草肥料合理用量的确定方法参照支持文件烟草合理施肥量的确定方法。

9 支持文件

无。

10 附录 （资料性附录）

序号	记录名称	记录编号	填制/收集部门	保管部门	保管年限
—	—	—	—	—	—

第七部分　绿色防控关键技术

烟草病虫害预测预报工作规范

1 范围

本标准规定了烟草病虫害预测预报的管理、职责、数据和信息发布要求。

本标准适用于烟草病虫害的预测预报。

2 规范性引用文件

下列文件对于本文件的应用是必不可少的。凡是注日期的引用文件，仅所注日期的版本适用于本文件。凡是不注日期的引用文件，其最新版本（包括所有的修改单）适用于本文件。

YC/T 340（所有部分）　烟草害虫预测预报调查规程

YC/T 341（所有部分）　烟草病害预测预报调查规程

3 术语和定义

下列术语和定义适用于本文件。

3.1 监测对象 monitoring species

一定区域内采用定点、定时、定方法开展系统监测的病害或害虫种类。

3.2 监测圃 systematic monitoring field

为反映自然条件下监测对象发生流行规律而设置的不人为干预监测对象的固定观测区域。

4 要求

4.1 站点

烟草病虫害预测预报站点分为一级站、二级站、三级站和测报点四个层级。一级站为最高层级，管理区域为全国；二级站管理区域为省（直辖市、自治区）；三级站管理区域为地区（市）级；测报点为最低层级，管理区域为县（市、区），分为系统调查测报点和普查测报点。

4.2 配置

各级测报站均应配置网络通信和信息采集设备。三级站还应配置病虫害调查采集设备、病虫害检测鉴定设备和气象采集设备。系统调查测报点配置病虫害监测圃，按监测对象配置单独的监测圃。

4.3 监测圃

4.4 选址

监测圃应设在当地烟草主要种植区，距离城市不小于 5 km，周围没有强光源和化工、建材、冶炼等企业；监测圃周围地域开阔，远离茄科、十字花科等作物，排灌方便。

4.5 面积

单个病虫监测圃面积不小于 667 m²。

4.6 栽培

监测圃内按监测对象需求种植感病或感虫烟草品种，不应人为干预监测对象。年度间种植品种应保持一致。

5 职责

5.1 一级站、二级站、三级站

职责如下：

——制定本管理区域烟草病虫害预测预报网络建设规划；

——负责管理和指导下级站点业务；

——制（修）订本管理区域烟草病虫害预测预报技术规范和办法；

——组织开展本管理区域烟草病虫害预测预报技术及监测预警技术研究；

——负责本管理区域烟草病虫害预测预报数据的汇总、审核、统计分析；

——提供本管理区域病虫害预测预报技术咨询和技术培训服务；

——负责编写和发布本管理区域病虫信息。

一级站的工作职责还包括：

——负责发布全国中、长期烟草病虫预报。

二级站的工作职责还包括：

——负责发布本管理区域中、长期烟草病虫预报；

——负责本管理区域烟草病虫害预测预报数据的上报。

三级站的工作职责还包括：

——确定本管理区域的监测对象；

——负责本管理区域测报点病虫害预测预报数据的汇总审核上报；

——负责发布本管理区域中、短期病虫预报。

5.2 测报点

5.2.1 普查测报点

普查测报点的工作职责如下：

——负责病虫害发生信息、田间灾害损失调查统计等测报数据的调查与上报；

——负责气象信息的采集与上报；

——负责田间生产信息数据的调查与上报；

——负责病虫害防治措施的实施。

5.2.2　系统调查测报点

系统调查测报点的工作职责如下：

——根据监测对象建立病虫害监测圃；

——负责监测对象系统监测数据的调查与上报；

——负责天气等相关测报数据的调查与上报。

6　数据管理

6.1　采集

普查测报点和系统调查测报点按照 YC/T 340（所有部分）和 YC/T 341（所有部分）采集数据。

6.2　上报

普查测报点和系统调查测报点在完成数据采集 48 h 内将电子材料提交至三级站，同时提交纸质材料。三级站、二级站和一级站逐级审核、汇总调查数据。

6.3　存档

各级测报站点按病虫害种类对原始调查数据、统计数据、病虫信息情报及其他相关测报资料进行分类管理，以电子文档和纸质文档两种形式保存。

7　病虫信息发布

7.1　类别

7.2　病虫预报

病虫预报分类见表 1。

表 4　病虫预报分类　　　　　　　（单位：d）

分类		预测期
短期预测	病害	< 7
	虫害	< 20
中期预测	病害	7~90
	虫害	20~90
长期预测	病害	> 90
	虫害	> 90

7.2.1　病虫通报

各级测报站通报本管理区域病虫害发生情况，包括病虫害种类、发生面积、为害程度、损失情况及防治措施等。

7.2.2　病虫警报

当烟叶遭遇迁飞性害虫、流行性病害、暴发性或突发性有害生物威胁时，各级测报站应及时发布病虫警报。

7.2.3　补充预报

因气象条件或其他因子发生改变（如天敌数量的增减）导致预测期内预测结果偏离实际情况时，各级测报站应发布补充预报。

7.2.4　一般公告

一般公告的内容为气象信息、相关通知、病虫害防治技术、农药使用技术等。

7.3　样稿

样稿参见附录 A。

7.4　编写与发布

7.4.1　编写

各级测报站采用会商制度，组织相关人员研讨病虫害发生情况及发展趋势，编写病虫信息。

7.4.2　发布

病虫信息由各级测报站负责人审核签发后通过各种媒介发布。二级站、三级站还应提交至上级测报站备案。

附录 A
（资料性附录）
样稿

烟草病虫信息

类别   ××年第×期（总第×期）

××烟草病虫害预测预报×级站   年   月   日

题目
正文

拟稿：   会商：   核稿：

编辑：   签发：   打印（份数）：

烟草病虫害分级及调查方法

1 范围

本标准规定了由真菌、细菌、病毒、线虫等病原生物及非生物因子引起的烟草病害的调查方法、病害 严重度分级以及烟草主要害虫的调查方法。

本标准适用于评估烟草病虫害发生程度、为害程度以及病虫害造成的损失，也适用于病虫害消长及发生规律的研究。

2 术语和定义

下列术语和定义适用于本标准。

2.1 烟草病害 tobacco disease

由于遭受病原生物的侵害或其他非生物因子的影响，烟草的生长和代谢作用受到干扰或破坏，导致 产量和产值降低，品质变劣，甚至出现局部或整株死亡的现象。

2.2 烟草害虫 tobacco insect pest

能够直接取食烟草或传播烟草病害并对烟草生产造成经济损失的昆虫或软体动物。

2.3 病情指数 disease index

烟草群体水平上的病害发生程度，是以发病率和病害严重度相结合的统计结果，用数值表示发病的程度。

2.4 病害严重度 severity of infection

植株或根、茎、叶等部位的受害程度。

2.5 蚜量指数 aphid index

烟草群体水平上的蚜虫发生程度，是以蚜虫数量级别与调查样本数相结合的统计结果，用数值表示蚜虫的发生程度。

3 烟草病害分级及调查方法

3.1 烟草根茎病害

3.1.1 黑胫病

3.1.1.1 病害严重度分级

以株为单位分级调查。

0级：全株无病。

1级：茎部病斑不超过茎围的1/3，或1/3以下叶片凋萎。

3级：茎部病斑环绕茎围1/3~1/2，或1/3~1/2叶片轻度凋萎，或下部少数叶片出现病斑。

5级：茎部病斑超过茎围的1/2，但未全部环绕茎围，或1/2~2/3叶片凋萎。

7级：茎部病斑全部环绕茎围，或2/3以上叶片凋萎。

9级：病株基本枯死。

3.1.1.2 调查方法

以株为单位分级，在晴天中午以后调查。

3.1.1.2.1 普查

在发病盛期进行调查，选取10块以上有代表性的烟田，采用5点取样方法，每点不少于50株，计算病株率和病情指数。病情统计方法见附录A。

3.1.1.2.2 系统调查

采用感病品种。自团棵期开始，至采收末期结束，田间固定5点取样，每点不少于30株，每5d调查1次，计算发病率和病情指数。病情统计方法见附录A。

3.1.2 青枯病、低头黑病。

3.1.2.1 病害严重度分级

以株为单位分级调查。

0级：全株无病。

1级：茎部偶有褪绿斑，或病侧1/2以下叶片凋萎。

3级：茎部有黑色条斑，但不超过茎高1/2，或病侧1/2至2/3叶片凋萎。

5级：茎部黑色条斑超过茎高1/2，但未到达茎顶部，或病侧2/3以上叶片凋萎。

7级：茎部黑色条斑到达茎顶部，或病株叶片全部凋萎。

9级：病株基本枯死。

3.1.2.2 调查方法

同3.1.1.2。

3.1.3 根黑腐病

3.1.3.1 病害严重度分级

以株为单位分级调查。

0级：无病，植株生长正常。

1级：植株生长基本正常或稍有矮化，少数根坏死呈黑色，中下部叶片褪绿（或变色）。

3级：病株株高比健株矮1/4~1/3，或半数根坏死呈黑色，1/2~2/3叶片萎蔫，中下部叶片稍有干尖、干边。

5级：病株比健株矮1/3~1/2，大部分根坏死呈黑色，2/3以上叶片萎蔫，明显干尖、干边。

7级：病株比健株矮1/2以上，全株叶片凋萎，根全部坏死呈黑色，近地表的次生根受害明显。

9级：病株基本枯死。

3.1.3.2 调查方法

同3.1.1.2。

3.1.4 根结线虫病

3.1.4.1 病害严重度分级

根结线虫病的调查分为地上部分和地下部分，在地上部分发病症状不明显时，以收获期地下部分拔根检查的结果为准。

3.1.4.2 田间生长期观察

烟株的地上部分，在拔根检查确诊为根结线虫为害后再进行调查。以株为单位分级调查。

0级：植株生长正常。

1级：植株生长基本正常，叶缘、叶尖部分变黄，但不干尖。

3级：病株比健株矮 1/4~1/3，或叶片轻度干尖、干边。

5级：病株比健株矮 1/3~1/2，或大部分叶片干尖、干边或有枯黄斑。

7级：病株比健株矮 1/2 以上，全部叶片干尖、干边或有枯黄斑。

9级：植株严重矮化，全株叶片基本干枯。

3.1.4.3 收获期检查

地上部分同 3.1.4.2，拔根检查分级标准如下。

0级：根部正常。

1级：1/4 以下根上有少量根结。

3级：1/4~1/3 根上有少量根结。

5级：1/3~1/2 根上有根结。

7级：1/2 以上根上有根结，少量次生根上产生根结。

9级：所有根上（包括次生根）长满根结。

3.1.4.4 调查方法

同 3.1.1.2。

3.2 烟草叶斑病

3.2.1 以株为单位的病害严重度分级适用于所有叶斑病害较大面积调查。以株为单位分级调查。

0级：全株无病。

1级：全株病斑很少，即小病斑（直径≤2 mm）不超过 15 个，大病斑（直径>2 mm）不超过 2 个。

3级：全株叶片有少量病斑，即小病斑 50 个以内，大病斑 2~10 个。

5级：1/3 以下叶片上有中量病斑，即小病斑 50~100 个，大病斑 10~20 个。

7级：1/3~2/3 叶片上有病斑，病斑中量到多量，即小病斑 100 个以上，大病斑 20 个以上，下部个别叶片干枯。

9级：2/3 以上叶片有病斑，病斑多，部分叶片干枯。

3.2.2 白粉病

3.2.2.1 病害严重度分级

以叶片为单位分级调查。

0级：无病斑。

1级：病斑面积占叶片面积的5%以下。

3级：病斑面积占叶片面积的6%~10%。

5级：病斑面积占叶片面积的11%~20%。

7级：病斑面积占叶片面积的21%~40%。

9级：病斑面积占叶片面积的41%以上。

3.2.2.2 调查方法

3.2.2.2.1 普查在发病盛期进行调查，选取10块以上有代表性的烟田，每地块采用5点取样方法，每点20株，以叶片为单位分级调查，计算病叶率和病情指数。病情统计方法见附录A。

3.2.2.2.2 系统调查

采用感病品种。自发病初期开始，至采收末期止结束，田间固定5点取样，每点5株，每5d调查1次，以叶片为单位分级调查，计算病叶率和病情指数。病情统计方法见附录A。

3.2.3 赤星病、野火病、角斑病

3.2.3.1 病害严重度分级

适用于在调制过程中病斑明显扩大的叶斑病害，以叶片为单位分级调查。

0级：全叶无病。

在烟草叶斑病害的分级调查中，病斑面积占叶片面积的比例以百分数表示，百分数前保留整数。

1级：病斑面积占叶片面积的1%以下。

3级：病斑面积占叶片面积的2%~5%。

5级：病斑面积占叶片面积的6%~10%。

7级：病斑面积占叶片面积的11%~20%。

9级：病斑面积占叶片面积的21%以上。

3.2.3.2 调查方法

同3.2.2.2。

3.2.4 蛙眼病、炭疽病、气候性斑点病、烟草蚀纹病毒病、烟草坏死性病毒病、烟草环斑病毒病等（包括烘烤后病斑面积无明显扩大的其他叶部病害）。

3.2.4.1 病害严重度分级

以叶片为单位分级调查。

0级：全叶无病。

1级：病斑面积占叶片面积的5%以下。

3级：病斑面积占叶片面积的6%~10%。

5级：病斑面积占叶片面积的11%~20%。

7级：病斑面积占叶片面积的21%~40%。

9级：病斑面积占叶片面积的41%以上。

3.2.4.2 调查方法

同3.2.2.2。

3.3 烟草普通花叶病毒病（TMV）、黄瓜花叶病毒病（CMV）、马铃薯犊病毒病（PVY）

3.3.1 病害严重度分级

以株为单位分级调查。

0 级：全株无病。

1 级：心叶脉明或轻微花叶，病株无明显矮化。

3 级：1/3 叶片花叶但不变形，或病株矮化为正常株高的 3/4 以上。

5 级：1/3～1/2 叶片花叶，或少数叶片变形，或主脉变黑，或病株矮化为正常株高的 2/3～3/4。

7 级：1/2～2/3 叶片花叶，或变形或主侧脉坏死，或病株矮化为正常株高的 1/2～2/3。

9 级：全株叶片花叶，严重变形或坏死，或病株矮化为正常株高的 1/2 以上。

3.3.2 调查方法

同 3.1.1.2。

4 烟草主要害虫调查方法

4.1 地老虎

4.1.1 普查

在地老虎发生盛期进行调查，选取 10 块以上有代表性的烟田，采用平行线取样方法，调查 10 行，每行连续调查 10 株。根据地老虎的为害症状记载被害株数，并计算被害株率。计算方法见附录 A。

4.1.2 系统调查

采用感虫品种。移栽后开始进行调查，直至地老虎为害期基本结束。选取有代表性的烟田，采用平行线取样方法，调查 10 行，每行连续调查 10 株。每 3 d 调查 1 次，根据地老虎的为害症状记载被害株数，并计算被害株率。计算方法见附录 A。不同烟区可根据当地地老虎的发生情况，在调查期内分次随机采集地老虎幼虫，全期共采集 30 头以上，带回室内鉴定地老虎种类。

4.2 烟蚜

4.2.1 蚜量分级

0 级：0 头/叶。

1 级：1～5 头/叶。

3 级：6～20 头/叶。

5 级：21～100 头/叶。

7 级：101～500 头/叶。

9 级：大于 500 头/叶。

4.2.2 普查

在烟蚜发生盛期进行调查，选取 10 块以上有代表性的烟田，采用对角线 5 点取样方法，每点不少于 10 株，调查整株烟蚜数量，计算有蚜株率及平均单株蚜量。若在烟草团棵期或旺长期进行普查，也可采用蚜量指数来表明烟蚜的为害程度，选取 10 块以上有代表性的烟田，采用对角线 5 点取样方法，每点不少于 20 株，参照 4.2.1 的蚜量分级标准，调查烟株顶部已展开的 5 片叶，记载每片叶的蚜量级别，计算蚜量指数。蚜量指数的计算方法见附录 A。

4.2.3　系统调查

采用感虫品种。移栽后开始进行调查，烟株打顶后结束调查。调查期间不施用杀虫剂。选取有代表性的烟田，采用对角线 5 点取样方法，定点定株，每点顺行连续调查 10 株。每 3~5 d 调查 1 次，记载每株烟上的有翅蚜数量、无翅蚜数量、有蚜株数以及天敌的种类、虫态和数量。计算有蚜株率及平均单株蚜量，计算方法见附录 A。

4.3　烟青虫、棉铃虫

4.3.1　普查

在烟青虫或棉铃虫幼虫发生盛期进行调查，选取 10 块以上有代表性的烟田，采用平行线 10 点取样方法，共调查 10 行，每行连续调查 10 株，调查每株烟上的幼虫数量，计算有虫株率及百株虫量。计算方法见附录 A。

4.3.2　系统调查

采用感虫品种。在烟青虫和棉铃虫初发期开始进行调查，直至为害期结束。调查期间不施用杀虫剂。选取有代表性的烟田，采用平行线 10 点取样方法，定点定株，共调查 10 行，每行连续调查 10 株。

4.3.2.1　查卵

每 3 d 调查 1 次，记载每株烟上着卵量，调查后将卵抹去，计算有卵株率。计算方法见附录 A。

4.3.2.2　查幼虫

每 5 d 调查 1 次，记载每株烟上的幼虫数量，并计算百株虫量和有虫株率。计算方法见附录 A。

4.4　斜纹夜蛾

4.4.1　普查

在斜纹夜蛾幼虫发生盛期，选取 10 块以上有代表性的烟田进行调查。若幼虫多数在 3 龄以内，则采取分行式取样的方法，调查 5 行，每行调查 10 株；若各龄幼虫混合发生，则采取平行线取样的方法，调查 10 行，每行调查 15 株。计算有虫株率及百株虫量。计算方法见附录 A。

4.4.2　系统调查

采用感虫品种。在斜纹夜蛾初发期开始进行调查，直至为害期结束。调查期间不施用杀虫剂。选取有代表性的烟田，采用平行线 10 点取样方法，定点定株，共调查 10 行，每行连续调查 10 株。每 5 d 调查 1 次，分别记载每株烟上卵块、低龄幼虫 1~3 龄及高龄幼虫（3 龄以上）的数量，并计算百株虫量和有虫株率。计算方法见附录 A。

4.5　斑须蝽、稻绿蝽

4.5.1　普查

在发生盛期进行调查，选取 10 块以上有代表性的烟田，采用平行线 10 点取样方法，共调查 10 行，每行连续调查 10 株。调查每株烟上的成虫、若虫以及卵块的数量，计算有虫株率及百株虫量。计算方法见附录 A。

4.5.2 系统调查

采用感虫品种。在初发期开始进行调查，直至为害期结束。调查期间不施用杀虫剂。选取有代表性的烟田，采用平行线 10 点取样方法，定点定株，共调查 10 行，每行连续调查 10 株。每 5 d 调查 1 次，记载每株烟上各虫态的数量，并计算百株虫量和有虫株率。计算方法见附录 A。

附录 A
（规范性附录）
烟草病虫害发生程度计算方法

A.1 发病率

发病率按式（A.1）进行计算：

$$发病率（\%）=（发病株数/调查总株数）\times 100 \qquad (A.1)$$

A.2 病情指数

病情指数按式（A.2）计算：

$$病情指数=[\sum（各级病株或叶数\times该病级值）/（调查总株数或叶数\times最高级值）]\times 100 \qquad (A.2)$$

A.3 被害株率

被害株率按式（A.3）计算：

$$被害株率（\%）=（被害株数/调查总株数）\times 100 \qquad (A.3)$$

A.4 有蚜（虫）株率

有蚜（虫）株率按式（A.4）计算：

$$有蚜（虫）株率（\%）=[有蚜（虫）株数/调查总株数]\times 100 \qquad (A.4)$$

A.5 蚜量指数

蚜量指数按式（A.5）计算：

$$蚜量指数=[\sum（各级叶数\times该级别值）/（调查总株数或叶数\times最高级值）]\times 100 \qquad (A.5)$$

A.6 平均单株蚜量

平均单株蚜量按式（A.6）计算：

$$平均单株蚜量=总蚜量/总株数 \qquad (A.6)$$

A.7 百株虫量

百株虫量按式（A.7）计算：

$$百株虫量=（总虫量/总株数）\times 100 \qquad (A.7)$$

A.8 有卵株率

有卵株率按式（A.8）计算：

$$有卵株率（\%）=（有卵株数/调查总株数）\times 100 \qquad (A.8)$$

病虫害药效试验方法

1 范围

本标准规定了药剂防治烟草主要病虫害的药效试验方法。

本标准适用于各类型烟草上的病虫害药剂防治试验。

2 试验条件

2.1 试验对象和烟草品种的选择

试验对象：注明病害或害虫的名称，包括中文、英文名称，以及病原、害虫的拉丁文名称。

烟草品种：选择感病或感虫品种，并注明品种名称。

2.2 环境条件

田间试验应安排在历年来发病的地块或虫源较多的地块。对于病虫害发生较轻不能满足试验要求的地块，采用必要的措施进行人工辅助接种病原物或害虫。所有试验小区的条件（如土壤、灌溉、肥料、移栽期、生育期和行株距等田间管理措施以及坡向、光照等因素）应一致，且符合当地科学的农业实践。

3 试验设计和安排

3.1 药剂

3.1.1 试验药剂

注明药剂的商品名、通用名、中文名、剂型、有效成分含量和生产厂家。

3.1.2 对照药剂

对照药剂应采用已登记注册的、并在实践中证明有较好药效的产品。对照药剂的类型和作用方式应接近于试验药剂并使用常规剂量，但特殊试验可视目的而定。

3.2 小区安排

3.2.1 小区排列

试验药剂、对照药剂和空白对照的小区处理采用随机区组排列，特殊情况应加以说明。

3.2.2 小区面积和重复

小区面积：15~50 m²，防治地下害虫的药效试验小区面积最少 60 m²。每小区至少种植 3 行烟。重复次数：最少 4 次重复。

3.3　施药方法

3.3.1　使用方法

按照试验要求及标签说明进行。施药应与当地科学的烟草病虫害防治实践相适应。

3.3.2　使用器械的类型

选用精确度高的施药器械，施药应保证药量准确，分布均匀。用药量偏差超过±10%的要记录。记录所用器械的类型和操作条件（工作压力，喷孔口径等）的全部资料。

3.3.3　施药时间和次数

按照试验方案要求及标签说明进行，并根据病虫害发生情况决定。防治病害的药效试验在病害发生初期第一次施药，进一步施药视病害发展情况及药剂持效期决定。防治烟蚜的药效试验在田间烟蚜达到足够密度时施药，施药前每个小区的虫口基数不少于500头。防治烟青虫、斜纹夜蛾及棉铃虫的药效试验一般应在幼虫3龄前施药，施药前每个小区的虫口基数不少于15头。防治地下害虫的药效试验根据药剂情况于移栽前或移栽后施药。记录施药次数、每次施药日期和烟草所处生育期。

3.3.4　使用剂量和容量

按照试验方案要求及标签说明使用，药剂中有效成分含量通常表示为克/公顷（g/hm^2），制剂用量通常表示为升/公顷（L/hm^2）或 kg/公顷（kg/hm^2）。用于喷雾时，同时要记录用药倍数和每公顷药液用量（L/hm^2）。

3.3.5　防治其他病虫害药剂的资料要求

试验小区中使用其他药剂时，应选择对本试验药剂和试验对象无影响的药剂，并对所有小区进行均匀处理，而且要与试验药剂和对照药剂分开使用，且间隔3 d以上，使这些药剂的干扰控制在最小限度，记录这类药剂施用的准确数据。

4　调查、记录和测量方法

4.1　气象和土壤资料

4.1.1　气象资料

试验期间应从试验地或最近的气象站获得降雨（降雨类型和日降水量，以 mm 表示）和温度（每日平均温度、最高温度和最低温度，以℃表示）的资料。

记录整个试验期间影响试验结果的恶劣气候因素，如严重干旱、暴雨、冰雹等。

4.1.2　土壤资料

记录土壤类型、土壤肥力、水分（如干、湿或涝）、土壤覆盖物（如覆盖物类型、杂草）等资料。

4.2　调查方法

4.2.1　防治病害的药效试验调查方法

每小区采用5点取样方法，每点固定调查5~10株，记录调查总株数或总叶片数及各级病株数或病叶数，严重度分级应符合 GB/T 23222 的规定。

4.2.2　防治害虫的药效试验调查方法

4.2.2.1　防治烟青虫、棉铃虫或斜纹夜蛾的药效试验调查，每小区固定20~25株调查

烟株上的幼虫数量。

4.2.2.2 防治烟蚜的药效试验调查，每小区固定 10~15 株有蚜烟株，每株固定顶部适当数量的叶片调查蚜虫数量。

4.2.2.3 防治地下害虫的药效试验调查，若移栽前施药，移栽后立即统计各小区的总株数及受害株数；若移栽后施药，施药前先统计各小区总株数及受害株数，以后再调查时统计每个小区内的受害株数。调查受害株的同时，根据被害状，分别记载害虫种类。

4.3 调查时间和次数

4.3.1 防治病害的药效试验调查时间和次数

按照试验方案要求进行。在施药前调查病情指数或发病率，下次施药前及末次施药后 7~14 d 调查病情指数或发病率。用于土壤处理的药剂试验在发病初期和盛期各调查 1 次。

4.3.2 防治害虫的药效试验调查时间和次数

按照试验方案要求进行。防治地下害虫的试验分别于施药后第 1 d、3 d、7 d、10 d、20 d 调查受害株数。防治烟蚜、烟青虫、棉铃虫或斜纹夜蛾等害虫的药效试验于施药前调查虫口基数，施药后 1 d、3 d、7 d 分别调查各小区的活虫数，进一步的持效期调查可在施药后 10~14 d 或更长。

4.4 防治效果计算方法

4.4.1 病害防治效果计算

施药前有病情指数基数的试验，其防治效果按式（1）和式（2）计算；无病情指数基数的则按式（1）和式（3）计算。

$$病情指数 = [\sum (各级病株数或叶数 \times 该病级值)] / (调查总株数或叶数 \times 最高级值) \times 100 \tag{1}$$

$$防治效果（\%） = (1 - \frac{空白对照区药前病情指数 \times 处理区药后病情指数}{空白对照区药后病情指数 \times 处理区药前病情指数}) \times 100 \tag{2}$$

$$防治效果（\%） = \frac{空白对照区病情指数 - 处理区病情指数}{空白对照区病情指数} \times 100 \tag{3}$$

4.4.2 害虫防治效果计算

防治地下害虫的药效试验，其防治效果按式（4）和式（5）计算；防治其他害虫的药效试验，其防治效果按式（6）、式（7）或式（8）计算。

$$被害株率（\%） = \frac{被害株数}{调查总株数} \times 100 \tag{4}$$

$$防治效果（\%） = \frac{空白对照区被害株率 - 处理区被害株率}{空白对照区被害株率} \times 100 \tag{5}$$

$$虫口减退率（\%） = \frac{施药前虫数 - 施药后虫数}{施药前虫数} \times 100 \tag{6}$$

$$防治效果（\%） = \frac{处理区虫口减退率 - 空白对照区虫口减退率}{100 - 空白对照区虫口减退率} \times 100 \tag{7}$$

$$防治效果（\%）=\left(1-\frac{空白对照区药前虫数 \times 处理区药后虫数}{空白对照区药后虫数 \times 处理区药前虫数}\right) \times 100$$

$$(8)$$

4.5 对烟草的直接影响

观察药剂对烟草有无药害。如有药害，应记录其类型和程度，同时也应记录药剂对烟草的其他影响（如刺激生长和加速成熟等）。

用下列方法记录药害。

（1）如果药害能被测量或计算，要用绝对数值表示，如株高。

（2）其他情况下，可按下列两种方法估计药害程度和频率。

a）按照药害分级方法，记录每小区药害情况。药害程度分五级，分别以-、+、++、+++、++++表示。

-：无药害；

+：轻度药害、不影响作物正常生长；

++：明显药害、可复原，烟草生长轻微受阻，不会造成减产；

+++：高度药害，影响烟草正常生长，叶片有枯焦斑；

++++：严重药害，烟草生长受阻，生长延迟，对产量和质量造成严重损失。

b）将药剂处理区与空白对照区比较，计算其药害的百分率。同时应准确描述作物的药害症状（矮化、褪色、畸形等）。

4.6 对其他生物的影响

4.6.1 对其他病虫害的影响

对其他病虫害任何一种影响均应记录，包括有益和无益的影响。

4.6.2 对其他非靶标生物的影响

记录药剂对试验区内野生生物和有益昆虫的影响。

4.7 对烟草产量和质量的影响

一般不作要求。对于要求测定烟叶产量和质量的药效试验，烟草经调制后记录不同处理小区的产量、产值，并按要求取样进行化学成分分析或感官评吸。

5 结果

用邓肯氏新复极差（dMRT）法对试验数据进行统计分析，特殊情况则采用相应的生物统计学方法。写出正式试验报告，并对试验结果加以分析、评价。保存好原始材料以备考察验证。

烤烟病虫害综合防治技术规程

1 范围

本标准规定了主要烟草病虫害的防治原则及防治方法等。

本标准适用于宽窄烟叶原料主要烟草病虫害的防治。

2 规范性引用文件

下列文件对于本文件的应用是必不可少的。凡是注日期的引用文件，仅所注日期的版本适用于本文件。凡是不注日期的引用文件，其最新版本（包括所有的修改单）适用于本文件。

GB/T 8321.1   农药合理使用准则（一）

GB/T 8321.2   农药合理使用准则（二）

GB/T 8321.3   农药合理使用准则（三）

GB/T 8321.4   农药合理使用准则（四）

GB/T 8321.5   农药合理使用准则（五）

GB/T 8321.6   农药合理使用准则（六）

GB/T 8321.7   农药合理使用准则（七）

GB/T 23221   烤烟栽培技术规程

GB/T 23222   烟草病虫害分级及调查方法

GB/T 25241   烟草集约化育苗技术规程

NY/T 1276   农药安全使用规范总则

YC/T 340   烟草害虫预测预报调查规程

YC/T 341   烟草病害预测预报调查规程

YC/T 371   烟草田间农药合理使用规程

3 术语和定义

下列术语和定义适用于本文件。

3.1 综合防治

从农业生态系整体出发，坚持预防为主的指导思想和安全、有效、经济、简便的原则，全面考虑作物整个生育期的主要病虫害，因地因时制宜，合理运用农业、生物、化学、物理防治方法以及其他有效的防治方法，最大限度发挥自然控害因子的作用，将病虫害控制在经济允许水平之下，提高经济、生态和社会效益。

3.2 安全间隔期

最后一次施药至作物收获时允许间隔的时间。

4 防治原则

坚持"预防为主，综合防治"的植保方针，加强对主要病虫害的预测预报，协调应用农业、生物、物理及化学防治措施，建立烟草植保社会化服务体系，推行统防统治措施，提高烟叶安全性，保护农业生态环境，保障烟叶生产持续、平稳发展。

5 防治对象

炭疽病、猝倒病、立枯病、病毒病、赤星病、野火病、角斑病、黑胫病、根黑腐病、青枯病、烟蚜烟青虫、地下害虫等。

6 预测预报

加强对当地主要病虫害的监测，根据监测结果制定防治对策。预测预报方法参照 GB/T 23222、YC/T 340 及 YC/T 341 规定执行。综合考虑预测预报结果、病虫害的发生特点、环境条件、气候条件等因素确定防治策略。

7 防治技术

7.1 苗期病虫害防治技术
7.1.1 种子处理
使用包衣种子。

7.1.2 苗床
育苗大棚距离村庄、烟田、菜园、蔬菜大棚等毒源不少于 300 m，严禁使用黄瓜、番茄等葫芦科、茄科作物大棚进行育苗。苗床规格、设置、母床消毒、营养土消毒、托盘消毒、操作环节消毒等按 GB/T 25241 的规定执行。

7.1.3 控制传染途径和传染源
清除苗床内及苗床周围的杂草。大棚门、通风口全程覆盖 40 目尼龙纱网，以防通风时蚜虫迁入育苗棚内。苗床内严禁吸烟。禁用池塘水及其他可能污染的水浇烟苗。进行间苗、剪叶或其他操作时用肥皂水洗手，假植前、剪叶前和移栽前 24 h 内对烟苗喷洒病毒抑制剂。剪叶时，每剪一盘对剪叶工具用肥皂水或病毒抑制剂消毒一次，并及时将剪下的碎叶清理出育苗棚并深埋或焚烧。

7.1.4 药剂防治
7.1.4.1 炭疽病
及时通风排湿，必要时喷施硫酸铜：生石灰：水 = 1 : 1 : （160~200）的波尔多液进行保护，或选用 50%代森锰锌可湿性粉剂 800 倍液、50%退菌特可湿性粉剂 500 倍液等药剂喷雾，每 7~10 d 喷一次，连续施药 2~3 次。

7.1.4.2 猝倒病
及时通风排湿，烟苗大十字期后可喷施硫酸铜：生石灰：水 = 1 : 1 : （160~200）

的波尔多液进行保护，每 7～10 d 喷一次，连续施药 2～3 次。发病后可选用 25%甲霜灵、58%甲霜灵锰锌 500～600 倍液等药剂，连续施药 2～3 次，喷药的同时要及时剔除病苗。

7.1.4.3 立枯病

用 70%甲基托布津可湿性粉剂 1 000 倍液喷雾防治，每 7～10 d 喷一次，连续施药 2～3 次。

7.1.4.4 病毒病

假植前、剪叶前 24 h 内、移栽前喷施病毒抑制剂，药剂种类、用量和用法参照《烟草农药推荐使用意见》。

7.1.4.5 烟蚜

移栽前 1 d 在苗床内施用内吸性杀蚜剂，选用 5%吡虫啉乳油 1 500 倍液、3%啶虫脒乳油 2 000 倍液等药剂喷雾，并及时防治苗床周围大棚和露地蔬菜作物上蚜虫。

7.2 大田期病虫害防治技术

7.2.1 农业防治

7.2.1.1 选用抗（耐）病品种

根据当地生产实际，合理选用抗病或耐病优良品种。各地应根据品种特性和当地生态特点，选择 2～3 个主栽品种，并搭配种植 2～3 个辅助品种，避免大面积种植单一品种。

7.2.1.2 合理轮作

植烟地块应符合 GB/T 23221 的要求。轮作作物以不受烟草主要病原物侵染原则，以禾本科作物为主，可选择小麦、玉米、高粱、大蒜、洋葱等作物轮作，轮作年限以 2～3 年为宜，禁止与茄科、十字花科、葫芦科等作物轮作或间作。

7.2.1.3 合理规划烟田

规模化种植烟田距离村庄、果园、烤房群应在 300 m 以上，周边无大面积蔬菜和马铃薯。

7.2.1.4 改良土壤

根据当地条件，种植适宜的绿肥种类，以增加土壤有机质，改善土壤理化结构，使烟株生长健壮，提高抗病力。对于根茎病害发生较重且土壤偏酸性的烟区，施用白云石粉或生石灰调节土壤酸碱度。具体操作方法参照 Q/SDYC 1210 执行。

7.2.1.5 适时移栽

根据当地生态条件，在保证烟叶优质生产的同时，宜将烟株伸根期避开烟蚜迁飞高峰期。

7.2.1.6 加强肥水管理

采用平衡施肥，促进烟株早生快发。施用的农家肥应充分腐熟，禁止施用含烟株或其他茄科作物残体的农家肥。合理规划排灌系统，防止干旱和田间积水。

叶面喷施钾肥提高烟株的抗病性，建议在旺长期前后喷施 0.5%磷酸二氢钾水溶液。

7.2.1.7　规范农事操作

移栽时剔除病苗、弱苗，移栽结束后销毁剩余烟苗。农事操作前用肥皂水洗手消毒，用消毒剂对农具消毒，不得在烟田内吸烟。进行培土、清除脚叶、打顶等农事操作时先健株后病株，选择晴天进行，每次操作前喷抗病毒剂或消毒剂以防操作中的病毒传播。农事操作应尽量少伤根、茎，宜采用化学除草和抑芽。将农事操作时摘除的脚叶、烟杈、烟花带出烟田外，集中销毁。田间发现零星病株及时拔除后带出田外妥善处理。采收结束后及时清除田间烟株残体、杂草及烤房附近烟叶、废屑，集中处理。冬季深翻烟田 40 cm 以上。

7.2.2　物理防治

田间可铺设银灰色地膜驱避蚜虫。利用烟青虫、棉铃虫的趋光性和趋化性，在成虫发生期可采用频振杀虫灯或性信息素诱捕器进行大面积统一诱杀。频振杀虫灯每 2 hm² 设置 1 台，性信息素诱捕器每 1 hm² 设置 8 个。

在阴天或晴天的早晨人工捕杀棉铃虫、烟青虫、地老虎等害虫。

7.2.3　生物防治

保护利用天敌，麦收前后可将小麦田内的天敌昆虫助迁至烟田。

推荐人工繁殖烟蚜茧蜂等天敌昆虫，于田间释放防治烟蚜；人工繁殖赤眼蜂，于田间释放防治烟青虫和棉铃虫。

结合其他防治方法，选择在烟草上登记的微生物源或植物源生物农药防治烟草病虫害。

7.2.4　药剂防治

7.2.4.1　病毒病

选用宁南霉素、盐酸吗啉胍、氨基寡糖素等抗病毒药剂，在伸根期、团棵期、旺长初期进行喷雾防治，药剂用法与用量参照《烟草农药使用推荐意见》。

7.2.4.2　黑胫病

在移栽时或移栽还苗后施药 1 次，在田间零星发生时进行第二次施药，以后每 7~10 d 施药 1 次，连续施药 2~3 次，可选用 72.2%霜霉威盐酸盐水剂 600~800 倍液、72%甲霜灵锰锌可湿性粉剂 600~800 倍液、50%烯酰吗啉可湿性粉剂 1 200~1 500 倍液等药剂喷淋烟株茎基部及土表，每株 50 mL 药液。

7.2.4.3　根黑腐病

移栽时每 667 m² 用 75%甲基托布津可湿性粉剂 50~75 g 兑水 50 kg 浇灌或拌细土穴施，发病初期可选用 75%甲基托布津可湿性粉剂 1 000 倍液、50%多菌灵可湿性粉剂 500~800 倍液等药剂灌根，每株 50 mL 药液，连续施药 2~3 次。

7.2.4.4　青枯病

移栽时施药 1 次，田间零星发病时，每 7~10 d 施药 1 次，连续施药 2~3 次，可选用 200 μg/mL 农用链霉素等药剂，每株 50 mL 药液灌根或喷淋茎基部。

7.2.4.5　赤星病

在发病初期开始施药，每次施药应在采收后当天或次日进行，可选用 40%菌核净 500 倍液、10%多抗霉素可湿性粉剂 800~1 000 倍液等药剂喷雾，每 7 d 施药 1 次，连续施药 2~3 次。

7.2.4.6 野火和角斑病

发病初期选用 72%农用硫酸链霉素可溶粉剂 1 000~4 000 倍液、77%硫酸铜钙可湿性粉剂 400~600 倍液等药剂喷雾，每 7 d 施药 1 次，连续施药 2~3 次。

7.2.4.7 地下害虫

在移栽前 1~2 d 选用 2.5%高效氯氟氰菊酯乳油 2 000 倍液等药剂喷施垄面。

毒饵或毒草：将 90%敌百虫晶体 0.5 kg 或 50%辛硫磷乳油 500 mL 兑水 2.5~5.0 kg，拌以害虫喜食的碎鲜草或菜叶 30~50 kg；或将 90%敌百虫晶体 0.5 kg 加水 1~5 kg，喷在 25~30 kg 磨碎炒香的菜籽饼或豆饼上。将毒饵或毒草于傍晚撒到烟苗根际，每 667 m^2 用量 15~30 kg。

灌根：选用 50%辛硫磷乳油 1 000 倍液、2.5%高效氯氟氰菊酯乳油 2 000 倍液、90%敌百虫晶体 500~800 倍液等药剂浇灌烟株，每株 200 mL 左右，可在移栽时结合浇定根水进行防治。

喷雾：可在傍晚喷施 2.5%高效氯氟氰菊酯乳油 2 000 倍液，用于防治 3 龄前的地老虎幼虫。

7.2.4.8 烟蚜

选用 5%吡虫啉乳油 1 500 倍液、3%啶虫脒乳油 2 000 倍液等药剂喷雾防治。

7.2.4.9 烟青虫和棉铃虫

于卵孵盛期至 3 龄幼虫前防治。选用 40%灭多威可溶性粉剂 1 500 倍液、2.5%氟氯氰菊酯乳油 2 000 倍液、甲氨基阿维菌素苯甲酸盐 1.5 g/hm^2（有效成分）等药剂喷雾防治。

7.2.5 合理使用农药

按照国家政策和有关法规规定选择农药产品，所选用的农药品种应具有齐全的"三证"（农药生产许可证或农药生产批准文件、农药标准证和农药登记证），严禁使用国家禁用的农药品种，严格按照农药产品登记的防治对象、用量、使用次数、使用时期以及安全间隔期使用，根据农药特性及防治对象特点合理混用、轮用农药，其他按照 GB/T 8321、NY/T 1276、YC/T 371 以及《烟草农药推荐使用意见》规定执行。

8 支持文件

无。

9 附录（资料性附录）

序号	记录名称	记录编号	填制/收集部门	保管部门	保管年限
—	—	—	—	—	—

烟草主要病虫害绿色防控技术规程

1　范围

本标准规定了烟草主要病虫害绿色防控的防控原则、防控对象、农业防治、物理防治、生物防治、化学防治以及农药使用档案。

本标准适用于宽窄烟叶原料生产主要病虫害的绿色防控。

2　规范性引用文件

下列文件对于本文件的应用是必不可少的。凡是注日期的引用文件，仅所注日期的版本适用于本文件。凡是不注日期的引用文件，其最新版本（包括所有的修改单）适用于本文件。

GB/T 25241　烟草集约化育苗技术规程

YC/T 371　烟草田间农药合理使用规程

YC/T 340　烟草害虫预测预报调查规程

YC/T 341　烟草病害预测预报调查规程

NY/T 1276　农药安全使用规范总则

3　防控原则

坚持"预防为主，综合防治"的植保方针，以农业防治、物理防治、生物防治以及生态调控为主科学、合理、精准、安全使用高效低毒低残留农药，有效控制烟田病虫害，确保烟叶生产安全、烟叶质量安全和烟田生态安全。

4　防控对象

4.1　主要害虫

主要害虫是指斜纹夜蛾、烟青虫、烟蚜、小地老虎。

4.2　主要病害

主要病害是指烟草病毒病（烟草花叶病毒、黄瓜花叶病毒、马铃薯 Y 病毒）、黑胫病、青枯病、赤星病、野火病。

5　农业防治

5.1　品种选择

（1）因时因地选用抗性好、优质、适产的烟草品种，针对性选用对重发病害抗性较强的品种。

（2）应优先选择对根茎类病害抗性较强的品种。

5.2 烟田选择

宜选择光照充足，排灌方便，肥力条件适中，没有连年种植茄子、辣椒、马铃薯等茄科作物，往年无严重病害发生，且近 2 年内没有使用过二氯喹啉酸、二甲四氯等对烟草生长有危害的除草剂田块。

5.3 土壤改良

5.3.1 宜采用烟—稻轮作，烟与玉米、油菜、绿肥等作物轮作，烟田翻耕前宜种植箭舌豌豆、黑麦草等绿肥改良土壤。

5.3.2 宜采用生物质炭、土壤调理剂等改良土壤，对 pH 值<6 的土壤起垄前应撒施生石灰调节土壤酸碱度。

5.4 壮苗培育

按照 GB/T 25241 烟草集约化育苗技术规程执行。

5.5 田间管理

5.5.1 翻耕起垄

坚持"先翻耕后起垄"原则，采用深翻耕、深开沟、深挖穴、高起垄"三深一高"技术，深翻耕应 20 cm 以上，围沟、腰沟、垄沟应 10 cm 以上，垄高应 35 cm 以上，烟穴深应 15 cm 以上。在前茬作物收获后，宜在 12 月底前翻耕，多雨区应在翻耕后及时开好腰沟、围沟，沥干烟田积水，并在移栽前 1 个月起垄，及时清沟沥水。

5.5.2 移栽管理

适时移栽，移栽前应对大棚烟苗用病毒检测试纸进行病毒病检测，清除带毒烟苗；及时清除烟田周边杂草，移栽时剔除病苗、弱苗，浇足安兜水。

5.5.3 大田管理

大田管理按以下要求执行。

（1）应按照当地烟叶生产技术规程实行测土配方施肥。

（2）中耕培土时，去除田间杂草和发病较重的病株、病叶，并对病株周边土壤用生石灰消毒。

（3）打顶抹杈时应先健株后病株。

（4）及时开沟排水，防止水涝灾害，灌水时防止串灌漫灌。

（5）农事操作结束后，将废弃杂物及时清理出烟田；烟叶采收完毕，烟秆应移出烟田并集中进行销毁。

6 物理防治

6.1 性诱

6.1.1 在成虫羽化初期，采用性诱剂诱捕小地老虎、烟青虫、斜纹夜蛾等鳞翅目害虫成虫。

6.1.2 连片种植区域的外围烟田每亩放置诱捕器 1 个、内部烟田每 2.5 亩放置诱捕器 1 个，非连片种植区域烟田每亩放置诱捕器 1 个。诱捕器内置相应诱芯 1 个，每月换 1 次诱芯，高度应高出烟株顶部 10~15 cm。

6.1.3 诱集时间：移栽前 30 d 至移栽后 15 d，诱集小地老虎；移栽后 15 d 至烟株打顶前，诱集烟青虫；烟株打顶至上二棚烟叶采烤，诱集斜纹夜蛾。

6.2　食诱

6.2.1 在成虫羽化初期，采用食诱剂诱捕小地老虎、烟青虫、斜纹夜蛾等鳞翅目害虫成虫，每亩使用食诱剂 1 套，每半个月更换 1 次诱集食物，食诱剂诱集盒应高出烟株顶部 10~15 cm。

6.2.2　诱集时间

按照 6.1.3 执行。

7　生物防治

7.1　生态调控防治

7.1.1 烟田周边在移栽后每隔 0.5 m 宜种植向日葵或万寿菊、波斯菊、苜蓿、芝麻等蜜源植物，为天敌昆虫补充营养。

7.1.2 在烟田周边宜种植诱集斜纹夜蛾产卵的槟榔芋或香梗芋，并集中施药灭杀。

7.1.3 宜在烟田中间种植黄豆等蠋蝽栖息植物。

7.2　天敌防治

7.2.1　烟蚜茧蜂

根据测报情况，当单株蚜量在 6~20 头时，以 500~1 000 头/亩的标准释放 1 次；或者在烟叶种植相对集中区域每 50 亩设置 1 个繁蜂小棚。

7.2.2　七星瓢虫

根据测报情况，当单株蚜量在 6~20 头时，按每处 1 卡的标准将七星瓢虫卵卡悬挂于带有蚜虫的叶片下方，每亩悬挂 2 卡（1 卡 10 个虫卵），每卡相隔 7~10 m。

7.2.3　赤眼蜂

根据测报情况，在烟青虫或斜纹夜蛾产卵高峰期，按每处 1 卡的标准，将蜂卡悬挂在烟株离地面 20 cm 左右的叶腋处，每亩释放 5~10 卡（4 000~5 000头赤眼蜂/卡），每卡相隔 15~20 m，7 d 后再释放 1 次。

7.3　生物药剂防治

7.3.1　小地老虎

盖膜前，对地下害虫高发田块，在垄体上喷施 10% 烟碱乳油 800 倍液，或按 100 g/株的标准使用绿僵菌颗粒剂溶液灌穴。

7.3.2　烟蚜

烟田若蚜高峰期，单株蚜量达到 50 头以上时，在烟叶正反面喷施 10% 烟碱乳油 800 倍液。

7.3.3　烟青虫

烟株旺长期至成熟期，百株虫量达到 5 头以上时，按 50 mL/亩的标准使用 8 000 JU/μL 苏云金杆菌悬浮剂或按 30 mL/亩的标准使用 100 亿孢子/mL 短稳杆菌悬浮剂，在烟叶正反面喷施 1 次。

7.3.4 斜纹夜蛾

烟株旺长期至成熟期，百株虫量达到 30 头及以上时，按 50 mL/亩的标准使用 8 000U/μL 升苏云金杆菌悬浮剂或按 30 mL/亩的标准使用 100 亿孢子/mL 短稳杆菌悬浮剂，在烟叶正反面喷施 1 次。

7.3.5 病毒病

移栽前 3 d 左右，宜选用超敏蛋白、氨基寡糖素、宁南霉素、香菇多糖或嘧肽霉素等药剂预防病毒。

7.3.6 青枯病

发病风险较高的烟田，移栽时采用药剂淋蔸预防；根据测报情况，田间始见病株时，按照药剂使用。

7.3.7 黑胫病

发病风险较高的烟田，移栽时采用药剂淋蔸预防；根据测报情况，田间始见病株时，按照药剂使用。

7.3.8 赤星病

高温高湿天气，叶片始见零星病斑时，喷施生防菌剂 1 次，7 d 后再喷施 1 次。

7.3.9 野火病

烟株旺长后期，叶片始见零星病斑时，喷施生防菌剂 1 次，7 d 后再喷施 1 次。

8 化学防治

8.1 一般要求

在实施农业、物理、生物防治措施后，仍不能控制病虫害时，各地按照 YC/T 340 和 YC/T 341 烟草病虫害测报方法进行测报，在烟草病虫害达到防治指标时，对严重发生烟田选用高效低毒化学药剂。按照 NY/T 1276 和 YC/T 371 药剂使用要求，选择允许在烟草使用的化学农药，部分化学药剂参见附录 A，配套减量，精准施药，在安全间隔期内用药。

8.2 苗期防治

育苗前宜采用熏蒸法对苗棚进行消毒，采用浸泡法对育苗盘进行消毒。

8.3 大田期防治

8.3.1 虫害防治

在移栽时穴施药剂防治地老虎，应在斜纹夜蛾/烟青虫 2 龄幼虫前施药。

8.3.2 病害防治

在发病初期用药，防治黑胫病应采用淋蔸方式或靠近地面基部喷施，青枯病应采用淋蔸的方式施药。

9 农药使用档案

应对防治烟草主要病虫害的药剂使用情况进行详细记录，记录格式参见附录 B，并建立农药使用档案。

附录 A

（资料性附录）

可用于烟草病虫害防治的部分药剂

可用于烟草病虫害防治的部分药剂见表 A.1。

表 A.1　可用于烟草病虫害防治的部分药剂

病虫害	药剂	
	化学药剂	生物药剂
蚜虫	吡虫啉、阿维·吡虫啉、啶虫脒	
烟青虫	醚菊酯、甲氨基阿维菌素苯甲酸盐、高效氯氰菊酯、高氯·甲维盐	苦参碱、烟碱、苏云金杆菌、
斜纹夜蛾	高氯·甲维盐、甲氨基阿维菌素苯甲酸盐	阿维菌素、苏云金杆菌、斜纹叶蛾核型多角体病毒
小地老虎	辛硫磷、高效氯氟氰菊酯	白僵菌、绿僵菌
病毒病	盐酸吗啉胍、吗胍·乙铜、羟烯·吗啉胍	宁南霉素、氨基寡糖素、香菇多糖、超敏蛋白
黑胫病	甲霜·锰锌、丙森·甲霜灵、噁霜·锰锌	枯草芽孢杆菌
青枯病	噻菌铜、氯尿·硫酸铜、溴菌·壬菌铜	荧光假单胞菌、多粘类芽孢杆菌
赤星病	菌核净、代森锰锌、王铜·菌核净	多抗霉素、多抗霉素 B、枯草芽孢杆菌
野火病	波尔多液、噻森铜、氢氧化铜、王铜·代森锌	春雷霉素、枯草芽孢杆菌

附录 B

（资料性附录）

病虫害防治药剂使用情况记录表格

药剂使用情况记录见表 B.1。

表 B.1　病虫害防治药剂使用情况记录表

靶标病虫害	药剂名称	有效成分	生产企业	许可（登记）证号	供应商	购买日期	亩用量	施药日期	施药人

烟蚜茧蜂防治烟蚜技术规程

1 范围

本标准规定了繁殖烟蚜茧蜂防治烟蚜（*Myzus persicae*）的设施及材料、繁殖技术、烟田放蜂和保种等技术要求。

本标准适用于利用烟蚜茧蜂对烟蚜的防治。

2 规范性引用文件

下列文件对于本文件的应用是必不可少的。凡是注日期的引用文件，仅注日期的版本适用于本文件。凡是不注日期的引用文件，其最新版本（包括所有的修改单）适用于本文件。

GB/T 25241（所有部分） 烟草集约化育苗技术规程

YC/T 340.1 烟草害虫预测预报调查规程 第 1 部分：蚜虫

3 术语和定义

下列术语和定义适用于本文件

3.1 烟蚜

又名桃蚜、桃赤蚜，别名腻虫、蜜虫、油汗，属于同翅目蚜虫科瘤蚜属。

3.2 烟蚜茧蜂

属膜翅目蚜茧蜂科蚜茧蜂属。

3.3 寄主植物

用来繁殖烟蚜及烟蚜茧蜂的植物。

3.4 成株繁蜂法

利用烟草成株作寄主植物持续繁蚜繁蜂防治烟蚜的方法。

3.5 幼苗繁蜂法

利用烟草幼苗作为饲养载体持续繁蚜繁蜂防治烟蚜的方法。

3.6 僵蚜

被烟蚜茧蜂寄生后虫体死亡，肿胀、僵硬、不透明的烟蚜。

3.7 成蜂

烟蚜茧蜂的成虫。

3.8 羽化

成蜂破僵蚜而出的过程。

4 设施及材料

4.1 繁蜂棚

4.1.1 繁蜂棚建在交通便利、有洁净水源、方便烟蚜茧蜂产品运输与投放的地方。

4.1.2 以结实材料作框架，用塑料薄膜（或其他透明材料）遮阳网、60 目防虫网按烟蚜茧蜂繁殖需要搭建成具备通风、透光、遮阴、隔离性的大棚或小棚作为繁蜂棚。

4.1.3 大棚为两联体，内设繁蜂室，用 60 目防虫网间隔。

4.2 植烟容器

采用直径 25~30 cm，高约 26 cm 的塑料盆作为植烟容器。

4.3 接蚜笔

选用不损伤烟蚜的毛笔或其他材料。

4.4 吸蜂器

采用锥形瓶制成的简易吸蜂器或电动吸蜂器。

4.5 容蜂器

采用 60 目防虫网缝制成的纱网袋或具备透气性的容器。

4.6 接蚜杆

由绳和杆组成，用于固定烟苗换位方便。

5 烟蚜茧蜂繁殖

5.1 成株繁蜂法

5.1.1 繁蜂烟株培育

5.1.1.1 品种选择

选用具有抗病性、亲蚜性的烤烟品种，如云烟 203。

5.1.1.2 育苗

移栽前 70 d 按 GB/T 25241 的规定进行。

5.1.1.3 烟株培育

5.1.1.3.1 在烤烟大田移栽前 20~25 d 选择 5~6 片真叶的无病虫烟苗移栽。

5.1.1.3.2 用植烟容器培育烟株的情况下，每 1 000 kg 栽烟土加人 300 kg 农家肥、20 kg 钙镁磷肥、80~100 g 杀菌剂和杀虫剂，拌匀，堆捂发酵后，装土至植烟容器约 2/3 处。

5.1.1.3.3 采用地栽的方式时，先翻挖平整土地、碎垡，后拉墒起垄，沟深 ≥ 15 cm，起垄方向便于管理。

5.1.1.3.4 使用小棚繁蜂且采用地栽的方式时，栽烟 15 d 左右建棚，烟株距棚边 ≥ 25 cm。

5.1.1.3.5 加强烟株水肥管理，保持烟株叶色嫩绿。

5.1.2 烟蚜繁育

5.1.2.1 接蚜时间

在烟株长到 6~8 片有效叶时接蚜。

5.1.2.2　种蚜选择

选用Ⅲ龄、Ⅳ龄未被寄生的无翅若蚜。

5.1.2.3　接种量

每株繁蜂烟株接种烟蚜 20~30 头。

5.1.2.4　接蚜方法

5.1.2.4.1　挑接法

先用接蚜笔轻轻刺激烟蚜尾部，然后挑取烟蚜接在繁蜂烟株中间部位叶片偏叶基部的背面。

5.1.2.4.2　放接法

将带有烟蚜的叶片剪成小片放在烟株中间部位叶片正面距茎秆约 1/3 处。

5.1.2.5　繁蚜管理

5.1.2.5.1　繁蜂棚内温度为 17~27℃，湿度为 50%~80%。

5.1.2.5.2　加强烟株水肥管理，保持盆土湿润。

5.1.2.5.3　清除棚内其他昆虫。

5.1.2.5.4　繁殖烟蚜 15~20 d。

5.1.2.5.5　接蚜 7 d 后，防止蚜霉菌侵染。

5.1.3　烟蚜茧蜂繁育

5.1.3.1　接蜂时机

单株蚜量达到 2 000 头以上时接蜂。

5.1.3.2　种蜂准备

5.1.3.2.1　将烟蚜茧蜂僵蚜放在试管内羽化，剔除重寄生蜂后群体交配 24 h。

注：重寄生蜂为寄生僵蚜的寄生蜂。

5.1.3.2.2　从蜂种保存室中直接吸取成蜂备用。

5.1.3.2.3　以浓度为 5% 的蜂蜜水作为补充食物。

5.1.3.3　接蜂量及方法

按蜂蚜比（1∶50）~（1∶100）计算，将收集的成蜂放入繁蜂室内，任其寻找烟蚜寄生。

5.1.3.4　繁蜂管理

繁蜂棚内保持温度 17~27℃、湿度 50%~80%，大棚繁殖 10~20 d，小棚繁殖 20~25 d。

5.2　幼苗繁蜂法

5.2.1　繁蜂烟苗的培育

5.2.1.1　品种选择

按 5.1.1.1 的规定进行。

5.2.1.2　育苗

按 GB/T 25241 的规定进行。

5.2.2 蜂蚜分接

5.2.2.1 烟蚜繁殖

5.2.2.1.1 接蚜时期

烟苗大十字期接蚜。

5.2.2.1.2 种蚜选择

选择生长正常、健壮无病的烟蚜作为种蚜。

5.2.2.1.3 接种量

平均每株烟苗接 2 头烟蚜。

5.2.2.1.4 接蚜方法

5.2.2.1.4.1 将携带有种蚜的烟苗等距离固定在接蚜杆上。

5.2.2.1.4.2 将接蚜杆轻轻放置在待接烟蚜的烟苗上。

5.2.2.1.4.3 按烟蚜转移情况及时换位,烟苗上烟蚜应均匀分布。

5.2.2.1.5 繁蚜管理

5.2.2.1.5.1 24 h 后收取携带有种蚜的烟苗。

5.2.2.1.5.2 接蚜 36 h 内降低饲养室内光照强度。

5.2.2.1.5.3 接蚜 36 h 后加强光照并保持良好通风。

5.2.2.1.5.4 繁蚜期间应根据 YC/T 340.1 的规定调查蚜量及虫态。

5.2.2.2 烟蚜茧蜂繁育

5.2.2.2.1 接蜂期

接蚜后 10 d 接蜂。

5.2.2.2.2 接蜂量

按蜂蚜比 1∶50 计算接蜂量。

5.2.2.2.3 接蜂要求

收蜂到接蜂的时间间隔以不超过 30 min 为宜。

5.2.2.2.4 蜂管理

5.2.2.2.4.1 降低光照强度,避免强光影响。

5.2.2.2.4.2 保持繁蜂棚内良好通风。

5.2.2.2.4.3 根据 YC/T 340.1 的规定调查蚜量及虫态。

5.2.3 蜂蚜同接

5.2.3.1 接蚜时期

烟苗大十字期接蚜。

5.2.3.2 种蚜选择

选择生长正常、健壮无病的种蚜,种蚜被寄生的比例控制在 40%~60%接种时烟蚜茧蜂幼虫作为种蜂同时接入。

5.2.3.3 接种量

平均每株烟苗接 2.5 头烟蚜。

5.2.3.4 接蚜方法

按 5.2.2.1.4 的规定进行。

5.2.3.5　繁蜂管理

5.2.3.5.1　前期繁蚜管理

接蚜 10 d 内，按 5.2.2.1.5 的规定进行。

5.2.3.5.2　后期繁蜂管理

接蚜 10 d 后，当烟蚜的数量繁殖到平均 50 头/株时，按 5.2.2.2.4 管理后期繁蜂。

注：此时携带的种蜂开始羽化，进入繁蜂期。

6　烟田放蜂

6.1　放蜂时机及放蜂量

6.1.1　放蜂时机

烤烟大田移栽后开始观测，于烟蚜始发期进行第一次放蜂，此后根据烟蚜发生情况进行第二次和第三次放蜂。

6.1.2　放蜂量

6.1.2.1　根据烟田蚜量确定放蜂量。

6.1.2.2　蚜量调查按照 YC/T 340.1 的规定进行，烟蚜发生程度对应的具体放蜂量见表 1。

表 1　烟蚜发生程度对应放蜂量参照表

烟蚜发生程度	蚜量（头/株）	防蜂量（头/hm²）
初发生	1~5	3 000~7 500
轻度发生	6~20	7 500~15 000
中度发生	21~30	15 000~18 000

6.2　放蜂准备

6.2.1　放蜂前后 3 d 内大田烟株不喷施杀虫剂。

6.2.2　收蜂前准备经消毒的容蜂器。

6.2.3　对运输工具上僵蚜及烟蚜茧蜂的存放空间进行消毒。

6.3　收蜂

6.3.1　成蜂收集

用吸蜂器收集棚内的成蜂

6.3.2　僵蚜采集

摘取有僵蚜的叶片。

6.4　放蜂

6.4.1　散放成蜂

6.4.1.1　时间要求

（1）上午收蜂、放蜂，下雨天不放蜂。

（2）成蜂在容蜂器中保存时间≤3 h，温度≤30℃。

6.4.1.2 吸蜂散放

（1）大棚繁蜂时使用吸蜂散放方法。

（2）用吸蜂器收集成蜂装入容蜂器运至烟田，打开容蜂器，移动放蜂。

6.4.1.3 自然散放

（1）小棚繁蜂时使用自然散放方法。

（2）烟株下部叶片上70%～80%的烟蚜形成僵蚜时，清除棚内有翅烟蚜掀开防虫网，僵蚜自然羽化迁飞。

6.4.2 挂放僵蚜

叶片上70%～80%的烟蚜形成僵蚜时，每隔7～10 d依次采下部、中部、上部叶片，清除烟蚜。

在烟田内挂放僵蚜。

挂放7 d后，清理烟田中僵蚜载体。

7 保种

7.1 保种时间

烟田放蜂结束后进行烟蚜和烟蚜茧蜂保种。

7.2 保种寄主植物

根据当地条件选择适宜的寄主植物，如烟草、萝卜等。

7.3 保种管理

（1）在温度17～27℃、湿度50%～80%的设施中进行保种。

（2）僵蚜在5℃的恒温箱内保存时间≤30 d。

7.4 提纯、复壮、脱毒

（1）采集田间烟蚜接种至无病、无虫的烟株、萝卜等寄主植物上，别除老蚜弱蚜和带病烟蚜，循环进行提纯、复壮、脱毒，培育种蚜。

（2）采集田间成蜂、僵蚜，寄生种蚜，循环提纯复壮，培育种蜂。

农药合理使用技术规范

1 范围

本部分规定了烟用农药的施用、配制及防护技术等要求。

本部分适用于烤烟病虫害防治中农药的使用。

2 规范性引用文件

下列文件对于本文件的应用是必不可少的。凡是注日期的引用文件，仅所注日期的版本适用于本文件。凡是不注日期的引用文件，其最新版本（包括所有的修改单）适用于本文件。

GB/T 8321 农药合理使用准则

YC/T 371 烟草田间农药合理使用规程

YC/T 479—2013 烟草商业企业标准体系构成与要求

YC/Z 290—2009 烟草行业农业标准体系

3 术语与定义

下列术语和定义适用于本标准。

4 农药的采购和供应

4.1 计划

根据上年度农药的防治效果、使用成本、农残监测、农户反应等情况，由分公司综合分析作出用药计划。按相关要求报上级公司归口管理部门审核，进行归口管理。

4.2 采购

根据烟叶公司推荐的农药目录，进行公开招标、采购。

4.3 供应

4.3.1 根据县公司烤烟生产需求，由中标供货商统一供货至合同要求的使用或仓储地点。

4.3.2 各基层烟站根据各分公司制定的综合防治方案，结合本地实际情况，组织对烟农的农药供应。

4.3.3 按使用时间适时供应。

4.4 自行采购的农药

对于烟农自行采购的农药，要加强监管，在确保其药理性能且不会对烟叶生产和土壤生态环境造成损失和污染的前提下才可使用。

5 安全用药

5.1 基本要求

农药的使用要符合 GB/T 8321 及 YC/T 371 规定的要求。

5.2 禁止使用的农药品种

使用烟草行业推荐在烟草上使用的农药品种。禁止使用附表1所列的高毒性、高残留农药。

5.3 使用要求

5.3.1 农药使用有针对性,做到防治对象准确、使用时间准确、使用剂量准确、使用品种准确。

5.3.2 避免长期使用同一种农药防治同一种对象。提倡不同类型、品种和剂型的农药交替使用。

5.3.3 严格用洁净水配兑农药,禁止使用污水配兑。

5.3.4 烤烟成熟期用药注意安全间隔期。

5.4 农药配制

配制农药时,用称具或者量筒等称量所配的农药和溶液(水)的重量,不目测配制。配制时要确保浓度准确,搅拌均匀,充分溶解。

5.5 混配原则

两种以上农药混合使用时,应认真参照使用要求,不能随意混配农药。一般遵循以下原则。

(1)应以能提高药效为原则,在药效上要达到增效目的,不能有拮抗作用。

(2)不同药剂的化学性质和物理性状应不发生变化。

(3)不应对烤烟及虫害的天敌产生药害。

(4)不应增加或降低农药的毒性。

5.6 施药方法及时间

5.6.1 根据农药的不同特点,采用种子处理、土壤处理、叶面喷雾喷粉、涂茎、灌根、撒毒土和投放毒饵等方法防治烟草病虫害。

5.6.2 触杀剂、胃毒剂不用于涂茎,内吸剂不适宜配制毒饵,可湿粉不用于喷粉,粉剂不用于喷雾。

5.6.3 一般晴天选择在上午 8 时 30 分—11 时或下午 4 时—5 时 30 分施药,避开中午高温时期。

5.6.4 阴天无雨时整个白天都可以施药。雨季高温高湿,病害大发生时,抓住阵雨间隙抢施,并用内吸性强的剂型。乳剂抗雨性较强,下雨时可适当使用,水溶性的剂型则不宜使用。施药 6 h 内遇雨需重新施药。

5.6.5 喷药喷施烟叶的正反两面,做到喷施均匀,不漏株,不漏叶。

5.7 施药器具

用于农药配制、喷雾、灌根、涂抹的器具一定有明显的标记,妥善放置,用后及时清洗干净。

6 防护

6.1 农药应放在安全、儿童触及不到的地方。

6.2 患有肺病、肾病、心脏病、精神病、外伤、情绪不稳定的人员，孕期、经期、哺乳期的妇女，16 岁以下儿童和 60 岁以上的老年人，都不得参加施药。

6.3 施药前检查施药器具，如喷雾器的喷头、接头、开关、滤网等处螺丝有无拧紧，药桶有无渗透或破损等，禁止用嘴吹吸喷头或滤网。

6.4 施药时站在上风头，不迎风施药。施药时注意皮肤与施药器械相隔离，防止药液沾着皮肤，施药人员每天连续工作不超过 6 h，每隔 2 h 要休息一次。连续施药 3~4 d，须休息 1 d。

6.5 操作人员在施药过程中如感到不舒服或头痛、头晕、恶心等，立即远离施药现场，及时清洗手脚，更换衣服，到空气新鲜阴凉处静卧休息。如发生呕吐、恶心、腹痛或大量出汗，可先服阿托品等解毒药品，并立即送医院抢救治疗。

6.6 施药结束后，认真用肥皂水清洗手、脸和衣服，用过的药袋、空瓶等包装物集中收回处理。

7 支持文件

无。

8 附录（资料性附录）

序号	记录名称	记录编号	填制/收集部门	保管部门	保管年限
—	—	—	—	—	—

附表 1 禁止在烟草上使用的农药品种

序号	品名	序号	品名	序号	品名
1	六六六	16	对硫磷	31	汞化合物
2	林丹	17	甲基对硫磷	32	赛力散（PMA）
3	敌菌丹	18	磷胺	33	砷化合物
4	杀虫脒	19	八甲磷	34	氰化合物
5	乙酯杀螨醇	20	乙基己烯二醇	35	乐杀螨
6	滴滴涕	21	六氰苯	36	二氯乙烷
7	滴滴滴（TDE）	22	氯丹	37	环氧乙烷
8	2,4,5-涕	23	七氯	38	除草定
9	桃小灵①	24	氯乙烯	39	氯化苦
10	苯硫磷	25	五氯酚（PCP）	40	氟乙酰胺
11	溴苯磷	26	除草醚	41	草枯醚
12	速灭灵	27	黄樟素	42	2,4-D 丁酯
13	内吸磷	28	硫酸亚铊	43	乙草胺①
14	久效磷	29	克百（呋喃丹）	44	三氯杀螨砜
15	甲胺磷	30	比久		

注：①桃小灵和乙草胺在烟草上易产生药害而不能在烟草上使用。

烟草用农药质量要求

1 范围

本标准规定了烤烟生产过程中使用的农药质量要求。

本标准适用于宽窄烟叶原料生产防治烟草病虫草害的所有农药种类。

2 规范性引用文件

下列文件对于本文件的应用是必不可少的。凡是注日期的引用文件，仅所注日期的版本适用于本文件。凡是不注日期的引用文件，其最新版本（包括所有的修改单）适用于本文件。

GB/T 1601 农药 pH 值的测定方法

GB/T 1603 农药乳液稳定性测定方法

GB 1605 商品农药采样方法

GB/T 5451 农药可湿性粉剂润湿性测定方法

GB/T 14825 农药悬浮率测定方法

GB/T 16150 农药粉剂可湿性粉剂细度测定方法

GB/T 19136 农药热储存稳定性测定方法

GB/T 19137 农药低温储存稳定性测定方法

HG/T 2467 农药产品标准编写规范

3 术语和定义

3.1 有效成分 active ingredient

有效成分是指农药产品中具有生物活性的特定化学结构成分。

3.2 生物活性 biological activity

生物活性指对昆虫、螨、病菌、病毒、鼠、杂草等有害生物的行为、生长、发育和生理生化机制的干扰、破坏、杀伤作用，还包括对动、植物生长发育的调节作用。

3.3 容许差 admissible error

容许差即农药制剂标明含量上下变化的范围，用实际含量与标注含量差占标注含量的百分比表示。

3.4 粒径细度 particle fineness

粒径细度用能通过一定筛目的百分率表示。

3.5 湿润性 wetting

湿润性是指农药制剂微粒被水湿润的能力。

3.6 悬浮率 suspensibility

悬浮率指农药制剂用水稀释成悬浮液，在特定温度下静置一定时间后，以仍处于悬浮状态的有效成分的量占原样品中有效成分量的百分率。

4 烟草农药质量标准

4.1 有效成分含量

有效成分含量是农药制剂中最重要的指标。农药实际含量应不低于标注含量，允许有一定容许差。

以化学分析法测定的农药制剂含量，其测定值与有效成分之容许差见表1。

表1 农药制剂容许差

有效成分含量	容许差
>50%	±5%
10%~50%（含50%）	±10%
1.0%~10%（含10%）	±15%
0.1%~1.0%（含1.0%）	±25%
0.1%	±50%

4.2 保证期

商品标签上应明确规定产品的保证期。保证期一般至少为2年，即农药产品出厂后2年内，产品质量标准中各项指标均应合格。

4.3 粉粒细度

粉粒细度为粉剂类农药制剂（粉剂、可湿性粉剂、悬浮剂、干悬浮剂、粒剂）质量指标之一，以能通过一定筛目的百分率表示。要求95%农药制剂通过75 μm筛（200目筛）。

4.4 润湿性

润湿性是为保证可分散（或可溶）及可乳化粉剂或粒剂产品，在喷雾器械中用水稀释时，能够迅速湿润而设定的指标。适用所有用水分散或溶解的固体制剂。

4.5 悬浮率

可湿性粉剂、悬浮剂、水分散粒剂、微囊剂等农药剂型质量指标之一。为保证农药有效成分的颗粒在悬浮液中能在较长时间内保持悬浮状态，而不沉在喷雾器的底部，农药制剂稀释液的悬浮率要求在50%~70%。

4.6 乳液稳定性

乳油类农药制剂质量指标之一。用以衡量乳油加水稀释后形成的乳液中，农药液珠在水中分散状态的均匀性和稳定性。要求液珠能在水中较长时间地均匀分布，油水不分离，使乳液中有效成分浓度保持均匀一致，充分发挥药效，避免产生药害。

4.7 酸碱度或 pH 值范围

酸碱度或 pH 值是为减少有效成分潜在分解、制剂物理性质变坏和对容器和施药器具潜在腐蚀而设定的指标。适用在过度酸性或碱性条件下，能发生负反应的农药产品。无通用要求，pH 值则应规定上下限，用 pH 值的范围表示，并注明测定时的温度。

4.8 贮存稳定性

0℃贮存稳定性是为保证在低温贮存期间，制剂的物理性质以及相关的分散性和微粒都无不良的变化而设定的指标。适用于所有液体制剂。一般要求规定贮存在 (0±2)℃，7 d 后，制剂仍能满足初始分散性、乳液稳定性或悬浮液的稳定性和湿筛试验，要求在测定试样中分离出的固体/液体物应≤0.3 mL。高温储存稳定性是为确保在高温贮存时对产品的性能无负面影响，预测产品在常温下长期贮存时有效成分含热贮存稳定性量以及相关物理性质变化而设定的指标，适用所有制剂。在 (54±2)℃，贮存 14 d 后，有效成分含量不得低于贮存前测定值的 95%，相关的物理性质不得超出可能对使用和安全有负面影响的范围。

4.9 分散性及分散稳定性

分散性是为保证制剂在用水稀释时能容易并迅速分散而设定的指标。在规定温度下，测定底部 1/10 悬浮液和沉淀量，并用≤%或 mL 表示。

5 烟草农药质量检验

5.1 农药取样按 GB 1605 规定执行。

5.2 粉粒细度按 GB/T 16150 规定执行。

5.3 润湿性按 GB/T 5451 规定执行。

5.4 悬浮率按 GB/T 14825 规定执行。

5.5 乳液稳定性按 GB/T 1603 规定执行。

5.6 pH 值测定按 GB/T 1601 规定执行。

5.7 贮存稳定性按 GB/T 19136 和 GB/T 19137 规定执行。

5.8 分散性及分散稳定性按 HG/T 2467 规定执行。

6 支持文件

无。

7 附录（资料性附录）

序号	记录名称	记录编号	填制/收集部门	保管部门	保管年限
—					

烤烟缺营养元素症鉴定方法

1 范围

本规范规定了烤烟缺营养元素症的生理特征，鉴定依据及鉴定方法。

本规范适用于宽窄烟叶原料生产区域烤烟缺营养元素症的鉴定。

2 鉴定依据

2.1 不同营养元素引起的缺素症状所表现出相似或典型的特征。

2.2 中部叶片打顶时组织中微量元素含量分析（参照国家烟草总公司缺素症中部叶化验的亏缺值）。

中部叶片打顶时组织中微量元素含量			（单位：mg/kg）
序号	营养元素	正常范围	亏缺值
1	硼	12~45	10
2	铜	7~25	4
3	铁	200~800	50
4	锰	40~150	20
5	钼	40~60	20
6	锌	3~6	10

3 缺营养元素症状

3.1 缺氮

烟株生长迟缓，叶片呈淡绿或呈淡白色，下部叶片小，过早变黄，而且往往"烘坏"或干枯，茎短而细，叶子往往比正常叶子竖直。烤后烟叶色淡、片薄、油分差、香气差。

3.2 缺磷

烟株生长缓慢，矮小，长势弱，叶片窄长，如果氮充足，则叶片颜色深绿色。缺磷严重时，下部叶片出现褐斑或坏死的斑块，叶片变黄并干至浅绿、褐至黑色。

3.3 缺钾

缺钾在叶尖部引起轻微的斑驳和浅褐色的斑块，后来沿叶缘有浅褐色的斑块，斑块坏死而且脱落，留下锯齿形的外表，叶片皱褶，叶子和叶缘下卷，症状在幼株的下部叶子和老熟烟叶的上部首先出现。

3.4 缺锌

烟株下部叶片首先在尖端和叶缘呈现轻微褪色，随后便形成坏死组织脱落，开始面积较小，有时坏死组织边缘有一圈晕环，以后节间缩短，叶片变厚。缺锌症烟株病害偏重，尤其是脉斑病、黄瓜花叶病偏重。

3.5 缺硼

顶叶幼叶淡绿，基部呈灰白色，并显示某种程度的畸形。这些症状显现时，叶片已停止了生长。其次幼叶基部组织显示脱落症状。严重缺硼时，顶端叶芽死亡，导致烟株自动打顶。

3.6 缺铁

初期症状为烟株顶部叶子褪绿，脉间几乎为白色，而叶脉乃为绿色。缺铁严重时，叶脉绿色也会褪去，以致腋芽也变为白色。

3.7 缺铜

烟生长迟缓、矮小，上部叶呈半透明状不规则白色泡状斑块，泡状干枯后呈烧焦状，叶片皱缩，叶色深绿，叶片易形成永久性凋萎而不能恢复。

4 鉴定方法

4.1 一般鉴定方法

4.1.1 用心叶烟、曼陀罗等指示作物进行室内接种试验，一周后观察是否发病。

4.1.2 观察斑块处有无霉状物、粉状物及菌浓的溢出。

4.1.3 根部是否出现腐烂、肿块、虫害等。

4.1.4 如果不具备上述发病特征，气候正常、化肥农药施用合理，且烟田未受周围环境污染，烟田以成片发生，分布比较均匀，就可鉴定为某种缺素症。

4.2 治疗鉴定方法

根据烟株外观缺素病状，喷施所缺元素无机盐溶液，进行诊治鉴定。

4.3 化学分析鉴定方法

在烟株打顶时，取中部叶片，进行叶片组织化学分析，鉴定组织中各元素的亏缺状况。

5 支持文件

无。

6 附录（资料性附录）

序号	记录名称	记录编号	填制/收集部门	保管部门	保管年限
—	—	—	—	—	—

第八部分　采收烘烤关键技术

烤烟成熟采收技术规程

1　范围

本标准规定了烟叶成熟特征、采收原则、方法与时间及特殊烟叶的采收。

本标准适用于宽窄高端卷烟原料生产基地烤烟成熟的采收。

2　规范性引用文件

以下文件对于本文件的应用是必不可少的。凡是注日期的引用文件，仅所注日期的版本适用于本文件。凡是不注日期的引用文件，其最新版本适用于本文件。

GB/T 18771.1　烟草术语　第一部分：烟草栽培、调制与分级

3　术语和定义

GB/T 18771.1《烟草术语　第一部分：烟草栽培、调制与分级》确立的以及以下术语和定义适用于本标准。

3.1　烟叶成熟

烟叶成熟是指烟叶生长发育的某个时期，此时采摘最能满足卷烟工业对烟叶原料可用性的需求。

3.2　采收成熟度

采收时烟叶生长发育和内在物质积累与转化达到的成熟程度和状态。

3.3　未熟

烟叶生长发育接近完成，干物质尚欠充实，叶片呈绿色。

3.4　尚熟

烟叶在田间刚达到成熟，生化变化尚不充分。

3.5　成熟

烟叶在田间达到成熟程度，内含物质开始分解转化，化学成分趋于协调，外观呈现明显的成熟特征。

3.6　过熟

烟叶在成熟或完熟后未及时采收，内含物质消耗过度，叶片变薄，叶色变淡，呈现全黄或黄白色，甚至枯焦。

3.7　完熟

指上部烟叶在田间达到高度的成熟。

3.8 假熟

是指烟叶受各种因素（营养不良、光照不足、天气严重干旱或涝渍等）影响，在没有达到真正成熟之前就表现出外观上的黄化。

3.9 叶龄

指烟叶自发生（长 2 cm 左右，宽 0.5 cm 左右）到成熟采收时的天数。

4 烟叶成熟特征

4.1 下部叶

叶片颜色由绿色变为黄绿色，约 6 成黄；主脉变白 1/3 以上，支脉开始发白，叶面茸毛部分脱落；叶片稍下垂，叶片易采摘，采后断面较平齐。叶龄 50~60 d。

4.2 中部叶

叶色黄绿色明显，约 8 成黄，叶尖、叶缘呈黄白色；主脉变白 2/3 以上，支脉变白 1/2 以上，茸毛脱落；叶片自然下垂，茎叶角度增大，叶面稍有黄色成熟斑；易采摘，采后断面较平齐。叶龄 60~70 d。

4.3 上部叶

叶色基本全黄，约 9 成黄，叶尖、叶缘变白，甚至有焦尖焦边现象；主脉全白，支脉 2/3 以上变白；叶面有明显的黄色成熟斑，茎叶角度明显增大；易采摘，采后断面较平齐。叶龄 70~90 d。

5 烟叶采收

5.1 采收原则

按照"多熟多采，少熟少采，不熟不采"的原则，做到不采生，不漏熟，不漏株，不漏叶，确保烟叶成熟度整齐一致。通常情况下，自脚叶至顶叶可分 5~7 次采收，每次采收 2~3 片叶，顶部 4~6 片叶在成熟后集中一次采收。每次采收时间间隔 5~10 d。

5.2 采收时间

一般应在上午或下午 4 时以后进行，便于识别成熟度。旱天采露水烟，如遇降雨等雨后再度出现成熟标志时采收。

5.3 采收方法

采收时用食指和中指托住叶基部，大拇指在叶基上捏紧，向下压，并向两边一拧便可摘下，把采下烟叶的叶柄对齐，整齐堆放。采烟时不能单纯下压扯皮，以免撕破茎皮而影响烟株正常生长。

6 特殊烟叶的采收

（1）假熟叶：只有当叶尖转黄，主脉变白方可采收。

（2）病叶或雹灾叶：成熟或已接近成熟的病叶，受雹灾应及时抢收。尤其是脉斑病等病叶，要尽早采收，以减少损失和避免危害整株或整片烟田。

7 注意事项

（1）采收前统一采收标准，达到"适熟眼光"基本一致，然后再开始大量采收。

采收要做到同一品种，同一部位，同一成熟度。

（2）采收烟叶数量要与烤房容量相适应。

（3）采收或运输烟叶时，应避免挤压、摩擦、日晒和堆乱烟叶，确保鲜烟叶质量不受损害。

8 支持性文件

无。

9 附录（资料性附录）

序号	记录名称	记录编号	填制/收集部门	保管部门	保管年限
—	—	—	—	—	—

烤烟分级扎把技术规程

1 范围

本规程规定了烤烟的分级技术及扎把要求。

本规程适用于宽窄高端卷烟原料生产基地烤烟的分级扎把。

2 引用标准

下列标准所包含的条文,通过在本标准中引用而成为本标准的条文。本标准出版时,所示版本均为有效。所有标准都会被修订,使用本标准的各方应探讨使用下列标准最新版本的可能性。

GB 2635—92 烤烟

3 分级

3.1 基本原则

以成熟度为中心因素,首先对烟叶进行部位分组,然后进行颜色分组,挑出不同等级。

3.2 部分划分

3.2.1 按部位由下而上采收、烘烤,分炉次堆放,分炉次分级。

3.2.2 按部位的外观特征划分部位。

3.2.2.1 部分的外观特征按 GB 2635—92 执行。

3.2.2.2 如果外观特征有几个因素相似或矛盾时,以脉相和叶形作为区分部位的主要依据。

3.2.3 确定部位原则

脉相、颜色以及外观特征具有哪个部位特征,就定为哪个部位。

3.3 组别划分

3.3.1 按 GB 2635—92 执行

3.3.2 副组

3.3.2.1 光滑叶组

包括光滑或僵硬面积大于 20% 和褪色烟叶。

3.3.2.2 杂色叶组

杂色面积大于 20%(含 20%)的烟叶。

3.3.2.3　微带青叶组

叶脉带青或叶片含微浮青叶面积不超过 10% 的烟叶。

3.3.2.4　青黄叶组

黄色烟叶含有任何可见的青色，而且叶面含青程度不超过 30% 的烟叶，杂色面积可以超过 20%。

3.3.3　主组

3.3.3.1　主组

按 GB 2635—92 执行。

3.3.3.2　颜色分组

根据实物样品分出柠檬黄、橘黄和红棕色 3 组。对介于两种颜色之间的级别可根据身分或油分来定级别。柠檬黄和橘黄间的，如果油分较多，身分较厚可定为橘黄色，反之定位柠檬黄色；介于枯黄和红棕色之间的，如果油分较多，身分较薄，定位橘黄色，反之为红棕色。

3.3.3.3　完熟叶组

成熟度较高的烟叶，多产于中上部烟叶，这类烟叶叶质干燥，手摇有响声，叶片结构疏松，叶面皱褶较多，嗅觉器官有明显的发酵的香味，叶面上经常有一些蛙眼病或赤星病斑，焦边枯尖，这类烟叶定位完熟叶组。

3.3.4　级别换分

3.3.4.1　执行标准

按 GB 2635—92 中的 5.2 执行。

3.3.4.2　操作要求

（1）对于沙土杂质较大的烟叶，用手拍去或用软质毛刷刷掉，直到叶面见不到附着砂土或杂质方可进行分级。

（2）青片、霉变、异味、火熏或火伤及经化学药品处理过的烟叶等不列级别，不予收购。

（3）叶片伤残、破损面积大于 50% 的不可进入标准中所列级别。

（4）选择自然光线好的地方操作，严防日晒。

4　扎把

4.1　扎把规格的要求

烟把要求为自然把。每把 25~30 片同等级烟叶，把头周长 100~120 mm，绕宽 50 mm，烟绕与烟把使用同一等级别单片烟叶。烟把必须扎紧扎牢，叶基部不能完全包裹，并且要整齐一致。烟把内不得有秸皮、烟杈、烟梗、烟叶碎片及其他杂物。

4.2　烟把的存放

烟把堆放于通风干燥处，茎部向外，分次堆压，等级分开。烟堆下面垫衬木板、草席或塑料薄膜，周围用棚膜等遮盖严密。门窗用黑纸或其他布料遮严，防止光线透入房内。

4.3 出售前烟把水分要求

一般堆放至烟叶水分 16%～18% 时，烤一炉分一炉交一炉，立即到指定地点出售。此时烟叶手感标准为烟筋稍软不易断，手握叶片有响声，叶茎向下，叶尖向上，烟把基本可以自然分开，但不下垂为宜。

5 支持性文件

无。

6 附录（资料性附录）

序号	记录名称	记录编号	填制/收集部门	保管部门	保管年限
—	—	—	—	—	—

烤烟密集烘烤技术规程

1　范围

本标准规定了宽窄高端卷烟原料生产基地密集烤房编烟、装烟和烘烤技术。

本标准适用于宽窄高端卷烟原料生产基地烤烟的密集烘烤。

2　规范性引用文件

以下文件对于本文件的应用是必不可少的。凡是注日期的引用文件，仅所注日期的版本适用于本文件。凡是不注日期的引用文件，其最新版本适用于本文件。

GB/T 18771.1　烟草术语　第1部分：烟草栽培、调制与分级

GB/T 23219　烤烟烘烤技术规程

3　术语和定义

GB/T 18771.1 和 GB/T 23219 确立的以及以下术语和定义适用于本标准。

3.1　烘烤

指由田间成熟采收的鲜烟叶以一定的方式放置在特定的加工设备（烤房）内，人为创造适宜的温湿度环境条件，使烟叶颜色由绿变黄的同时不断脱水干燥，实现烟叶烤黄、烤干、烤香的全过程。通常划分为变黄阶段、定色阶段、干筋阶段。

3.2　密集烤房

为烤烟生产中密集烘烤加工烟叶的专用设备，一般由装烟室、热风室、供热系统设备、通风排湿和热风循环系统设备、温湿度控制系统设备等部分组成。基本特征是装烟密度较大，使用风机进行强制通风，热风循环，实行温湿度自动控制。按气流方向分为气流上升式和气流下降式，采用烟竿、烟夹或散叶装烟等多种形式。

3.3　烘烤温湿度自控仪

用于监测、显示和调控烟叶烘烤过程工艺条件的专用设备。通过对烧火供热和通风排湿的调控，实现烘烤温湿度自动调控。由温度和湿度传感器、主机、执行器等组成，在主机内设置有烘烤专家曲线和自设曲线，并有在线调节功能。

3.4　干湿球温度计

为密集烤房烟叶烘烤必备的测试仪表，均为微电子芯片的数字温度计。其由两支完全相同的数字传感器及显示器（LED）组成，单位均为摄氏度。其中一支温度传感器头上包有干净的脱脂纱布，纱布下端浸入盛有清水的特制水管中，传感器距水面正上方 1~1.5 cm，这支温度计为湿球温度计；另一支传感器头不包纱布的为干球温度计。

3.5 干球温度

干球温度计所显示的温度值，单位为摄氏度，用℃表示。代表烤房内空气的温度。

3.6 湿球温度

湿球温度计上所显示的温度值，单位为摄氏度，用℃表示。

3.7 干燥程度

烟叶含水量的减少反映在外观上的干燥状态。在普通烤房的烘烤过程中通常以叶片变软，主脉变软，勾尖卷边，小卷筒，大卷筒，干筋表示；而在密集烘烤过程中，由于装烟密度的不同，上述特征很难完全看到，因而通常以叶肉全干或基本全干、烟筋全干或基本全干表示烟叶干燥程度。

4 编烟、装烟

4.1 编烟

4.1.1 鲜烟分类

在编烟装炕前，将部位有差异、不同叶片大小、不同成熟度（欠熟烟、尚熟烟、成熟烟、过熟烟、假熟烟）和病虫害的叶片分类。

4.1.2 分类编烟

在鲜烟叶分类基础上，分别编烟，同竿同质。同一烤房的烟叶在一天内完成采收、编（夹）好并装房、点火，开始烘烤。

4.1.3 编烟数量

使用 1.4 m 长的烟竿，每竿鲜烟叶重量约 15 kg。编烟时每束 2～4 片，叶基对齐（叶柄露出 5 cm 左右），叶背相靠，编扣牢固，束间均匀一致，烟竿两端各空出 8～10 cm 左右。

4.1.4 编烟方法

编烟时，叶基对齐，叶背相靠，编扣牢固，束间距离均匀一致。编烟要用麻线或棉线绳。编烟在荫凉处进行，避免烟叶沾染泥土；已编竿烟叶应挂置在挂烟架上，避免日晒，防止损失烟叶。

4.2 装烟

4.2.1 装烟密度

装烟时上下层竿距均为一致，相邻两竿之间的中心距离 12～14 cm。密集烤房装烟必须装满，不留空隙。

4.2.2 分类装烟

同一烤房要装品种、栽培管理条件、部位、采收时间等一致的烟叶。气流上升式烤房：成熟度略高的鲜烟叶和轻度病叶装在底层，成熟度表现正常的鲜烟叶装在中层和上层。气流下降式烤房：成熟度略高的鲜烟叶和轻度病叶装在顶层，成熟度表现正常的鲜烟叶装在中层和底层。

5 传感器（温湿度计探头）挂置

感温头挂置距隔墙 200 cm，侧墙 100 cm，气流下降密集烤房装烟室顶棚距叶柄端下进入烟层 10~15 cm，气流上升密集烤房装烟室底棚距叶尖进入烟层 10~15 cm。

6 烘烤操作

6.1 烘烤操作原则

气流上升式密集烤房，干湿温度计（温湿度自控仪传感器）挂置在烤房内底棚烟叶环境中；气流下降式密集烤房，干湿温度计挂置在烤房内上棚烟叶环境中。以下烘烤操作以气流下降式密集烤房为例进行说明，若为气流上升式密集烤房，烘烤操作不变，但以底棚烟叶先变化达到目标状态。

用烤烟温湿度自控仪结合以下密集烘烤实施烘烤操作。当烟叶变化过程与烟叶变黄有偏差时，要对温湿度进行在线调节。烤烟温湿度自控仪要按照其说明书安装使用。

6.2 正常的烘烤操作

完成装烟后要关严装烟室门、冷风进风口和排湿口并及时点火，按密集烤香精准工艺要求控制烤房温湿度。

6.3 变黄阶段

6.3.1 烟叶变化目标

烟叶变黄程度达到 9~10 成黄，主脉变软，充分凋萎，烟叶黄片青筋。

6.3.2 干湿球温度控制

6.3.2.1 变片期，干球温度：38~40℃、湿球温度：37~38℃。

装炕后立即烧大火，开启风机内循环，逐渐升温，5 h 后干球温度升到 38℃，湿球温度保持 37℃，风速保持 20~25 Hz，稳温 12 h 左右，中温保湿，全炉烟叶变黄 5~6 成，叶尖变软凋萎。逐步加大火力，将干球温度升到 40℃，湿球温度控制在 38℃，风速保持 35~40Hz，逐步排湿，烟叶达到 7~8 成黄，叶片变软。

6.3.2.2 凋萎期，干球湿度：42℃、湿球温度：35~36℃。

加大火力，将干球温度逐步升到 42℃，湿球温度保持 35~36℃，风速 45 HZ，稳至底棚达到黄片青筋，主脉发软。主变黄期间根据湿球温度灵活掌握冷风口的开启，在烟叶未达到黄片青筋、主脉发软的情况下不允许超过 42℃，主变黄期一般需 36~48 h。

6.3.3 注意事项

若烟叶变黄不够，要保温保湿拉长时间，使烟叶完成变黄要求；若烟叶失水不够，开大进风门，进行排湿。

适当加快排湿，以防止烟叶硬变黄和烂烟。

6.4 定色阶段

6.4.1 烟叶变化目标

叶片干片，主脉干 1/3。

6.4.2 干湿球温度控制

6.4.2.1 变筋期，干球温度：45~47℃、湿球温度：36℃。

转火后慢升温，2~3 h 内将干球温度从 42℃升到 45℃，湿球温度控制在 36℃，风速保持 45 Hz，稳温延时，直至顶棚烟叶主筋变黄；慢升温，将干球温度升到 47℃，湿球温度控制在 36℃，风速继续保持 45Hz，稳至底棚主筋变黄，叶片小卷筒。黄筋期一般需 24~36 h，在此过程中严禁集中大排湿。

6.4.2.2 干片期，干球温度：52~54℃、湿球温度：39℃。

以每小时 1℃的速度将干球温度从 46℃升到 52℃，湿球温度控制在约 39℃，风速保持 45 Hz，稳温至顶棚烟叶大卷筒；慢升温，将干球温度升到 54℃，湿球温度控制在 39℃，风速保持 40 Hz，稳温至底棚烟叶大卷筒，继续延时，保证底棚叶片全干。干片期一般稳温 12 h 左右。叶片基部未全干时，不允许超过 55℃。

6.4.3 注意事项

烧火应灵活，防止升温过快和降温，以免挂灰烟的产生。

排湿应稳、准，谨防湿球温度超过 40℃和忽高忽低。

6.5 干筋阶段

6.5.1 烟叶变化目标

烤房内全部烟叶的主脉充分干燥。

6.5.2 干湿球温度控制

干筋期，干球温度：65~68℃、湿球温度：42℃。

以每小时 1 ℃的速度将干球温度从 54℃升到 65~68℃，湿球温度控制在 42℃，风速保持 35 Hz，直至烟筋全干。

6.5.3 注意事项

严禁大幅度降温，以防烟叶洇筋。控制干筋最高温度不超过 42℃，以防烤红烟。

7 特殊工艺措施

特殊烟叶可根据以上烘烤操作进行灵活调整。

（1）采收的鲜烟叶含水率较少或变黄初始加热后烤房湿度仍达不到要求时，可打开烤房大门或热风室进风门，向地面上泼清水，并适当延长加热通风时间。

（2）采收鲜烟叶含水量较多时，可将初始加热温度稍提高，适当延长加热通风时间，进行数次间歇排湿，使叶面附着水大量蒸发后，再转入正常烘烤。

8 烟叶回潮

8.1 烟叶回潮要求

含水量要求达到 14%~16%，即叶片稍柔软，手压时大部分不破碎，主脉干脆，支脉稍软易断，手摇时有沙沙的响声。

8.2 烟叶回潮方法

8.2.1 自然回潮

8.2.1.1 潮房回潮

烟叶烘烤结束后，打开天窗、地洞、炉门，使湿润空气进入烤炉，经过一定时间烟叶吸湿后即变软，达到回潮水分要求时，进行解竿。

8.2.1.2 借露回潮

在黎明或傍晚，将出炉的烟叶，鱼鳞状排放在地面上，前一竿烟尖压在后一竿烟把上，进行回潮。出烟时应轻拿轻放。露水过少时，中间必须翻一次。

8.2.1.3　地窖回潮

将烤干后烟叶出房挂置于地窖（地下室），利用地窖内相对湿度，进行回潮。

8.2.2　机械回潮

当炉内温度降到30℃左右时，通过加热使水变成水蒸气，通过风机吸入炉内，让烟叶吸湿回潮。

8.2.3　雾化回潮

停火后，当炉内温度自然下降到50℃左右时，通过高压喷雾器将水分雾化，然后通过风机吸入烤房内，一边雾化，一边降温，使烟叶吸湿回潮。注意观察，防止回潮过度。

密集烤房建造技术规范

1　适用范围

本规范基于并排连体集群建设方式，规定了密集烤房的基本结构、主要设备和技术参数。所列图示尺寸单位均为毫米。

本规范适用于密集烤房建造及配套设备的加工和安装。

2　规范性引用文件

下列文件中的条款通过本规范的引用而成为本规范的条款。凡是标注年份的引用文件，其随后所有的修改单（不包括勘误的内容）或修订版均不适用于本规范。凡是不标注年份的引用文件，其最新版本适用于本规范。

GB/T 700—2006　碳素结构钢

GB 699—88　优质碳素结构钢

GB/T 221—2000　钢铁产品牌号表示方法

GB/T 15575—1995　钢产品标记代号

GB/T 711—1988　优质碳素结构热轧厚钢板和宽钢带

HG/T 3181　高频电阻焊螺旋翅片管

JB/T 6512　锅炉用高频电阻焊螺旋翅片管制造技术条件

JB/T 7901—1999　金属材料实验室均匀腐蚀全浸试验方法

GB/T 223　钢铁及合金化学分析方法标准系列

JB/T 7273.3—94　镀铬手轮

JB/T 4746—2002　钢制压力容器用封头

GB/T 706—2008　热轧型钢

YB/T 5106—1993　粘土质耐火砖

GB 1236—2000　工业通风机用标准化风道性能试验

GB/T 3235—1999　通风机基本型式尺寸参数及性能曲线

GB 755—2000　旋转电机定额和性能

GB 756—90　旋转电机 圆柱形轴伸

GB/T 1993—93　旋转电机冷却方法

JB/T 9101—1999　通风机转子平衡

GB 9438—1999　铝合金铸件技术要求

GB 4826—84　电机功率等级

GB 12665—90　电机在一般环境条件下使用的湿热试验要求

GB 1032—85　三相异步电动机试验方法

GB 9651—88　单相异步电动机试验方法

GB/T 2658—1995　小型交流风机通用技术条件

GB/T 7345—2008　控制电机基本技术要求

GB/T 14711—2006　中小型旋转电机安全要求

GB/T 18211—2000　微电机安全通用要求

JB/T 7118—2004　小型变频变压调速电动机及电源技术条件

JB/T 5612—1985　铸铁的种类、代号及牌号表示方法实例

JB/T 8680.1　三相异步电动机技术条件　第 1 部分：Y2 系列（IP54）三相异步电动机（机座号 63—355）

GB/T 997　电机结构及安装型式代号

GB 20286　公共场所阻燃制品及组件燃烧性能要求和标识

UL94　塑料阻燃等级试验

GB 4208—93　外壳防护等级（IP）

GB/T 4588.3—2002　印制板的设计和使用

GB 5013.1—1997　额定电压 450/750V 及以下橡皮绝缘电缆　第 1 部分：一般要求

GB 5226.1—2002　机械安全　机械电气设备　第 1 部分：通用技术条件

GB/T 11918—2001　工业用插头插座和耦合器　第 1 部分：通用要求

YB/T 376.3—2004　耐火制品　抗热震性试验方法　第 3 部分：水急冷—裂纹判定法

GB/T 6804—2008　烧结金属衬套　径向压溃强度的测定

GB/T 10295—2008　绝热材料稳态热阻及有关特性的测定　热流计法

GB/T 2999—2004　耐火材料颗粒体积密度试验方法

HB 7571—1997　金属高温压缩试验方法

3　术语

3.1　密集烤房

密集烘烤加工烟叶的专用设备，由装烟室和加热室构成，主要设备包括供热设备、通风排湿设备、温湿度控制设备。基本特征是装烟密度为普通烤房的 2 倍以上，强制通风，热风循环，温湿度自动控制。烤房结构类型按气流方向分为气流上升式和气流下降式。

3.2　装烟室

挂（放）置烟叶的空间，设有装烟架等装置。与加热室相连接的墙体称为隔热墙，开设装烟室门的墙体称为端墙，在隔热墙上部和下部开设通风口与加热室连通。

3.3　加热室

安装供热设备、产生热空气的空间，在适当的位置安装循环风机。循环风机运行时，通过装烟室隔热墙上开设的通风口，向装烟室输送热空气。与装烟室隔热墙平行的

加热室墙体称为前墙；面向前墙时，左手边的墙体称为左侧墙，右手边的墙体称为右侧墙。

3.4 气流上升式

装烟室内空气由下向上运动与烟叶进行湿热交换。

3.5 气流下降式

装烟室内空气由上向下运动与烟叶进行湿热交换。

3.6 供热设备

热空气发生装置，包括炉体和换热器，按烟叶烘烤工艺要求加热空气。

3.7 通风排湿设备

保持空气在加热室和装烟室循环流动和实现烤房内外空气交换、维持装烟室内烘烤工艺要求湿度的装置。包括循环风机、冷风进风门、百叶窗等排湿执行器。气流上升式和气流下降式循环风机安装位置相同，风叶安装角度不同，电机旋转方向相反。

3.8 温湿度控制设备

用于监测、显示和调控烟叶烘烤过程工艺条件的专用设备，包括温湿度传感器、控制主机和执行器。通过对供热和通风排湿设备的调控，实现烘烤自动控制。

3.9 变频器

用于循环风机变频调速控制、单相电源与三相电源转换、循环风机软启动及系统保护的专用设备，实现密集烘烤过程中循环风机的自动变频调速。

3.10 余热共享

将烘烤过程中排出的湿热空气通过特定通道输入温度或湿度较低的邻近烤房，用于烤后烟叶回潮或烤房增温，实现余热综合利用。主要用于连体烤房。

3.11 连体烤房

指具有共有墙体的一种密集烤房集群建设方式，包括并排连体和田字型连体两种结构形式。

3.12 烘烤工场

指配套有分级和收购设施，具有分级和收购功能的密集烤房群。

4 连体集群建设与基本结构

4.1 集群建设

新建密集烤房要求多座连体集群建设。烤房群数量山区 10 座以上、坝区与平原区 20 座以上。烘烤工场原则上 50 座以上。

4.2 连体布局

烤房群要求 2 座以上连体建设，规划编烟操作区等辅助设施，优化布局，节约用地。以 5 座并排连体建设为一组，建设 10 座烤房为例，布局规划如图 1 所示。

4.3 基本结构

适应连体集群建设，优化装烟室、加热室结构及通风排湿系统设置，统一土建结构、统一供热设备、统一风机电机、统一温湿度控制设备，整体浇筑循环风机台板，固定风机安装位置。以并排五连体烤房为例，加热室正面结构及单座烤房剖面结构如图

2、图 3 所示。

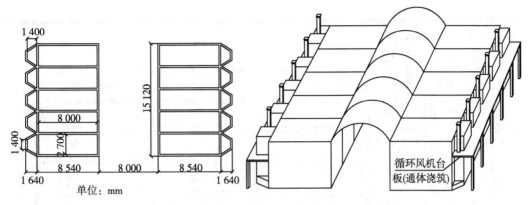

单位：mm

图 1　并排连体集群密集烤房布局平面和立体示意图

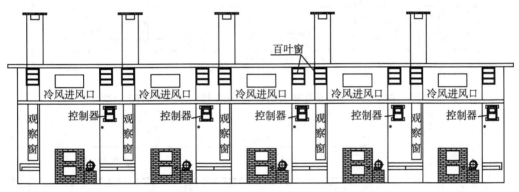

图 2　并排五连体密集烤房加热室正面结构示意图（气流上升式）

4.4　集中供热与集中控制

鼓励在 30 座以上的烤房群配备集中供热和中央集群控制系统。中央集群控制系统网络拓扑采用终端匹配的总线型结构，用一条数据总线实现全部设备通讯，其监视器显示内容与温湿度控制设备液晶显示器显示的信息内容一致，显示方式可在记录式显示、曲线式显示、图表式显示 3 种方式间切换。显示界面可在单个温湿度控制设备运行状态参数显示和多个温湿度控制设备运行状态参数显示间切换。具备远程监控功能，在具备互联网通讯条件的地方，可随时察看每个温湿度控制设备的运行状态参数，并可对运行状态参数进行读取、记录和修改。

5　土建结构与技术参数

5.1　装烟室

内室长 8 000 mm、宽 2 700 mm、高 3 500 mm，满足鲜烟装烟量 4 500 kg 以上，烘烤干烟 500 kg 以上。主要包含地面、墙体、屋顶、挂（装）烟架、导流板、装烟室门、观察窗、热风进（回）风口、排湿口及排湿窗、辅助排湿口及辅助排湿门等结构。装烟室剖面结构如图 4 所示。

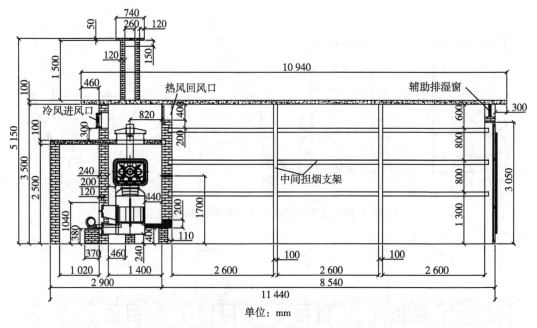

单位：mm

图 3　并排连体建设单座密集烤房剖面结构示意图（气流上升式）

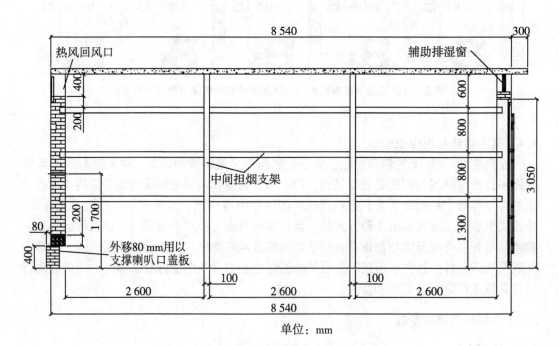

单位：mm

图 4　装烟室剖面结构示意图（气流上升式）

5.1.1　地面

找水平，不设坡度，地面加设防水塑料布或其他防水措施。

5.1.2　墙体

砖混结构或其他保温材料结构墙体。砖混结构墙体砖缝要满浆砌筑，厚度240 mm，墙体须内外粉刷。

5.1.3　屋顶

与地面平行，不设坡度。预制板覆盖，厚度≥180 mm；或钢筋混凝土整体浇筑，厚度≥100 mm。加设防水薄膜或采取其他防水措施。

5.1.4　挂（装）烟架

采用直木（100 mm方木）、矩管（≥50 mm×30 mm，壁厚3 mm）或角铁材料（50 mm×50 mm×5 mm），能承受装烟重量。采用直木或其他易燃材料时，严禁伸入加热室，防止引起火灾。

挂（装）烟架底棚高1 300 mm（散叶装烟方式底棚高500 mm），顶棚距离屋顶高度600 mm，其他棚距依据棚数平均分配。

采用挂杆、烟夹、编烟机、散叶等编烟装烟方式，鼓励使用烟夹、编烟机、散叶、叠层等编烟、装烟方式。

5.1.5　导流板

根据实际需要可以在地面（气流上升式）或屋顶（气流下降式）适当位置设置导流板。

5.1.6　装烟室门

在端墙上装设装烟室门，门的厚度≥50 mm，采用彩钢复合保温板门，彩钢板厚度≥0.375 mm，聚苯乙烯内衬密度≥13 kg/m³。采用两扇对开大门，保证装烟室全开，适应各种装烟方式（如装烟车方便推进推出），规格如图5所示。

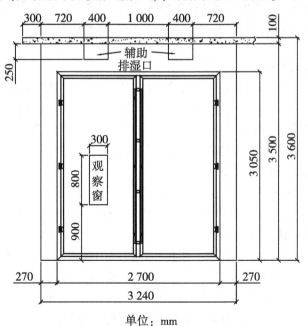

单位：mm

图5　两扇对开大门平面结构示意图

5.1.7 观察窗

在装烟室门和隔热墙上各设置一个竖向观察窗。门上的观察窗设置在左门、距下沿 900 mm 中间位置，规格 800 mm×300 mm，如图 5 所示。隔热墙上的观察窗设置在左侧距边墙 320 mm、距地面 700 mm 位置，规格 1 800 mm×300 mm，如图 6 位置 A 所示。观察窗采用中空保温玻璃或内层玻璃外层保温板结构。

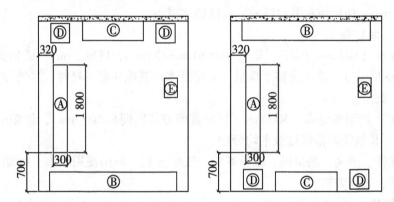

A. 观察窗，B. 热风进风口，C. 热风回风口，D. 排湿口，E. 温湿度控制设备

单位：mm

图 6 装烟室隔热墙开口示意图

5.1.8 热风进（回）风口

热风进风口开设在隔热墙底端（气流上升式）或顶端（气流下降式），规格 2 700 mm×400 mm，如图 6 位置 B 所示。热风回风口开设在隔热墙顶端（气流上升式）或底端（气流下降式），规格 1 400 mm×400 mm，如图 6 位置 C 所示。气流下降式回风口应加设铁丝网（网孔小于 30 mm×30 mm），防止掉落在地面上的烟叶吸入加热室后被引燃，引起火灾。

5.1.9 排湿口及排湿窗

在隔热墙顶端（气流上升式）或底端（气流下降式）两侧对称位置紧贴装烟室边墙各开设一个排湿口，规格 400 mm×400 mm，如图 6 位置 D 所示。在排湿口安装排湿窗，排湿窗采用铝合金百叶窗结构，规格如图 7 所示。气流下降式的排湿口可以根据需要向上引出屋顶，以防排出的湿热空气对现场人员造成伤害。

5.1.10 辅助排湿口及辅助排湿门

气流上升式在装烟室端墙上方对称位置开设两个辅助排湿口，规格 400 mm×250 mm，如图 5 所示。在辅助排湿口安装辅助排湿门，以备人为调控。

5.1.11 余热共享通道

推荐使用余热共享设计。气流下降式在距离隔热墙 2 800~3 000 mm 处的装烟室中线上，预留 400 mm×300 mm 开口为余热共享通风口，在该开口位置横向下挖深 500 mm，宽 400 mm 砖砌沟槽与隔壁烤房相同位置的开口连通，作为余热共享通道。气流上升式余热共享通道设置在屋顶，规格位置与气流下降式对应。

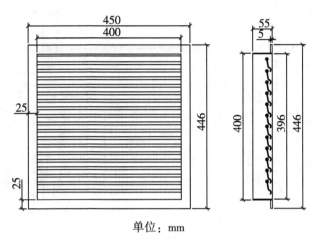

单位：mm

图7 铝合金百叶排湿窗结构示意图

5.2 加热室

主要包含墙体、房顶、循环风机台板、循环风机维修口、清灰口、加煤口、灰坑口、助燃风口、烟囱出口、冷风进风口和热风风道等结构。内室长 1 400 mm、宽 1 400 mm、高 3 500 mm，屋顶用预制板覆盖，厚度≥180 mm；或钢筋混凝土整体浇筑，厚度≥100 mm，加设防水薄膜或采取其他防水措施。墙体为砖混或其他保温材料结构。砖混结构墙体厚度 240 mm，砖缝要满浆砌筑。如图8至图12所示。

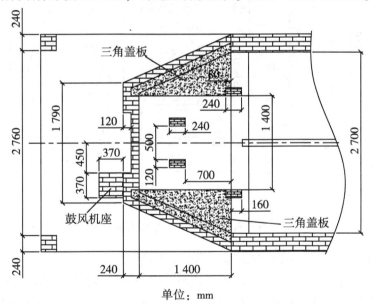

单位：mm

图8 气流上升式加热室地面及喇叭状热风风道俯视图

5.2.1 喇叭状热风风道

为了促进均匀分风，在加热室底部（气流上升式）或顶部（气流下降式）设置热风风道，风道截面为梯形，上底是长度为 1 400 mm 的加热室前墙，下底是与装烟室等

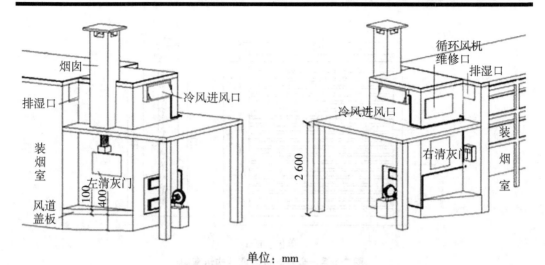

单位：mm

图9　气流上升式加热室立体结构示意图

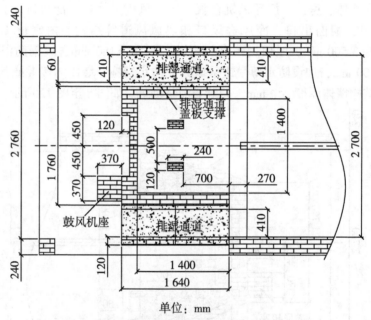

单位：mm

图10　气流下降式加热室地面俯视图

宽的 2 700 mm×400 mm 的循环风通道，形似喇叭状。

气流上升式地面向上至 400 mm 处两边侧墙向外扩展与装烟室边墙连接，上面覆盖厚 100 mm 预制板或混凝土浇筑结构盖板，形成梯形柱体结构，与热风进风口构成喇叭形风道；距离地面 500 mm 向上至屋顶为 1 400 mm×1 400 mm×3 000 mm 的立方柱形。

气流下降式循环风机台板向上（2 600 mm 处）至屋顶部分，两边侧墙从距离加热室前墙内墙 870 mm 处向外对折与装烟室边墙连接，形成梯形柱体结构，与热风进风口构成喇叭形风道。循环风机台板以下为 1 400 mm×1 400 mm×2 500 mm 的立方柱形。

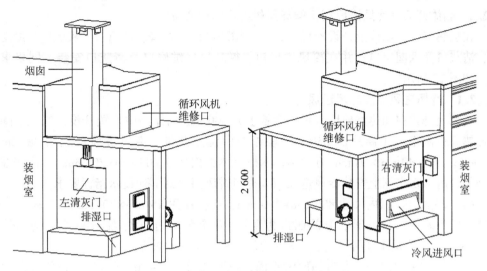

图 11　气流下降式加热室立体结构示意图

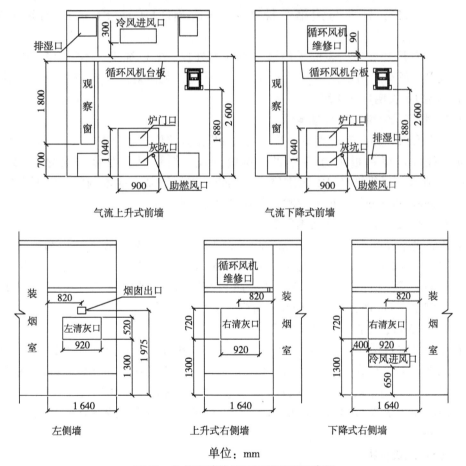

单位：mm

图 12　加热室墙体开口设置平面示意图

5.2.2　墙体开口及冷风进风门、循环风机维修门和清灰门

在加热室三面墙体上开设冷风进风口、循环风机维修口、炉门口、灰坑口、助燃风口、清灰口及烟囱出口，并在冷风进风口、循环风机维修口及清灰口安装不同要求的门。如图12所示。

5.2.2.1　冷风进风口及冷风进风门

气流上升式在加热室前墙、风机台板上方300 mm墙体居中位置开设，气流下降式在加热室右侧墙、距离地面650 mm墙体居中位置开设，冷风进风口规格885 mm×385 mm。采用40 mm×60 mm方木制作木框（木框内尺寸805 mm×305 mm），内嵌在冷风进风口内，在木框上安装冷风进风门。冷风进风门达到下列技术指标要求。

（1）冷风进风门内尺寸800 mm×300 mm；边框使用25 mm×70 mm×1.5 mm方管，不得使用负差板；长方形框架的四边为直线，4个角均为90°，框架两个内对角线相差≤2 mm；转动风叶采用厚度1.5 mm冷轧钢标准板并设冲压加强筋。

（2）风门关闭严密。所有的面为平面，风叶能够在0~90°开启，并在任意角度保持稳定。转动风叶的面与边框的面搭接≥5 mm，不能有缝隙，在不通电条件下转动风叶自由转动<3°；轴向与边框缝隙1~2 mm，轴向旷动<1 mm，两轴同轴度偏差<1.5 mm。

（3）转动风叶和边框表面采用镀锌或喷塑处理，颜色纯正，不得有气泡、麻点、划痕和皱褶，所有边角都光滑，无毛刺，焊缝平整，无虚焊。镀锌或喷塑厚度不小于20 μm，能满足长期户外使用。

5.2.2.2　循环风机维修口及维修门

气流上升式在加热室右侧墙、循环风机台板上方墙体居中位置，气流下降式在加热室前墙、循环风机台板上方墙体居中位置开设，循环风机维修口规格1 020 mm×720 mm。在循环风机维修口安装维修门，维修门采用钢制门或木制门，门框内尺寸不小于900 mm×600 mm，门板加设耐高温≥400℃保温材料。

5.2.2.3　炉门口、灰坑口和助燃风口

在距离地平面高度为240 mm和680 mm的前墙居中位置开设灰坑口和炉门口，规格均为400 mm×280 mm。在灰坑口右侧开设φ60 mm的助燃风口，中心点距灰坑口竖向中线260 mm、距地面450 mm。在开设灰坑口和炉门口的前墙下部1 040 mm×900 mm空间内，砌120 mm墙，保证炉门和灰坑门开关顺畅。

5.2.2.4　清灰口、烟囱出口及清灰门

在加热室左右侧墙上各开设一个清灰口，左清灰口下沿距离地面1 300 mm、规格920 mm×520 mm，右清灰口下沿距离地面1 300 mm、规格920 mm×720 mm。在清灰口安装清灰门，清灰门采用钢制门或木制门，门板加设耐高温≥400℃保温材料，密闭严密。在左侧墙上开设200 mm×150 mm的烟囱出口，中心距隔热墙820 mm、距地面1 975 mm。

5.2.3　循环风机台板

采用钢筋混凝土现浇板，厚度100 mm，顶面距地面高2 600 mm。前端延伸出加热室前墙1 260 mm，前端边角设置240 mm×240 mm支撑柱形成加煤烧火操作间；两边延

伸出加热室，与装烟室等宽，形成风机检修平台；连体烤房循环风机台板进行通体浇筑，遮雨防晒。浇筑时，在台板上预留 φ700 mm 的循环风机安装口和 φ220 mm 的烟囱出口，设置参数如图 13 所示。

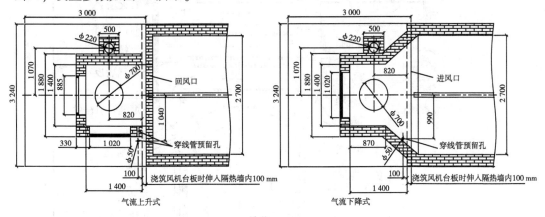

单位：mm

图 13　循环风机台板剖面俯视图

5.2.4　土建烟囱

烟囱由与换热器焊接的金属烟囱和土建烟囱组成。在循环风机台板的烟囱出口位置向上砌筑高 2 500 mm 的砖墙结构的土建烟囱，墙体厚度 120 mm，内径 260 mm×260 mm。其中一面侧墙与加热室左侧墙共墙（共墙部分内外粉刷，密封严密，严防窜烟），烟囱顶部加设烟囱帽，防止雨水从烟囱流进换热器。

6　金属供热设备与技术参数

用耐腐蚀性强的特定金属制作，由分体设计加工的换热器和炉体两部分组成。两部分对接的烟气管道与支撑架均采用螺栓紧固连接。换热器采用 3-3-4 自上而下 3 层 10 根换热管横列结构，其中下部 7 根翅片管，上部 3 根光管。炉体由椭圆形（或圆形）炉顶、圆柱形炉壁和圆形炉底焊接而成。炉顶和炉壁采用对接或套接方式满焊，炉壁和炉底采用对接方式满焊。炉顶和烟气管道加散热片。在炉门口两侧的炉壁对称位置各设置一根二次进风管。采用正压或负压燃烧方式。炉底至火箱上沿总高度 1 856 mm，其中炉体高度 1 165 mm（不含炉顶翅片），底层翅片管翅片外缘距炉顶 86 mm。基本结构与技术参数如图 14、图 15 所示。

金属外表面均采用耐 500℃ 以上高温、抗氧化、附着力强的环保材料进行防腐处理。所有焊接部位选用与母材一致的焊材进行焊接，保证所有焊缝严密、平整，无气孔无夹渣不漏气，机械性能达到母材性能。当高等级母材与低等级母材焊接时，须选用与高等级母材一致的焊材。设备使用寿命 10 年以上。

6.1　换热器

换热器包括换热管、火箱和金属烟囱，配置清灰耙。烟气通过换热管两端的火箱从下至上呈 "S" 形在层间流通，换热器结构与技术参数如图 16 所示。

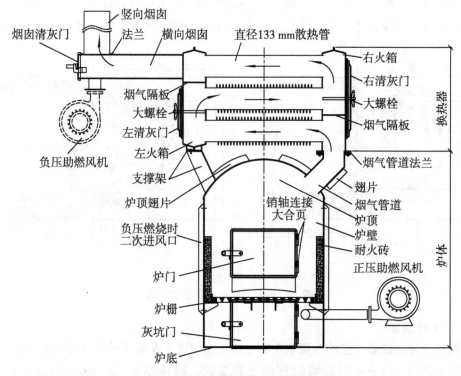

图 14 供热设备各部位名称示意图

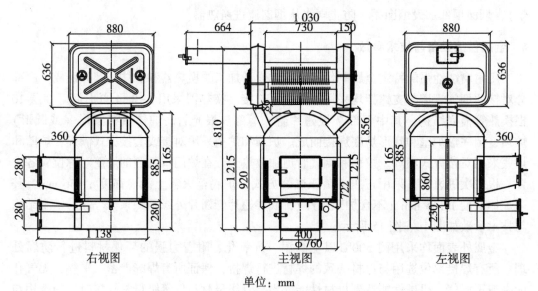

单位：mm

图 15 供热设备结构示意图

6.1.1 换热管

采用厚度 4 mm 耐硫酸露点腐蚀钢板（厚度 4 mm 指实际厚度不低于 4 mm，下同）卷制焊接而成。管径 133 mm，管长 745 mm，与火箱焊接后管长 730 mm，上部 3 根为

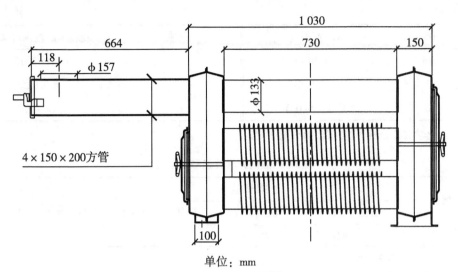

单位：mm

图 16　换热器主视图

光管，下部 7 根为翅片管。翅片采用 Q195 标准翅片带，推荐选用耐候钢或耐酸钢翅片带，翅片高度 20 mm，厚度 1.5 mm，翅片间距 15 mm，带翅片部分管长 645 mm（图17），钢材符合 GB/T 700、GB699、GB/T 221、GB/T 15575 和 GB/T 711 规定。翅片带与光管采用高频电阻焊技术焊接，符合 HG/T 3181 和 JB/T 6512 标准。

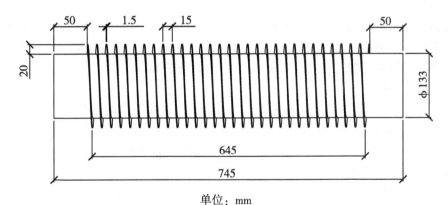

单位：mm

图 17　翅片管结构参数示意图

耐硫酸露点腐蚀钢（以下简称耐酸钢）采用少量多元合金化原理设计，主要技术指标控制符合表 1、表 2 及腐蚀速率要求。

表 1　耐酸钢化学成分

元素	wt. 范围（%）	元素	范围wt. 范围（%）
C	≤0.10	Cu	0.25～0.50
Si	≤0.40	Ti	0.01～0.04

（续表）

元素	wt. 范围（%）	元素	范围 wt. 范围（%）
Mn	0.40~1.0	Sb	0.04~0.15
P	≤0.025	S	≤0.015
Ni	0.10~0.30	Cr	0.50~1.0

注：化学成分分析误差符合 GB/T 223 规定。

表2　耐酸钢力学性能和工艺性能

项目	拉伸试验			180°弯曲试验 （试验宽度 b≥35 mm）
	ReL（MPa）	Rm（MPa）	延伸率 A（%）	
要求	≥300	≥410	≥22	合格

注1：拉伸和弯曲试验取横向试样。

注2：冷弯 $d=2a$（d 弯心直径，a 钢板厚度）。

腐蚀速率

依据 JB/T 7901—1999 金属材料实验室均匀腐蚀全浸试验方法，在温度 20℃、硫酸浓度 20%、全浸 24h 条件下，相对于 Q235B 腐蚀速率小于 30%；在温度 70℃、硫酸浓度 50%、全浸 24h 条件下，相对于 Q235B 腐蚀速率小于 40%。

6.1.2　火箱

火箱是换热管层间烟气的流通通道，左火箱上侧与烟囱连通，右火箱下侧与炉顶烟气管道连通。火箱由内壁、外壁、清灰门、烟气隔板构成，在左右火箱的下侧分别焊接一段换热器支撑架和烟气管道，均采用 4 mm 厚耐酸钢制作。

6.1.2.1　火箱内壁

采用冲压拉伸成型加工。左右两个大小相同，结构相似，均开有从上至下为 3-3-4 排列的 3 层共 10 个 φ135 mm 圆形开口，纵向中心距 200 mm，横向中心距 215 mm。换热管端部与两侧火箱内壁通过嵌入式焊接连接。右内壁下部居中开设 432 mm×42 mm 烟气通道开口。内壁焊接 M14×200 mm 螺栓，左内壁 1 根，右内壁 2 根，配置有与螺栓相配套的镀铬手轮，手轮外径 φ100 mm，符合 JB/T 7273.3 标准。技术参数如图 18 所示。

6.1.2.2　火箱外壁

采用冲压拉伸成型加工。左右两个大小相同，在结构上有区别，尺寸略小于火箱内壁，方便焊接。左右外壁焊接在左右火箱内壁上。在左外壁上侧居中位置开设 195 mm×145 mm 的烟囱出口，下侧居中位置开设的 690 mm×270 mm 左清灰口；在右外壁居中位置开设 690 mm×446 mm 的右清灰口，下部居中开设 432 mm×42 mm 烟气通道开口；左右清灰口四周冲压成环状封闭高 12 mm 的外翻边，外翻边与清灰门上的凹陷槽闭合。技术参数如图 19 所示。

6.1.2.3　清灰门

在左右外壁开设的清灰口安装清灰门。在左右清灰门内侧四周焊有 4 mm×13 mm 的扁铁，形成一圈凹陷槽，槽内填充耐高温材料密封烟气。右清灰门设计 X 型冲压对角

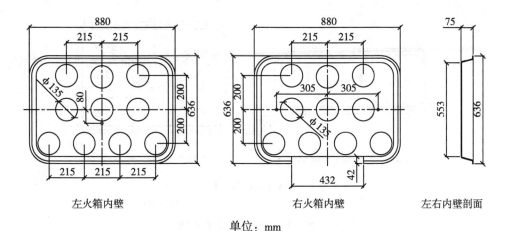

单位：mm

图 18　火箱内壁示意图

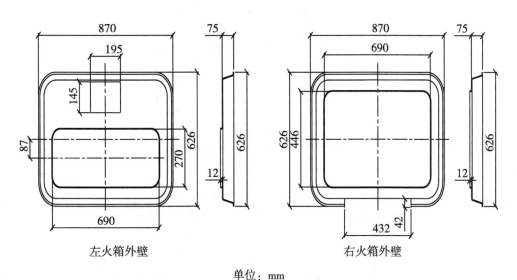

单位：mm

图 19　火箱外壁示意图

加强筋防止变形（图 20）。左右清灰门外壁各焊接两个用 φ10 mm 钢筋制作的清灰门把手（图 21）。

6.1.2.4　烟气隔板

在左右内壁的层间中心线上焊接烟气隔板。技术参数如图 22 所示。

6.1.2.5　火箱烟气管道与换热器支撑架

在右火箱底部开设的烟气通道口焊接烟气管道，在左火箱底部居中位置焊接换热器支撑架。均设计有上卡槽和螺栓连接孔，烟气管道和支撑架分别为 6 个孔和 2 个孔，配置 M8×25 mm 六角螺栓、螺母，技术参数如图 23 所示。

6.1.3　金属烟囱

采用 4 mm 厚耐酸钢制作，由横向段和竖向段两段组成。横向段为 150 mm×

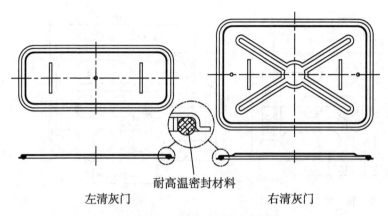

耐高温密封材料

左清灰门　　　　　　　　　　　右清灰门

图 20　左右清灰门外观示意图

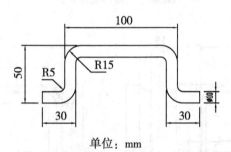

单位：mm

图 21　清灰门把手结构参数示意图

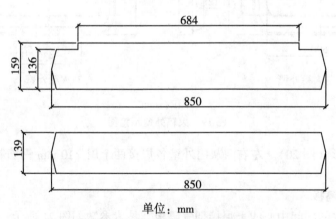

单位：mm

图 22　烟气隔板结构示意图

200 mm、长度 664 mm 的矩形管，焊接在左火箱外壁的烟囱开口处；另一端伸出加热室左侧墙外，外端口装有冲压成型的烟囱清灰门，在上平面开设 φ165 mm 开口（中心点距外端口 118 mm），开口四周等距开设 4 个 φ10 mm 孔，与竖向段通过法兰用 M8×25 mm 六角螺栓、螺母连接。竖向段是垂直高度 640 mm、φ165 mm 的圆形钢管，下端焊接法兰，配置耐高温密封垫。采用负压燃烧方式时，在横向段下平面开设助燃鼓风机开口。产区根据实际需要可在竖向段设置烟囱插板。技术参数如图 24 所示。

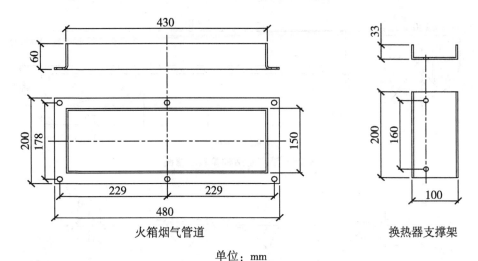

火箱烟气管道　　　　　　　　　换热器支撑架

单位：mm

图 23　火箱烟气管道与换热器支撑架结构

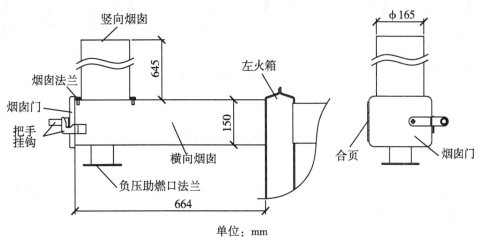

单位：mm

图 24　金属烟囱结构与技术参数示意图

6.1.4　清灰耙

耙头为 R50 mm 的半圆，用火箱内壁开口时产生的圆形钢板料片制作，结构与技术参数如图 25 所示。

换热器各部件材质除以上指定材质外，可以整体采用实际厚度不小于 1.5 mm 的 304 不锈钢。采用 304 不锈钢制作时，换热管（含翅片带）、火箱（包括内壁、外壁、清灰门、烟气隔板以及焊接的换热器支撑架和烟气管道）和横向段金属烟囱须均采用 304 不锈钢。

6.2　炉体

炉体包括炉顶、炉壁（含二次进风管）、炉栅、耐火砖内衬、炉门（含炉门框）和炉底。炉顶与炉壁、炉栅构成的空间为炉膛，炉栅和炉底之间的空间为灰坑。结构与技术参数如图 26 所示。

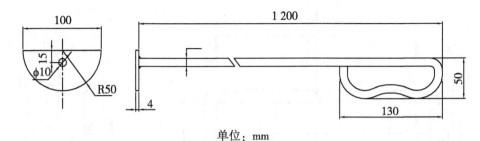

单位：mm

图 25　清灰耙结构参数示意图

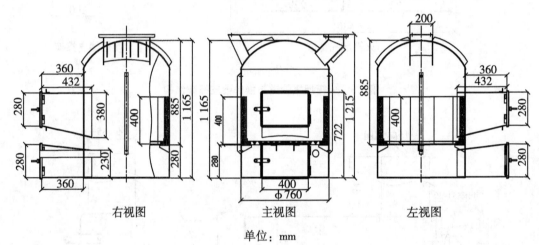

右视图　　　　　　　主视图　　　　　　　左视图

单位：mm

图 26　炉体结构示意图

6.2.1　炉顶

炉顶由封头、烟气管道、换热器支撑架、表面散热片构成。面向炉门，炉顶右侧开设烟气通道开口，焊接烟气管道，左侧焊接换热器支撑架，表面焊接散热片。封头采用实际厚度不低于 5 mm 的 09CuPCrNi 耐候钢冲压制作（或铸钢铸造），钢材符合 GB/T 221 和 GB/T 15575。烟气管道、换热器支撑架和表面散热片采用 4 mm 厚耐酸钢制作。

（1）封头。圆形或椭圆形，内径 750 mm，内高 240 mm，参照 JB/T 4746。在封头右侧适当位置冲出 420 mm×140 mm 烟气通道开口。结构与技术参数如图 27 所示。

（2）烟气管道。在封头右侧烟气通道开口处焊接烟气管道。设计有凹槽和螺栓连接孔，与火箱烟气管道连接闭合（图 28）。烟气管道的右侧外壁等距 66 mm 均匀焊接 6 个高 30 mm、长 150 mm、厚 4 mm 的耐酸钢表面散热片。在封头左侧焊接换热器支撑架。设计有螺栓连接孔（图 29）。

（3）封头表面散热片。在封头表面均匀焊接弧型表面散热片，高度 30 mm，厚度 4 mm，长度 350 mm 的长片 14 个，长度 200 mm 的短片 16 个，长短交错。铸造时封头表面散热片高度 25 mm，底部厚度 5 mm，顶部厚度 3 mm，数量及长度同上。如图 27 所示。

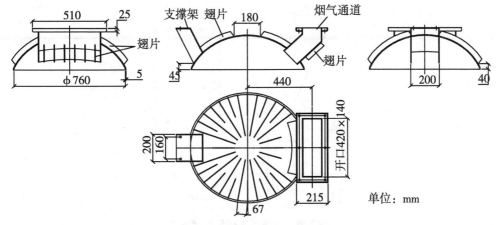

图 27 炉顶结构与参数示意图

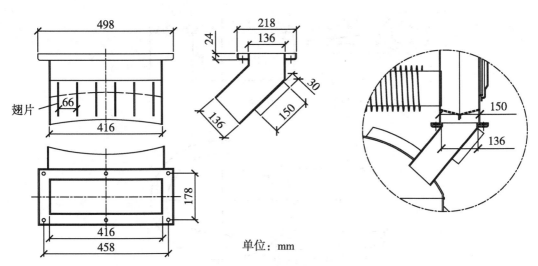

图 28 炉顶烟气管道结构及与火箱对接示意图

6.2.2 炉壁

采用金属钢板卷制焊接,形成高 920 mm、外径 760 mm 的圆柱形炉体,底部焊接金属炉底,高度圆度误差不超过 5 mm,焊缝严密、平整,无气孔无夹渣不漏气。在炉壁上开设炉门口、灰坑口和助燃鼓风口,在其两侧炉壁的对称位置各开设两个二次进风口(中心点分别距炉底 230 mm、860 mm)各焊接 1 根二次进风管,管内径 30 mm×30 mm,长 650 mm;在助燃鼓风口斜向焊接 φ60 mm 长 526 mm 助燃鼓风管,与灰坑口边框夹角为 80°,形成切向供风。炉壁和炉底采用 4 mm 厚耐酸钢板制作;二次进风管和助燃鼓风管采用 Q235 钢制作,钢材符合 GB/T 221 和 GB/T 15575 规定。技术参数图 30 所示。

6.2.3 炉栅

在距离炉底 280 mm 的炉体内壁先焊接 6 个炉栅金属支撑架,再安装炉栅。炉栅采

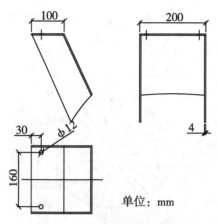

图29 换热器支撑架示意图

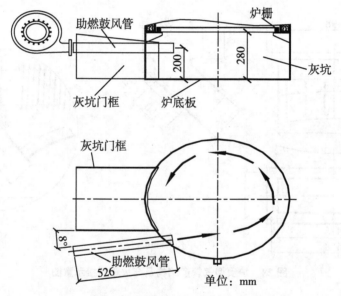

图30 灰坑结构及正压助燃示意图

用RT耐热铸铁材料铸造，圆形，等分两块，炉条断面为三角或梯形，有足够的高温抗弯强度。炉条上部宽度为28~30 mm，炉栅间隙为18~20 mm，结构与技术参数如图31所示。

6.2.4 耐火砖内衬

在炉壁内紧贴炉栅金属支撑架上方焊接耐火砖法兰支撑圈，在其上方沿炉体内壁安装8块耐火砖作内衬。耐火砖法兰支撑圈采用50 mm×50 mm×4 mm符合GB/T 706规定的热轧等边角钢制作。耐火砖采用耐火温度900℃以上符合YB/T 5106规定的耐火材料制作，高度400 mm，厚度40 mm，弧形。结构与技术参数如图32所示。

6.2.5 炉门、灰坑门、炉门框、灰坑框

在炉壁上炉门口和灰坑口的开口位置焊接金属门框，安装炉门和灰坑门，炉门和灰

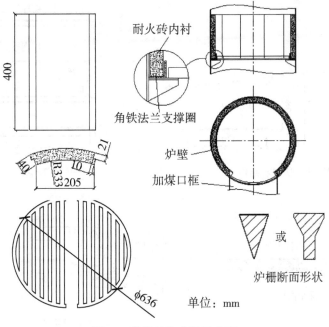

图 31　炉栅结构参数示意图

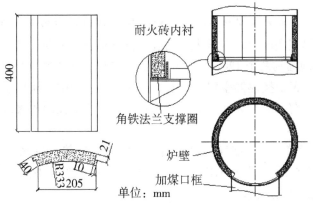

图 32　耐火砖内衬结构与技术参数及安装示意图

坑门采用冲压成型加工方式，灰坑门为单层钢板结构，炉门为双层结构，外层钢板，内层扣板，层间内嵌厚度 30 mm 隔热保温耐火材料。炉门边缘内翻与内层扣板形成宽 17 mm 的凹槽，凹槽内填充耐高温密封材料。炉门框下底面焊接 30 mm×4 mm 扁铁、其他三面焊接 30 mm×30 mm×4 mm 角铁，形成封闭的法兰。

门与门框均采用 4 mm 厚耐酸钢制作，采用轴插销锁式连接，销套外径 16 mm，销轴直径 10 mm。门扣采用手柄式。门与门框结构与技术参数如图 33 所示。

6.3　设备安装

（1）原则上先进行连体密集烤房的装烟室砌筑，并完成循环风机台板整体浇筑及

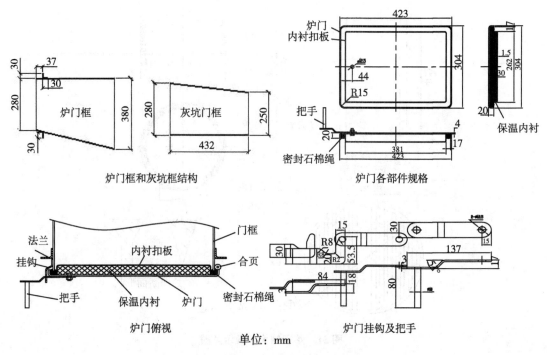

单位：mm

图33　炉门（含框）结构示意图

其上方土建部分砌筑，再安装供热设备，最后完成循环风机台板下方加热室墙体砌筑。气流上升式烤房加热室底部的喇叭形热风风道在设备安装前也要先砌好，做好盖板。

（2）在加热室地面砌两个 120 mm×240 mm×高 240 mm 砖墩（图8、图10）。然后将炉体座到砖墩上，再把换热器座到炉体上。要求水平、居中。换热器中心以循环风机台板上的风机安装预留口中心为准。安装完成后，要检查炉膛内耐火砖是否完好。具体如图 34 所示。

（3）火箱烟气管道与炉顶烟气管道连接处加耐热密封垫，找水平后先锁紧换热器支撑架上的螺丝，再按图 35 所示依次锁紧连接法兰上的螺丝。然后进行墙体砌筑，并完成烟囱竖向段与横向段连接。

7　通风排湿设备与技术参数

7.1　循环风机

（1）轴流风机，1 台，型号7 号，叶片数量4 个，采用内置电动机直联结构，叶轮叶顶和风筒的间隙控制在5 mm 左右。符 GB/T 1236、GB/T 3235、GB 755、GB 756、GB/T 1993 规定。结构和安装尺寸如图 36 所示。

（2）在 50 Hz 电网供电，转速 1 440 r/min 时循环风机性能参数：风量 15 000 m³/h 以上，全压 170~250 Pa，静压不低于 70 Pa，整机最高全压效率 70%以上，非变频调节装置效率（最高风机全压效率与电动机效率的乘积）不低于 58%。

（3）风机叶片采用图 37 所示的 A 形或 B 形叶片结构，叶片截面形状为机翼型，单

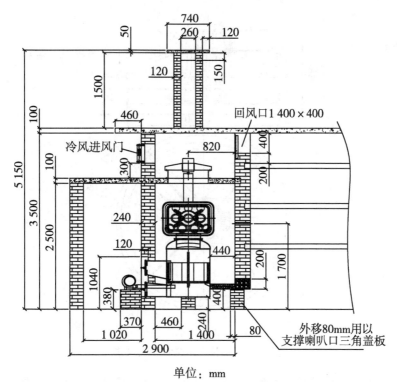

单位：mm

图34　气流上升式设备安装示意图

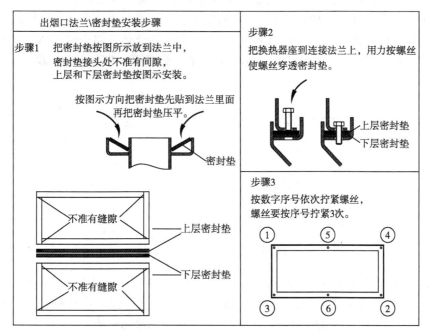

图35　换热器与炉膛连接步骤示意图

个风叶与叶柄整体铸成，不得采用钣金叶片。叶轮由压铸铝合金叶片和压铸铝合金轮毂

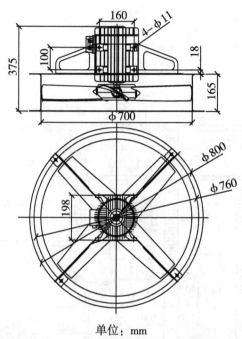

单位：mm

图36　风机基本结构和安装尺寸

组成，采用带有防松的连接螺栓联结紧固。轮毂表面有不同安装角度的指示标记，方便调节，如图38所示，轮毂内孔与选配电动机的轴径一致，方便安装。风叶与轮毂按照所需角度安装后按JB/T 9101要求进行平衡校正，按平衡精度不低于G4.0进行平衡试验。叶轮与风轮材料选用ZL104或近似牌号的铸造铝合金，铝合金铸件质量符合GB 9438规定。铸件的内、外表面光滑，不得有气泡裂缝及厚度显著不均的缺陷。

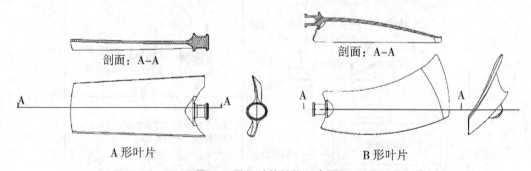

剖面：A−A

剖面：A−A

A　　　　　　　A

A　　　　　　　A

A形叶片

B形叶片

图37　风机叶片结构示意图

（4）风筒直径700 mm，深度165 mm，选用厚度1.8 mm以上的国标Q195冷轧钢板或2 mm以上的铝板焊接而成。焊缝严密、平整，无气孔无夹渣不漏气。风筒外表面清洁、匀称、平整，涂防锈涂料和装饰性涂料，内表面涂防锈涂料。

（5）安装循环风机时，先检查风机各个部位的螺丝是否旋紧，再把循环风机风叶朝下座到风机台板上。风机中心和台板上的风机预留孔中心一致，找好水平后，把风机

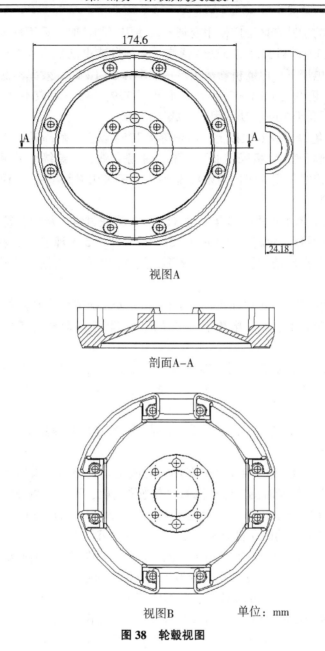

视图A

剖面A–A

视图B　　　　单位：mm

图38　轮毂视图

下面的风圈法兰同风机台板用水泥砂浆封牢固。

（6）在烤房群和烘烤工场配备发电机作备用电源。

7.2　循环风机电动机

（1）机座号100，额定频率50 Hz，额定功率1.5 kW或2.2 kW，额定转速1 440 r/min。电压允许波动±20%。单相电源时采用额定电压为220 V的单相电动机，三相电源时采用额定电压为380 V的4/6极三相高低速电动机，符合GB 4826、GB 12665、GB 1032、GB 9651、GB/T 2658 、GB/T 7345、GB/T 14711、GB/T 18211、JB/T 7118等标准。

鼓励有条件的烟叶产区推广使用变频器。使用变频器时，采用额定电压为 380 V 的 4 极三相变频调速电动机，以实现变频调速。变频调速电动机可在 20~50 Hz 范围内连续调速，在额定电压下，电动机参数满足：频率为 50 Hz 时，效率不低于 80%，功率因数不低于 0.80；频率为 40 Hz 时，效率不低于 75%，功率因数不低于 0.70；频率为 30 Hz时，效率不低于 70%，功率因数不低于 0.50。

（2）电动机绝缘等级 F 级以上，防护等级 IP54 以上，耐高温高湿，润滑油滴点温度≥200℃。变频调速电动机采用加厚漆膜-3 铜漆包线，槽绝缘纸采用含有云母的新型槽绝缘纸，相间绝缘采用 F 级的 DMD。普通电动机采用 F 级漆膜-2 铜漆包线，槽绝缘纸采用 F 级 DMD。

（3）外壳采用 ZL104 铸造铝合金或 HT200 灰铸铁材料，灰铸铁符合 GB/T 5612 规定。主轴采用 45 号钢，钢材符合 GB/T 221 和 GB/T 15575 规定。变频电动机定、转子冲片槽形具有抑制高次谐波能力，定子槽形采用深而窄的开口槽，转子槽形采用上宽下窄半闭口的浅槽。

（4）在额定频率、额定电压下，电动机在起动过程中最小转矩的保证值为 1.5 倍额定转矩。在额定频率、额定电压下，电动机最大转矩时对额定转矩之比的保证值为 1.8 倍。

（5）电动机在热态和在逐渐增加转矩的情况下，应能承受 1.5 倍额定转矩的过转矩试验，历时 15s 无转速突变、停转及发生有害形变，此时电压和频率应维持在额定值。

（6）电动机在空载情况下，能承受 1.2 倍额定转速的超速试验，历时 2 min 不发生有害形变。

（7）电动机定子绕组的绝缘电阻在热态时或温升试验后，采用 500 V 摇表测量时不低于 5 MΩ；出厂检验时测定电动机的冷态绝缘电阻，不低于 20 MΩ。

（8）电动机在静止状态下，试验电压的频率为 50 Hz，有效值为 1 850 V 时，定子绕组能承受为时 1 min 的耐压试验不发生击穿，并尽可能为正弦波形。连续生产的电动机进行检查试验，试验电压的有效值为 2 200 V 时，允许将试验时间缩短至 1 s。

（9）电动机定子绕组能承受电压峰值为 2 200 V 的匝间冲击耐压试验而不击穿；允许在电动机空载时以高电压试验代替，外施电压为 130%额定电压，时间为 3 min，在提高电压值至 130%额定电压时，允许同时提高频率，但不超过其额定值的 115%。

（10）电动机在空载时测得的振动速度有效值不超过 1.8 mm/s。

（11）电动机安装尺寸及公差与 Y2-100L-4 电动机安装尺寸相同，电动机结构及安装型式为 IMB30，符合 GB/T 997 和 JB/T 8680.1 规定。

7.3 冷风进风门减速电动机

（1）采用 12 V 直流电动机，2 孔配线连接头，连接头 1 正 2 负开，2 正 1 负关。

（2）电动机额定功率 6 W，额定扭矩 4.9 N·m。输出转速空载时≥3.5 r/min，额定负载时≥3 r/min。

（3）电动机电流空载时≤120 mA，额定负载时≤480 mA。

（4）电动机控制回路要有保护措施。插座安装可靠，电动机连接到插座的连线不能处于挤压状态，连接线绝缘层无破损，绝缘性能好，不漏电，具有防雨措施。

7.4　助燃鼓风机

（1）离心式，铸铁或钢板外壳，B级绝缘，额定电压220 V，允许波动±20%。

（2）正压鼓风机额定功率150 W，负载电流不大于0.75 A，风压490 Pa，风量≥150 m³/h；负压鼓风机额定功率370 W，负载电流1.7 A，风压≥1 600 Pa，风量≥600 m³/h。

8　温湿度控制设备与技术参数

通过实时采集装烟室内干球和湿球温度传感器的值，控制循环风机、助燃风机、进风或排湿装置等执行器完成烘烤自动/手动控制。设备使用寿命6年以上。

8.1　机箱

（1）箱盖（面板）规格415 mm×295 mm，箱体厚度根据需要确定。在箱盖（面板）开设液晶显示框，规格173 mm×96 mm；8个功能按键安装孔。箱盖（面板）表面整体覆盖PC面膜，规格350 mm×228 mm。箱盖（面板）分区及相关技术参数见图39。

（2）在机箱侧面设置循环风机高低档转换旋钮。底部开设电源线进线孔、连接助燃鼓风机的标准两孔插座及多线共用进线孔。

（3）箱盖和箱底采用阻燃ABS塑料模具成型。要求坚固，防尘，美观。阻燃达到民用V—1级，符合GB 20286和UL94规定。防护等级达到IP54，符合GB 4208外壳防护等级规定。要有接地端子。

8.2　显示

（1）显示屏。采用段码LCD液晶显示屏，具有防紫外线功能；最高工作温度70℃，视角120°，规格168 mm×92 mm。背光亮度均匀、稳定，对比度满足户外工作要求。采用直径≥5 mm高亮度状态指示灯。

（2）显示内容。LCD液晶显示包括实时显示、曲线显示、故障显示和运行状态显示。实时显示包括实时上/下棚干球温度与湿球温度、目标干球温度与湿球温度、阶段时间与总时间，升温时目标温度值显示取每30 min时的设定计算值。曲线显示是通过对10个目标段的干球温度、湿球温度和对应运行时间的设置，提供曲线示意图。故障显示包括偏温、过载、缺相。运行状态显示包括自设、下部叶、中部叶、上部叶、助燃、排湿、电压、循环风速自动/高/低、烤次/日期时钟。

（3）字符高度。字体显示清晰，大小便于观察、区分。实时显示的干球温度和湿球温度的显示值字符高度为12.6 mm，目标干球温度与湿球温度、阶段时间、总时间的显示值为7.7 mm，曲线显示部分的干球与湿球目标设定框内的显示值为6.4 mm，运行时间设定目标设定框内的显示值为4.8 mm，框外的文字、符号及数字均为4.0 mm。故障显示和运行状态显示部分的自设、下部叶、中部叶和上部叶文字为4.7 mm，其他文字均4.0 mm，数字均为3.8 mm。显示屏及相关技术参数见图40所示。

8.3　功能按键

8.3.1　在显示屏下方共设置8个功能按键，名称、功能分类、布局及字符高度见图41。

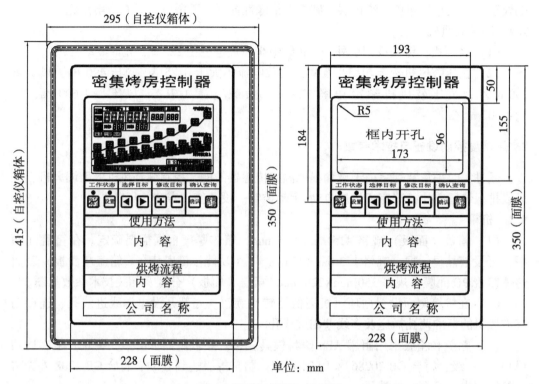

单位：mm

图 39 箱盖（面板）示意图

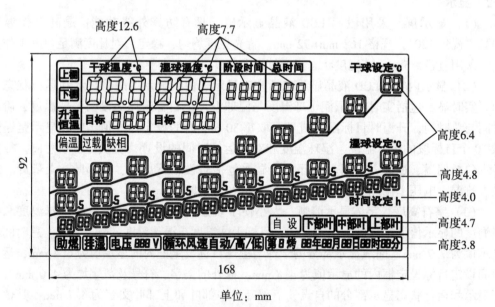

单位：mm

图 40 显示屏及相关技术参数示意图

8.3.2 按键采用轻触开关（tactswitch），型号 1 212 h。单个按键机械寿命 >100 000 次；按键响应灵敏，响应时间<0.5 s。

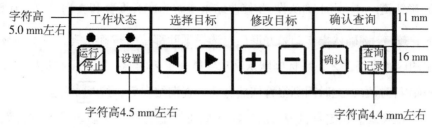

图41 功能按键示意图

8.3.3 按键功能与操作

（1）运行/停止键 运行/停止。按一次键，指示灯亮，进入运行状态。在运行状态下，按住此键3 s进入停止状态，指示灯灭。运行时，所有执行器正常运行，系统进入正常烘烤状态。停止时，除循环风机正常运行外，其他执行器进入停止状态。

（2）设置键 设置。在运行状态下，按该键一次，系统进入参数设置/修改状态，＋－指示灯亮，此时可对曲线显示部分的各个目标设定框内的数值以及运行状态显示部分的烟叶部位、日期时钟等烘烤参数进行设置/修改。在设置/修改时，先按◀▶键移动选定目标，此时目标框出现闪烁，然后按◀▶键完成设置/修改目标值，按 确认 键保存并退出设置/修改状态，此时指示灯灭，目标框回到设置/修改前运行的位置；不按键 确认，不保存数据并在20 s后系统自动退出设置/修改状态。在停止状态下，先按设置键，再按目标选择键◀▶选择阶段（按◀▶键目标框按阶段移动），阶段选定后按运行键，此时从当前选择的位置开始运行。

（3）目标选择键◀▶。配合设置键或查询记录键使用。在查询状态时，按◀▶键查询显示不同烤次的历史数据。目标选择的运行轨迹由曲线目标设定框自上而下、自左向右，至自设、下、中、上部叶目标，至日期时钟目标，再至曲线目标设定框，或反向移动，形成一个闭环移动轨迹。点按时，移动至下一个目标；长按时，可连续迅速移动，直至达到目标。

（4）目标修改键＋－。配合设置键或查询记录键使用。在设置状态时，点按，递加或递减一个数字单位；长按，递加或递减多个数字单位。在查询状态时，查询显示选定烤次下的不同时段历史数据，点按，逐条显示各时段烘烤记录；长按，显示间隔为10条记录。

（5）查询记录键 查询记录。按该键一次，切换显示辅助传感器干、湿球温度和辅助状态（上棚或下棚），目标框同时闪烁，3 s后恢复显示主控传感器干球温度、湿球温度；按住该键3 s，进入历史数据查询状态，并显示当前烤次历史记录，并在显示屏左上侧信息栏显示本烤次开烤后第一次记录的数据。通过＋－键选择查询不同烤次历史数据，通过◀▶键查询同一烤次不同时段历史数据。查询结束后，按 确认 键退出，不按 确认 键时，系统在20 s后自动退出查询状态。

（6）确认键 确认 。用于确认设置/修改结束或解除声音报警和查询结束。在设置/修改状态时，按 确认 键确认操作结果并退出；选择烟叶部位时按确认键，显示屏显示所选烟叶部位的内置烘烤工艺，目标框默认移动到所选工艺的第一阶段；在报警状态时，按 确认 键解除声音报警，此时闪烁报警依然有效。查询结束后，按 确认 键退出。

（7）自设模式。选定自设模式后，默认从曲线上的第一个阶段开始进行设置，此时可对目标温度、目标湿度、阶段时间进行设置，设置方法同上。若一次设置多个阶段，则仅显示已运行阶段和当前运行阶段的参数，不显示未设置和尚未运行到的阶段的设置参数；运行状态按 ◀ ▶ 键和 + − 键，可查看已运行阶段参数和已设置但尚未运行的后续阶段的参数。

8.4 主要设计与元器件

（1）程序设计满足显示、功能按键相关技术参数要求。主机工作电压按不同电源要求分别设计，允许在额定电压波动±20%。主体模块间连接可靠、方便，强弱电分离，符合 GB/T 4588 规定。可在环境温度 0~45℃（装烟室内部件 0~90℃），相对湿度 45%~95% 条件下正常工作。每烘烤季节故障次数不得超过 2 次。积极研发使用变频器，进一步优化自控设计。

（2）干球和湿球温度传感器采用 DS18B20 数字传感器。温度测量范围 0~85℃，分辨率±0.1℃，测量精度±0.5℃。干球温度控制精度±2.0℃，湿球温度控制精度±1℃。

（3）按烟叶部位设置下、中、上 3 条烟叶烘烤工艺曲线，在烘烤过程中可对工艺参数进行调整。

（4）配置可擦写工艺曲线存储器，存储量 32 K 字节以上。在烘烤过程中对显示屏上的烘烤信息数据，每 1 h 自动采集 1 次，存储以备查询。烘烤数据按烤次进行存贮，可连续存储 10 个烤次烘烤数据。记录数据包括：目标参数记录、实时检测记录、时间等显示器上的相关参数以及传感器故障、缺相、过载、停电、过压、欠压、温湿度超限等故障记录。

（5）预留两个 RS485 接口，可支持 Modbus（RTU）协议。一个用于集中控制，一个用于和变频器通讯。

（6）具备设备常见运行故障报警、烘烤过程中温湿度值超限声音报警和闪烁报警。干球温度超过目标温度±2.0℃，并持续 10 min 以上时，或湿球温度超过目标温度±1.0℃，并持续 10 min 以上时，启动温湿度超限报警；交流单相电压超出 220 V±20% 时报警，超过 270 V 或低于 170 V，并持续 3 min 时对有关设备进行保护并报警；电流达到额定值的 1.2 倍，并持续 3 min 对有关设备进行保护并报警；若电压或电流恢复正常，10 min 后自动恢复；电源缺相时声光报警，并停止循环风机运转，电源正常后人工恢复。报警时相应的指示栏闪烁。

（7）具备后备电池等后备供电方式，电池续航能力 12 h 以上，后备供电方式时屏幕内容正常显示。断电时数据自动存储，来电后自动恢复正常运行。

（8）风机电源引线使用铜线，单相时为四芯电源线、三相双速时为七芯、三相变频时为四芯，输入端口符合国家相关标准。动力电缆符合 GB 5013.1 规定。控制仪内部强电导线截面积不小于 1.0 mm²，单相循环风机导线截面积不小于 2.5 mm²，三相循环风机导线截面积不小于 1.5 mm²，风门驱动线截面积 0.5 mm²，温湿度传感器电缆、风机电缆耐温 90℃以上。

（9）电容、可控硅、直流继电器和直流接触器等器件具有一定冗余量，输出驱动负载和受电冲击较强的器件具有保护措施。功率器件选用 3C 认证产品。易损器件采用插接方便的安装方式，固定牢固，正常工作温度范围 0～70℃。关键芯片具有静电放电保护措施，发热量较大的器件采取散热措施。

（10）加装互感器和直流继电器等元器件，或运用空气开关、电机综合保护器或直流接触器等元器件，实现缺相、过流、过压、欠压、雷击、脉冲群干扰等保护，符合 GB 5226.1 规定。

（11）输入输出接口清楚区分强电和弱电，插座标志明显，具有防插错功能。电源开关采用空气开关，循环风机内部接线，空气开关与电容内置于机箱。温湿度传感器、冷风进风门执行器与通讯接口内置于机箱，采用连接头连接方式，接线统一从机箱底部开设的共用进线孔引入机箱内，并在机箱内设置接线分离、固定装置。助燃鼓风机接口设置在机箱外底部，插座连接。符合 GB/T 11918 规定。

8.5　配线连接头（图 42）

（1）温湿度传感器连接线选用与 molex 的 0039291027 编号兼容的配线连接头，温湿度两组传感器并线采用六孔配线连接头，型号为 molex0039012065 双排插头 6PIN94V0；电路板上插座型号为 molex0039291067 双排弯座 6PIN94V0，管脚 1～6 依次定义为：上棚干球、上棚湿球、下棚干球、下棚湿球、电源、地。传感器主线长 5 m，上棚分线长 2.5 m，下棚分线长 1.5 m。

（2）冷风进风门执行器连接线采用两孔配线连接头，电路板上插座型号：molex0039291027 双排弯座 2PIN94V0，配线连接头型号：molex0039012025 双排插头 2PIN94V0，管脚 1～2 依次定义为：1 正 2 负开，2 正 1 负关。

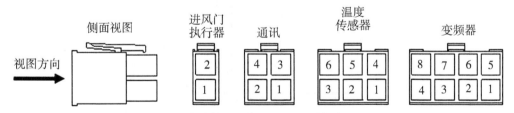

图 42　配线连接头侧面和正面视图

（3）集中控制通讯连接线采用四孔配线连接头，管脚 1～4 依次定义为：电源、A、B、地。电路板上插座型号：molex0039291047 双排弯座 4PIN94V0，配线连接头型号：molex0039012045 双排插头 4PIN94V0。

（4）变频器通讯连接线采用 8 孔配线连接头，管脚 1～4 依次定义为：电源、A、B、GND（地），5～8 预留。电路板上插座型号：molex0039291087 双排弯座 8PIN94V0，配线连接头型号：molex0039012085 双排插头 8PIN94V0。

（5）助燃鼓风机连接线采用标准 AC 两孔插头。

（6）循环风机采用标准"U"形压线式接线端子连接，采用 4/6 极 380 V 三相电机时，连接顺序为接地线，低速（6 极）U1、V1、W1，高速（4 极）U2、V2、W2；采用 4 极 220V 单相电机时，连接顺序为公用端（连接电源）、正转或反转（连接电容，电容内置在主机内）、接地线。

8.6 配套执行器控制方式

（1）循环风机控制。使用变频器时，采用 380 V 三相电机，根据装烟室干球和湿球温度需要，自动改变循环风机转速。循环风机启动方式为低速启动；未使用变频器时，根据装烟室干球和湿球温度需要，人工改变循环风机转速（显示屏自动显示高/低速）。

（2）温度控制。采用以下方式之一或组合方式：运用助燃鼓风机调节火炉助燃空气，促进燃烧；通过加煤数量和鼓风时间调节燃烧；在不同烘烤阶段，根据干湿球温度要求对循环风机电动机进行调速，使其在最佳风速下运行。

（3）通风排湿。利用烤房内外压力差或机电控制装置，通过控制冷风进风口开度，调节进风量和排湿量大小，满足烘烤工艺湿度需要。

8.7 设备安装

（1）采用便于拆卸的壁挂安装方式，挂置在加热室右侧墙方向的隔热墙上（图 43）。

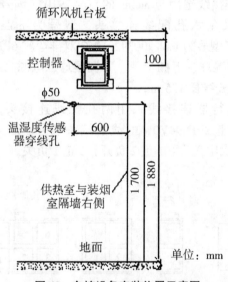

图 43 自控设备安装位置示意图

（2）在容量 500 mL 以上的水壶中装满干净清水，将湿球温度传感器感温头用脱脂纱布包裹完好，并将纱布置于水中，保持感温头与水面距离 10~15 mm。两组干湿球温度传感器对应挂置于装烟室底棚和顶棚，挂置位置距隔热墙 2 000 mm、距侧墙 1 000 mm。在墙上钻出传感器线孔，钻孔位置如图 43 所示。传感器线沿风机台板下沿布置，避免高温区。

（3）配备用于系统供电与自备电源切换、风机转速切换及自控设备安全的装置。

供电设备、控制主机、助燃风机、进风装置、排湿装置等配备防雨设施。

（4）电缆布置合理，导向及其接头用绝缘套管保护，强电插头及电缆铜线不得裸露，导线、电缆绑扎牢固、不易脱落。

9　变频器

使用变频器时，自控设备主题模块分变频调速控制模块和干湿球温度监控模块，采用双控制箱模式。电路板分为变频调速控制器电路板和温湿度监控箱电路板两部分，两板间采用 modbus 通讯协议。使用 220 V 或 380 V 电源，允许电压波动±20%，单相电源时，采用单相转三相变频调速控制模式，额定输入为 220 V（图 44）；三相电源时，采用三相电变频调速控制模式，额定输入为 380 V（图 45）。

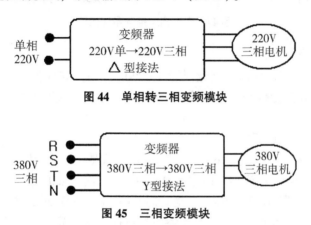

图 44　单相转三相变频模块

图 45　三相变频模块

变频调速模块接口如图 46 所示，1 端子接变频调速控制箱的通讯接口；三相时，RST 为三相电的输入端子 UVW 为输出；单相时，输入端子为 LN；UVW 为变频模块输出，接循环风机。

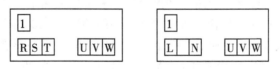

图 46　变频调速控制模块接口

变频调速控制模块（图 47）。该模块为系统升级预留模块。在电路中加入电流检测和电压检测功能，当系统升级为对风机实现变频控制时，由变频调速控制器电路板处理高压大电流电路，实现对循环风机变频调速，对电机过压、过流、过热及缺相进行保护。根据干湿球温度，通过 RS485 接口向变频器发送命令控制循环风机转速。

10　非金属供热设备与技术参数

非金属供热设备是指换热管采用新型无机非金属复合材料制作的供热设备，其火箱和炉体可以采用金属材料也可以采用新型无机非金属复合材料。换热管和火箱禁止使用水泥管、陶土及其烧制材料。

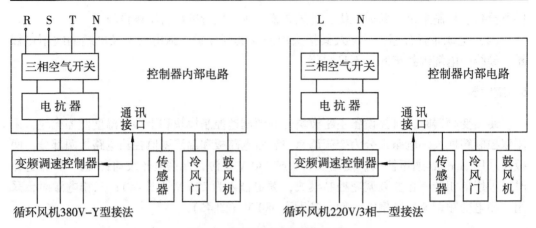

图47 变频调速控制器结构图

10.1 换热效率及基本设计

非金属供热设备强制对流下（通风量 16 000 m³/h）整体换热效率达到 50%以上，相关性能经指定机构检测合格。换热管管径设计合理，不易产生积灰，设计清灰装置，方便清灰。

10.2 满足连体集群建设要求

（1）炉体设计执行本规范"6 炉体"相关技术要求或采用型煤隧道式炉膛。

（2）加热室限定两种规格。内室长 1 400 mm、宽 1 400 mm、高 3 500 mm，或长 2 000 mm（与装烟室隔热墙垂直方向）、宽 1 400 mm、高 3 500 mm；循环风机台板、热风风道、风机安装设计、土建烟囱规格及高度参数严格执行本规范"5.2 加热室"相关要求，其他土建参照执行本规范"5.2 加热室"相关要求，各种开口规格、位置根据需要确定。

（3）装烟室土建严格执行本规范"5.1 装烟室"相关技术要求。

10.3 性能要求

新型无机非金属复合材料换热管（火箱）热疲劳性能测定方法参照 YB/T 376.3 规定。接近火炉的高温管（底层换热管）热疲劳性能须满足 750℃高温 10 次无明显裂痕，高温管上层的中高温管热疲劳性能须满足 500℃高温 40 次无明显裂痕，同时按照 GB/T 6804 测定抗压强度，径向压溃强度≥7 MPa。参照 GB/T 10295 测定导热系数，导热系数≥2.5 W/m·K。参照 GB/T 2999 测定体积密度，材料体积密度≤4.0 g/cm³。炉体与炉顶连接器耐火温度达到 1 000℃以上。炉体的高温耐火强度以 HB 7571 测定，300℃时抗压强度≥20 MPa，500℃时抗压强度≥10 MPa。

11 企业标志及铭牌标识

密集烤房整套设备须具备清晰易辨的企业标志（徽标、商标）和铭牌标识。在供热设备的炉门和右清灰门上要具有企业标志。铭牌标识位置符合在安装后仍可轻易查看，在危险设备醒目位置上，标注"当心触电""当心烫伤"等安全警示标识。铭牌标识须包括但不限于表3至表6的内容和格式。

表 3　供热设备铭牌标识

序列号			生产日期		出厂日期		产地	
换热器	炉顶	炉壁	火箱	左清灰门	右清灰门	炉门	灰坑门	烟囱
材质								
（钢）板厚度								
生产商				供应商				
供应商地址				服务电话				

注：厚度精确到 0.1 mm，面积精确到 0.01 m²，材质类型用化学名或专用名，用通用名时须注明型号。

表 4　电机铭牌标识

型　号		序列号	
功　率		电容耐温	
电压范围		绝缘等级	
防护等级		生产日期	×年×月
产　地	×省×市	出厂日期	
生产商（全称）			
供应商（全称）			
供应商详细地址（注册地）			
售后服务电话			

表 5　风机铭牌标识

型号		序列号	
规格		效率	
风压		风量	
产地	×省×市	生产日期	×年×月
生产商（全称）			
供应商（全称）			
供应商详细地址（注册地）			
售后服务电话			

表 6　温湿度控制设备铭牌标识

型　号		序列号	
传感器型号		测量精度	
测量范围		电压范围	
通讯协议		防雷措施	
产　地			×省×市
生产商（全称）			
供应商（全称）			
供应商详细地址（注册地）			
售后服务电话			

第九部分　烟叶质量控制关键技术

烟草成批原料取样的一般原则

1　范围

本标准规定了对烟草成批原料取样的一般原则，用以评价一个或多个特征的平均值或不一致性。

本标准适用于成批烟叶（包括烤烟、晾烟和晒烟）和经过预处理的烟草原料（包括经过发酵、部分或全部去梗的原料，以及烟梗、碎叶、废料、再造烟叶）的取样。

2　术语和定义

下列术语和定义适用于本标准。

2.1　特征　characteristic

烟草的物理学、力学、尺寸、化学、生物学、植物学或感官等方面的性质。

参照 GB/T 18771.4—2002，定义 2.65。

2.2　批　batch

在一个或多个特性（如烟叶部位、颜色、成熟度、烟叶长度）被认为一致的条件下产生的一定量的烟草。

注：该概念一般的含义是批中的烟叶属于同一品种，并由同一个产地生产的。

参照 GB/T 18771.4—2002，定义 2.64。

2.3　交货货物　consignment

同时交付的一定数量的烟草交付货物可以是一批或若干批烟草原料，或若干批中的若干部分。

2.4　取样单位　sampling unit

交货货物中的一个单元。

注 1：对于已分装的烟草其取样单位可以为烟包、木箱或纸板箱、筐或麻袋。

注 2：对于散装烟草，总质量单位为千克的交货货物应被视为由 $m/10$ 个取样单位组成。

2.5　分层取样　stratified sampling

对于可以分成不同子总体（称为层）的总体，取样时要按样品中的规定比例从不同层中抽取。

2.6　小样　icement

从一个取样单位一次取出的一定数量的烟草，构成单样的一部分。

2.7 单样（基础样品） single sample（basic sample）

为尽可能地代表取样单位而从该单位中取出的 N 个小样总合而成的一个样品。

参照 GB/T18771.4—2002，定义 2.36。

2.8 总样 grosss sample

由所有单样构成的一个样品。

2.9 缩减样 reduced sample

从总样中取出的用以代表总样的一个样品。

参照 GB/T18771.4—2002，定义 2.39。

2.10 实验室样品 laboratory sample

用于实验室检验或测试的样品，其代表总样。

根据情况，它的组成可以是：①一个或若干单样；②总样；③总样中的一个缩减样。

2.11 试样 test sample

从实验室样品中随机抽取的用于测试的样品，其代表总样。

3 取样协议或任务委托书

各有关方的协议或任务委托书需注明以下内容。

（1）在哪一个生产和交付阶段进行取样。

（2）负责取样方和监督方。

（3）需测定的特征。

（4）执行分析的实验室。

（5）取样和分析之间，允许的最长时间间隔（此间隔尽可能的短）。

4 取样

4.1 基本要求

实验室收到的样品应在运输或存放过程中未被损伤和发生变化。

4.2 取样设备

取样设备应适合于第 3 章（3）中规定的待测特征的测定。如测定烟叶尺寸、碎片大小分布等物理特征时，所使用的取样设备应不能造成这些特征的改变取样设备应洁净和干燥，并应不能影响随后的测定。

4.3 样品容器和存放注意事项

收集样品的容器应由化学惰性材料制成，为密封的，最好是不透光的。样品应存放于干燥、凉爽、避光并无异味的环境中，以避免污染、微生物滋生、害虫侵害或其他影响感官特征改变的情况发生。

5 取样程序

5.1 基本要求

取样程序应包括以下的步骤。

（1）对样品加贴标签用以正确识别。

（2）选择取样单位。

（3）抽取小样并组成单样。

（4）组成总样。

（5）组成缩减样。

（6）制备实验室样品。如除平均值外，还同时要检验不一致性，则需进行若干个实验室样品的分析。在这种情况下，实验室样品通常从一个单样或不超过由 2~3 个单样组成的总样中抽取。

5.2 受损取样单位的处理

受损取样单位的处理取决于分析目的。

（1）如受损与待测特征无关（如测量烟叶长度时病斑的影响），则受损取样单位应与未受损取样单位一样处理。

（2）如受损影响到测定，则受损取样单位应单独取样，并做记录。

（3）如受损已经到了不能对待测特征进行测定的程度时，则不应对该取样单位进行取样。

如有必要，可在受损取样单位中对烟草受损程度进行分级并从中抽取足够的小样。

5.3 取样单位的选择

取样单位的选择可以采取随机取样法或周期性系统取样法。

方法的选择取决于交货货物的性质。如果该交货货物未对批进行区分，则建议采用随机取法确定取样单位。如果该交货货物使用了连续的数字对批进行标注以表明生产次序，则适于采用周期性系统取样法选择取样单位。

5.3.1 随机取样法选择取样单位

随机从交货货物中抽取取样单位，使每个单位都有被抽取的可能。重复该过程直到得到要求的取样单位数量（n）。

5.3.2 周期性系统取样法选择取样单位

如果交货货物中有 N 个取样单位，而且这些取样单位进行了系统性的区分（例如，按生产次序），并编上 $1^\wedge \sim N$ 号，则 n 个取样单位的周期性系统取样应按如下的编号抽取：

$$h, \ h+k, \ h+2k, \ \cdots\cdots h+ \ (n-1) \ k$$

式中，h 和 k 是满足下式关系的整数：

$nk < N < n \ (k+1)$，且 h 续 k

h 一般取自第一个 k 值，且为整数。

5.4 小样的抽取和单样的组成

5.4.1 组成

根据情况，最小小样的组成应符合下列规定之一。

（1）3 把扎把烟叶。

（2）50 片烟叶（适用于在交付前未扎把的烟叶）。

（3）500 g 烟草原料（香料烟、打叶或全部去梗叶片、烟梗、碎叶、废料或再造烟叶）的取样。

5.4.2　小样数

每个取样单位至少要抽取 3 个小样。如果仅抽取 3 个小样，则第一个小样应从取样单位的上部 1/3 中抽取，第二个小样从中部 1/3 中抽取，第三个小样从下部 1/3 中抽取，且取样位置不应集中在通过该取样单位的同一垂直线上。

如抽取 3 个以上的小样，则它们应均匀地分布在取样单位中。

5.4.3　单样的大小

每个单样是由从同一取样单位中所抽取的全部小样组成，其大小和组成应根据以下内容确定。

（1）烟草类型。

（2）取样单位的大小。

（3）测定项目的类型和数量。

5.4.4　散装烟草

散装烟草应按照条款 2.4 中的注 2 分成若干取样单位，并按照 5.4.1 至 5.4.3 的规定进行取样。在这种情况下，需制定一个适合散装烟草大小的分层取样计划。

6　取样报告

取样报告应包括以下信息。

（1）烟草的类型和来源。

（2）交货货物的数量以及每批的数量或编号。

（3）批的总质量。

（4）包装方式。

（5）包装的数量和单重，并注明净重还是毛重。

（6）受损包装的数量和单重，并注明净重还是毛重。

（7）原料外观情况。

（8）取样目的和检测项目。

（9）被取样的取样单位数量。

（10）小样的数量、特征和原始位置。

（11）单样的描述（种类、一致性和单重）。

（12）单样的数量。

（13）如需要，注明总样的组成和质量。

（14）如需要，注明总样缩减的方法和缩减样的组成及质量。

（15）实验室样品的组成和质量以及获取和保存实验室样品的方法。

（16）取样者姓名（签字）。

（17）取样日期。

（18）被取样点代表姓名（签字）。

烤烟实物标样

1　范围

本标准规定了烤烟实物标样的定义、制作、评定、证书、有效期限、包装、运输与保管等要求。

本标准适用于烤烟实物标样。

注：白肋烟实物标样参照执行。

2　引用标准

下列标准包含的条文，通过在本标准中引用而构成为本标准的条文。在标准出版时，所示版本均为有效。所有标准都会被修订，使用本标准的各方应探讨、使用下列标准最新版本的可能性。

GB 2635—1992　烤烟

3　定义

本标准采用下列定义。

3.1　烤烟实物标样

指根据 GB 2635—1992 的技术规定，选用当年或上年生产的烤烟初烤烟叶制作的实物样品。烤烟实物标样是烤烟收购、交接、仲裁的依据。烤烟实物标样包括基准标样和仿制标样。

3.2　基准标样

由国家烟草专卖局指定的单位统一制作的烤烟实物标样，是制作仿制标样的实物依据，是烤烟交接最终仲裁的实物依据。

3.3　仿制标样

以省（区）为单位统一制作的烤烟实物标样，是制作收购指导标样的实物依据。烤烟仿制标样与基准标样不符时，以基准标样为准。

4　环境条件

4.1　温度、湿度

温度：20~35℃。

相对湿度：65%~80%。

4.2 光照

色温：5 000~5 500 K。

照度：300~1 000 Lx。

光源：自然光或人工模拟自然光。

5 实物标样制作

5.1 制作要求

基准标样依据 GB 2635—1992 对各等级的技术要求，并参照上年基准标样制作；仿制标样参照同年基准标样制作，必须保证年度间的稳定和产区间的平衡，不允许有质量水平高低差异。各等级之间质量不得交叉。

5.2 制作技术

5.2.1 原料应保证无板结、无压油、无断筋现象。

5.2.2 基准标样和仿制标样每把烟 15~25 片，少于 15 片无效。

5.2.3 制作实物标样的烤烟叶片个体破损不得达到或超过 50%，每把烟破损率不得超过 GB 2635—1992 的相应规定。

5.2.4 可用无破损叶片制作实物标样。

5.2.5 可用无残伤叶片制作实物标样。

5.2.6 基准标样和仿制标样无纯度允差。

5.2.7 实物标样属代表性样品，把内烟叶以该等级中等质量叶片为主，同时还应包括该等级质量幅度内较好及较差的叶片。上、中、下限比例为 2：6：2。

6 审（评）定程序

6.1 审（评）定时间

基准标样和仿制标样在每年收购开始前完成。

6.2 审（评）定组织

基准标样由全国烟草标准化技术委员会烟叶标准标样分技术委员会审定；仿制标样由各省（区）烟叶标样审（评）定小组评定。

6.3 审（评）定原则

基准标样和仿制标样由参加审（评）定的委员会全体委员逐把审评。最终以无记名投票方式表决。委员会2/3以上（含2/3）委员同意为审（评）定通过。

7 认证、签封

7.1 认证、签封权限

基准标样由国家技术监督主管部门认证。并监督签封；仿制标样由省（区）技术监督部门认证并监督签封。

7.2 签封要求

7.2.1 实物标样必须逐把签封。

7.2.2 封条上必须标明产区、制作年份、类型、等级、叶片数，并加盖认证单位公章。

7.2.3 签封后的标样于使用时发现有字迹涂改、封条撕裂、叶片数不符等现象，则此标样无效。

8 实物标样保存单位及保存数量

8.1 国家级指定单位保存基准标样 2 套，仿制标样 3 套。

8.2 省（区）级保存基准标样 2 套，仿制标样 3 套。

8.3 地区级、县级保存仿制标样 3~5 套。

8.4 卷烟厂及复烤厂应保存调入产区的仿制标样 1 套。

8.5 各收购单位保存仿制标样 1~2 套。

9 有效期限及更换时限

9.1 有效时限

国家级指定单位保存的基准标样有效期限为 3 年。

省（区）级保存的基准标样有效期限为 1 年。

9.2 更换时限

基准标样和仿制标样每年更换一次。

10 实物标样证书

实物标样是评定认证单位向用户证明实物标样的质量保证书，每套标样一份。证书内容包括：类型、产区、品名、制作日期、有效期限、评定认证单位、使用范围等（格式见附录 A）。

11 实物标样的包装、运输及保管

11.1 包装

基准标样或仿制标样以套为单元，置于棕色塑料袋内，外加纸箱包装。纸箱内应附有实物标样证书。纸箱规格长×宽×高为 80 cm×50 cm×10 cm。柳条两侧印制"烤烟实物标样"字样，两端注明标样类别、产区、审（评）定单位、认证单位、日期、有效期限。

11.2 运输

避光、防摔、防潮。

11.3 保管

基准标样置于−15~0℃条件下保存。使用时须置放在室温下 2 h 后方可开箱。

仿制标样可于常温条件下保存。必要时可使用药剂防虫防霉。

附录 A
标准样品证书格式

正面

标准样品证书

类型：

产区：

品名：

样品编号：

评定认证单位：　　　　　　　　　　　公章

制作日期：

有效期限：

保管方法：

使用范围：

背面

标样等级质量情况

等级	叶片数	质 量 情 况
X1L		
X2L		
X3L		
X4L		
X1F		
X2F		
X3F		
X4F		
C1L		
C2L		
C3L		
C1F		
C2F		
C3F		
B1L		
B2L		
B3L		
B4L		
B1F		
B2F		
B3F		
B4F		
B1R		
B2R		
B3R		
H1F		
H2F		
X2V		
C3V		
B2V		
B3V		
CX1K		
CX2K		
B1K		
B2K		
B3K		
S1		
S2		
GY1		
GY2		

烟叶质量内控标准

1 范围

本标准为宽窄高端卷烟原料生产基地烟叶质量标准。

本标准适用于宽窄高端卷烟原料生产基地生产的烟叶。

2 规范性引用文件

下列文件中的条款通过本标准的引用而成为本标准的条款。凡是注日期的引用文件，其随后所有的修改单（不包括勘误的内容）或修订版均不适用于本标准，然而，鼓励根据本标准达成协议的各方研究是否可使用这些文件的最新版本。凡是不注日期的引用文件，其最新版本适用于本标准。

GB 2635—1992   烤烟

GB/T 13595—2004   烟草及烟草制品拟除虫菊脂杀虫剂、有机磷杀虫剂、含氮农药残留量的测定

GB/T 13597—1992   烟叶中有机磷杀虫剂残留量的测定方法

GB/T 13598—1992   烟叶中含氮农药残留量的测定方法

GB/T 19616—2004   烟草成批原料取样的一般原则

YC/T 160—2002   烟草及烟草制品总植物碱的测定连续流动法

YC/T 159—2002   烟草及烟草制品水溶性糖的测定连续流动法

YC/T 166—2003   烟草及烟草制品总蛋白质含量的测定

YC/T 161—2002   烟草及烟草制品总氮的测定连续流动法

YC/T 162—2002   烟草及烟草制品氯的测定连续流动法

YC/T 173—2003   烟草及烟草制品钾的测定火焰光度法

YC/T 138—1998   烟草及烟草制品感官评价法

3 烟叶外观质量

3.1 颜色

下部叶多为柠檬色黄色，中部叶多为金黄色，上部叶多为金黄色至深黄色；各部位叶正反面色差较小。

3.2 油分

下部叶有，中部叶较多，上部叶较多。

3.3 成熟度

成熟。

3.4　叶片结构

下部叶疏松，中部叶疏松，上部叶疏松至稍密。

3.5　叶片身份

下部叶稍薄，中部叶中等，上部叶中等至稍厚。

4　烟叶物理性

4.1　单叶重

下部叶 5~6 g，中部叶 7~9 g，上部叶 8~12 g。

4.2　叶片厚度

下部叶 0.06~0.08 mm，中部叶 0.08~0.10 mm，上部叶 0.09~0.11 mm。

4.3　叶面密度

下部叶 50~60 g/m^2，中部叶 60~80 g/m^2，上部叶 80~90 g/m^2。

4.4　平衡水分

上部、中部、下部叶含水量均在 16%~18%。

4.5　填充分值

下部叶 3.8~4.0 cm^3/g，中部叶 3.7~3.9 cm^3/g，上部叶 3.6~3.8 cm^3/g。

4.6　含梗率

下部叶 28%~35%，中部叶 30%~35%，上部叶 25%~32%。

4.7　出丝率

下部叶 90%~94%，中部叶 93%~95%，上部叶 92%~95%。

4.8　拉力

下部叶 1.1~1.2 N，中部叶 1.3~1.4 N，上部叶 1.6~1.7 N。

5　烟叶化学成分

5.1　烟碱含量

下部叶 1.5%~2.0%，中部叶 1.8%~2.8%，上部叶 2.8%~3.5%。

5.2　总氮含量

下部叶 1.2%~1.6%，中部叶 1.6%~2.4%，上部叶 1.8%~2.5%。

5.3　还原糖含量

下部叶 14%~22%，中部叶 16%~24%，上部叶 13%~20%。

5.4　总糖含量

下部叶 16%~25%，中部叶 18%~26%，上部叶 15%~24%。

5.5　钾含量

下部叶 2.2%~2.8%，中部叶 1.5%~2.0%，上部叶 1.3%~1.8%。

5.6　氯离子含量

下部叶 0.11%~0.36%，中部叶 0.1%~0.3%，上部叶 0.2%~0.4%。

5.7　淀粉含量

下部、中部、上部叶≤5%。

6 烟叶评吸质量

6.1 香气质

下部叶尚好—较好，中部叶较好—好，上部叶尚好—较好。

6.2 香气量

下部叶有—较足，中部叶较足、上部叶较足—充足。

6.3 烟气浓度

下部叶较小—中等，中部叶中等、上部叶中等—较大。

6.4 杂气

下部叶微有—较轻，中部叶较轻、上部叶中有。

6.5 烟气余味

下部叶尚纯净舒适、中部叶尚纯净舒适—纯净舒适、上部叶微滞舌—尚纯净舒适。

6.6 燃烧性

下部叶强，中部叶较强—强、上部叶适中—较强。

7 烟叶安全性

农药残留量：含氮农药、有机磷杀虫剂、有机氯杀虫剂、拟除虫菊酯杀虫剂农药残留量均符合国家标准规定。

8 取样

按 YC 0005—1992 规定执行。

9 检测方法

按 GB/T 13595—2004、GB/T 13597—1992、GB/T 13598—1992、GB/T 19616—2004、YC/T 160—2002、YC/T 159—2002、YC/T 166—2003、YC/T 161—2002、YC/T 162—2002、YC/T 173—2003、YC/T 138—1998 规定执行。

10 非烟物质控制

不属于烟叶和烟梗的所有物质，包括但不局限于：土粒、纸类、绳类、金属碎片、烟茎和烟杈、塑料、泡沫材料、木头、茅草、杂草、油类和麻布纤维。

11 支持性文件

无。

12 附录（资料性附录）

序号	记录名称	记录编号	填制/收集部门	保管部门	保管年限
—	—	—	—	—	—

烟叶质量风格特色感官评价方法

1 范围

本标准适用于烤烟烟叶质量风格特色的感官评价与分析。

2 要求

2.1 感官评价表

本方法的感官评价表由表 1 给出。

表 1 烤烟烟叶质量风格特色感官评价表

样品编码：

项目	指标		标度值					
风格特征	香韵	干草香	0 [ ]	1 [ ]	2 [ ]	3 [ ]	4 [ ]	5 [ ]
		清甜香	0 [ ]	1 [ ]	2 [ ]	3 [ ]	4 [ ]	5 [ ]
		正甜香	0 [ ]	1 [ ]	2 [ ]	3 [ ]	4 [ ]	5 [ ]
		焦甜香	0 [ ]	1 [ ]	2 [ ]	3 [ ]	4 [ ]	5 [ ]
		青香	0 [ ]	1 [ ]	2 [ ]	3 [ ]	4 [ ]	5 [ ]
		木香	0 [ ]	1 [ ]	2 [ ]	3 [ ]	4 [ ]	5 [ ]
		豆香	0 [ ]	1 [ ]	2 [ ]	3 [ ]	4 [ ]	5 [ ]
		坚果香	0 [ ]	1 [ ]	2 [ ]	3 [ ]	4 [ ]	5 [ ]
		焦香	0 [ ]	1 [ ]	2 [ ]	3 [ ]	4 [ ]	5 [ ]
		辛香	0 [ ]	1 [ ]	2 [ ]	3 [ ]	4 [ ]	5 [ ]
		果香	0 [ ]	1 [ ]	2 [ ]	3 [ ]	4 [ ]	5 [ ]
		药草香	0 [ ]	1 [ ]	2 [ ]	3 [ ]	4 [ ]	5 [ ]
		花香	0 [ ]	1 [ ]	2 [ ]	3 [ ]	4 [ ]	5 [ ]
		树脂香	0 [ ]	1 [ ]	2 [ ]	3 [ ]	4 [ ]	5 [ ]
		酒香	0 [ ]	1 [ ]	2 [ ]	3 [ ]	4 [ ]	5 [ ]
	香气状态	飘逸	0 [ ]	1 [ ]	2 [ ]	3 [ ]	4 [ ]	5 [ ]
		悬浮	0 [ ]	1 [ ]	2 [ ]	3 [ ]	4 [ ]	5 [ ]
		沉溢	0 [ ]	1 [ ]	2 [ ]	3 [ ]	4 [ ]	5 [ ]
风格特征	香型	清香型	0 [ ]	1 [ ]	2 [ ]	3 [ ]	4 [ ]	5 [ ]
		中间香型	0 [ ]	1 [ ]	2 [ ]	3 [ ]	4 [ ]	5 [ ]
		浓香型	0 [ ]	1 [ ]	2 [ ]	3 [ ]	4 [ ]	5 [ ]
	烟气浓度		0 [ ]	1 [ ]	2 [ ]	3 [ ]	4 [ ]	5 [ ]
	劲头		0 [ ]	1 [ ]	2 [ ]	3 [ ]	4 [ ]	5 [ ]

（续表）

品质特征	香气特性		香气质	0 [ ]	1 [ ]	2 [ ]	3 [ ]	4 [ ]	5 [ ]
			香气量	0 [ ]	1 [ ]	2 [ ]	3 [ ]	4 [ ]	5 [ ]
			透发性	0 [ ]	1 [ ]	2 [ ]	3 [ ]	4 [ ]	5 [ ]
		杂气	青杂气	0 [ ]	1 [ ]	2 [ ]	3 [ ]	4 [ ]	5 [ ]
			生青气	0 [ ]	1 [ ]	2 [ ]	3 [ ]	4 [ ]	5 [ ]
			枯焦气	0 [ ]	1 [ ]	2 [ ]	3 [ ]	4 [ ]	5 [ ]
			木质气	0 [ ]	1 [ ]	2 [ ]	3 [ ]	4 [ ]	5 [ ]
			土腥气	0 [ ]	1 [ ]	2 [ ]	3 [ ]	4 [ ]	5 [ ]
			松脂气	0 [ ]	1 [ ]	2 [ ]	3 [ ]	4 [ ]	5 [ ]
			花粉气	0 [ ]	1 [ ]	2 [ ]	3 [ ]	4 [ ]	5 [ ]
			药草气	0 [ ]	1 [ ]	2 [ ]	3 [ ]	4 [ ]	5 [ ]
			金属气	0 [ ]	1 [ ]	2 [ ]	3 [ ]	4 [ ]	5 [ ]
	烟气特性		细腻程度	0 [ ]	1 [ ]	2 [ ]	3 [ ]	4 [ ]	5 [ ]
			柔和程度	0 [ ]	1 [ ]	2 [ ]	3 [ ]	4 [ ]	5 [ ]
			圆润感	0 [ ]	1 [ ]	2 [ ]	3 [ ]	4 [ ]	5 [ ]
	口感特性		刺激性	0 [ ]	1 [ ]	2 [ ]	3 [ ]	4 [ ]	5 [ ]
			干燥感	0 [ ]	1 [ ]	2 [ ]	3 [ ]	4 [ ]	5 [ ]
			余味	0 [ ]	1 [ ]	2 [ ]	3 [ ]	4 [ ]	5 [ ]
总体评价	风格特征描述								
	品质特征描述								

评吸员： 　　　　　　　日期：　　年　　月　　日

2.2 评分标度

2.2.1 风格特征指标评分标度由表 2 给出。

表 2 风格特征指标评分标度

指标	评分标度					
	0	1	2	3	4	5
香韵	无至微显		稍明显至尚明显		较明显至明显	
香型	无至微显		稍显著至尚显著		较显著至显著	
香气状态	欠飘逸 欠悬浮 欠沉溢		较飘逸 较悬浮 较沉溢		飘逸 悬浮 沉溢	
烟气浓度	小至较小		中等至稍大		较大至大	
劲头	小至较小		中等至稍大		较大至大	

2.2.2 品质特征指标评分标度由表 3 给出。

表 3 品质特征指标评分标度

指标		评分标度					
		0	1	2	3	4	5
香气特性	香气质	差至较差		稍好至尚好		较好至好	
	香气量	少至微有		稍有至尚足		较充足至充足	
	透发性	沉闷至较沉闷		稍透发至尚透发		较透发至透发	
	杂气	无至微有		稍有至有		较重至重	
烟气特性	细腻程度	粗糙至较粗糙		稍细腻至尚细腻		较细腻至细腻	
	柔和程度	生硬至较生硬		稍柔和至尚柔和		较柔和至柔和	
	圆润感	毛糙至较毛糙		稍圆润至尚圆润		较圆润至圆润	
口感特性	刺激性	无至微有		稍有至有		较大至大	
	干燥感	无至弱		稍有至有		较强至强	
	余味	不净不舒适至欠净欠舒适		稍净稍舒适至尚净尚舒适		较净较舒适至纯净舒适	

3 试验方法

3.1 样品采集与制备

按照 GB/T 19616 要求采集烤焖烟叶样品，使用统一烟用材料卷制成卷烟样品，评吸前按照 GB/T 1617 求平衡水分。

3.2 评价要求

3.2.1 评价时应成立由 7 名以上评吸员组成的评价小组，设组长 1 名。

3.2.2 采用"烤烟烟叶质量风格特色感官评价表"（表 1）记录评价数据，在 [ ] 内打"√"选定各项指标标度值。

3.2.3 香型、香气状态为必选项，且只能选择一种香型和香气状态赋予标度值。当某种香型或香气状态标定人数达到评吸员总数 1/2 以上，视为有效标度，否则由组长负责组织讨论后确定。

3.2.4 样品的总体评价，由组长根据统计结果，组织讨论后统一描述。

3.3 结果统计

3.3.1 香型、香韵、香气状态及杂气的单项指标得分仅统计有效标度值（指 1/2 以上评吸员对香型、否韵、香气状态及杂气的共同判定），其他指标所有评吸员标度值均有效。

3.3.2 按式（1）计算单项指标平均得分，结果保留至两位小数。

$$\bar{x}_i = \frac{\sum x_i}{N} \tag{1}$$

式中 $\bar{x}_i$——某单项指标平均得分；

$\sum x_i$——某单项指标有效标度值加和；

N——参加评吸人数。

附录 A
术语及定义

A.1　清香型

在烤烟本香（干草香）的基础上，具有以清甜香、青香、木香等为主体香韵的烤突出；香气清雅而飘逸。

A.2　中间香型

在烤烟本香（干草香）的基础上，具有以正甜香、木香、辛香等为主体香韵的烤突出；香气丰富而悬浮。

A.3　浓香型

在烤烟本香（干草香）的基础上，具有以焦甜香、木香、焦香等为主体香韵的烤突出；香气浓郁而沉溢。

A.4　干草香

稻草割下晒干后所具有的类似烟草的特征芳香气。

A.5　清甜香

烟草中所具有的清新自然甜的特征芳香气息。

A.6　正甜香

烟草中所具有的类似玫瑰或蜂蜜样甜的特征芳香气息。

A.7　焦甜香

烟草中所具有的类似焦糖样甜的特征芳香气息。

A.8　青香

采割的青草或绿色植物所具有的特征芳香气息。

A.9　坚果香

坚果类果实焙烤后所具有的特征芳香气息。

A.10　焦香

碳水化合物加热碳化后所具有的浓郁温暖的特征芳香气息。

A.11　树脂香

植物组织代谢或分泌物所具有的特征芳香气息。

A.12　酒香

粮食或水果类发酵过程中所产生的特征芳香气息。

A.13　香气状态

香气运动的表现形态。

A.14　飘逸

香气轻扬而飘散。

A.15　悬浮

香气平稳而悠长。

A.16　沉溢

香气厚重而成团。

A. 17　青杂气

采割的青草或绿色植物所散发出的令人不愉快的气息。

A. 18　生青

未成熟绿色植物所散发出的令人不愉快的气息。

A. 19　枯焦气

干枯或焦灼的令人不愉快的气息。

A. 20　木质气

烟梗（梗丝）燃烧后所产生的令人不愉快的气息。

A. 21　土腥气

湿润的土壤所散发出的令人不愉快的气息。

A. 22　松脂气

松香所散发出的令人不愉快的气息。

A. 23　花粉气

类似化妆品、花粉类等物质所散发出的令人不愉快的气息。

A. 24　药草气

药草植物所散发出的令人不愉快的气息。

A. 25　金属气

类似金属氧化后散发出的令人不愉快的气息。

烟叶质量检验技术规程

1 范围

本标准规定了烟叶质量检验方法、有关规定等。

本标准适用于四川中烟有限责任公司宽窄烟叶原料烟叶质量检验工作。

2 规范性引用文件

下列文件中的条款通过本标准的引用而成为本标准的条款。凡是注明日期的引用文件，其随后所有的修改单（不包括勘误的内容）或修订版均不适用于本标准，然而，鼓励根据本标准达成协议的各方研究是否可使用这些文件的最新版本。凡是不注日期的引用文件，其最新版本适用于本标准。

GB 2635—1992 烤烟

3 术语

烟叶检验是根据烟叶分级标准，对烟叶的品质、水分、沙土率等项目进行科学的评价并根据评定结果是否达到国标的规定。其检验方式包括抽样和检验。根据检验的需要分为室外检验（现场检验）和室内检验。

4 烟叶质量检验

4.1 抽样方法

抽样是指从被检商品总体中按照一定的方法采集部分具有代表性样品的过程，又称取样、拣样。抽样的方法主要有两种，即百分比抽样和随机抽样法。

4.2 检验的基本方法

4.2.1 检验时采用摸、折、握等手段进行，根据手感评定

烟草的品质指标油分可通过手感烟叶的油润与丰满度予以判定其多少；叶片结构则可体现在触觉的柔滑与拉手程度等方面；而烟叶水分则靠手感烟叶湿润与干燥程度来鉴定。

4.2.2 视觉检验

主要是利用人的视觉器官（眼）来鉴别烟叶外观特征的方法。通过眼睛的观察来判定烟叶部位、颜色、色度、残伤等。一般情况下，视觉检验应在日光或规定的灯光下进同时还要注意检验环境中墙壁、容器、物件等色泽的干扰，以确保检验的准确性。

4.2.3　听觉检验

是利用人的听觉器官来检验烟叶水分的方法。烟叶水分含量不同，手握时响声不同手握时叶片沙沙响且烟片易碎，烟叶水分含量在 15% 以下；手握叶片有响声，稍碎，水分含量在 16% 左右；手握叶片稍有响声不易碎，水分含量在 17% 响声细微，水分含量在 18% 左右；叶片湿润，手握无响声，水分含量在 19% 以上。

5　烟叶检验的有关规定

5.1　烟叶收购检验等级合格率

未成件的烟叶可全部检验，亦可按部位各抽取 6~9 处，或随机抽样，抽样数量 3~5 kg 或 30~50 把。检验以把为单位进行，按国家标准规定分组、分级逐项检验，以感官鉴定为主，检验时运用各等级的品质规定综合考虑，按把或按重计算等级合格率。

5.2　等级合格率的计算

5.2.1　以把数计算

只要符合纯度允差规定的烟把即为合格把。合格的烟把数占被检验总把数的百分比，即为等级合格率，这是检验工作中常用的方法。

5.2.2　以重量计算

合格烟叶的重量占被检烟叶总重量的百分比，即为等级合格率。

6　支持性文件

无。

烟叶产品质量安全规程

1 范围

本标准规定了烟叶安全生产的要求。

本规程使用于宽窄高端卷烟原料生产基地的烤烟生产。

2 烟叶生产物资

2.1 种子

统一由烟草公司供应烟草品种，禁止种植杂劣或自繁自育的种子。

2.2 农药

按国家公布农药目录使用，禁止使用目录外的农药。严格按说明使用农药剂量、浓度，防止出现药物中毒或药残量超标。

2.2.1 对症下药

农药品种很多，特点不同，应针对要防治的对象，选择最合适的品种。

2.2.2 适时用药

施药时间一般根据有害生物的发育期、作物生长进度和农药品种而定。

2.3 化肥

产区使用的化肥必须有国家质检部门检验证明，并且允许使用的品种。质量符合GB 15063—2009 标准，氯离子≤1%。严禁使用三无或假冒产品，影响烟叶质量。

2.4 地膜

使用绿色无公害地膜，降低对土壤的危害。

2.5 包装物

2.5.1 麻绳规格直径 1 cm，重量 0.5 kg，单根长度 14 m，无潮湿、无霉变、无污染、无接头、脱胶好、柔软度好、耐拉力强。

2.5.2 麻袋片每片重量 500 g、长 130 cm、宽 110 cm，仅使用一次的旧麻袋片，大小、厚度均匀一致，无潮湿、无霉变、无污染、无字痕。

3 生产过程

3.1 育苗

3.1.1 品种严格按烟草公司提供的良种进行育苗，严禁种植杂劣品种。

3.1.2 温度按照培育壮苗的要求，严格控制温度，严防低温冻苗或高温烧苗。烟草幼苗生长的最适温度是 18~25℃，低于 17℃和高于 30℃则生长受到抑制，高于 35℃高温

易灼伤烟苗。当棚内温度高于 30℃ 时及时开棚通风降温。低于 17℃ 时及早关棚保温，或加盖草席等遮盖物

3.1.3 湿度湿度过高易造成育苗盘上蓝绿藻和霉菌的生长，在棚架上形成水滴下落会击伤烟苗，应及时开棚通风排湿。特别是在前一天温度较高，第二天突然降温的情况下，即是棚内温度低于 18℃，也要开棚排湿，排湿时间可尽量缩短，确保棚内温度不低于 10℃。

3.1.4 炼苗一是开棚通风，让烟苗适应棚外气候环境；二是进行断水断肥处理，上午 8 时从漂浮池内取出苗盘，下午 6 时放回漂浮池内，炼苗程度以烟苗中午发生萎蔫，早晚能够恢复为宜，若缺水用洁净自来水或井水用喷雾器喷水补充，确保提高移栽成活率。

3.2　栽培

3.2.1 整地保墒：前茬作物收获后，及时深耕（深度 20~25 cm），疏松土层，改善土体的通透性，蓄积有效降水；秋末冬初，耙地 1 次，切断土壤表层的毛细管，减少土壤水分蒸发，疏松土壤，增加土壤孔隙度，以利贮纳晚秋降水。

3.2.2 耙地保墒：惊蛰前后，耙地 1 次，打碎胡基，整平地表，切断土壤表层的毛细管，减少土壤水分蒸发。

3.2.3 抢墒起垄覆膜：惊蛰后或移栽前遇降水抢墒起单垄覆膜，也可采用地膜覆盖垄沟栽培。

3.2.4 栽后及时中耕松土：烤烟移栽后行间土壤板结，水分蒸发快，要及早中耕松土锄草 2~3 次，保持行间土壤疏松，卫生良好。

3.2.5 适时灌溉：烟苗移栽时每株灌定根水 1~1.5 kg，干旱的情况下，移栽 15 d 后再补水一次，每株 2 kg。旺长期是烟株需水量最大的时期，此时土壤含水量应保持在田间相对含水量的 75%~85%，灌溉方法为穴灌或隔行漫灌。旺长期烟田灌溉要做到"早"灌，时间安排在 6 月中旬，每株灌水 3~4 kg，以促进烟叶旺长。

3.3　大田管理

3.3.1 田间管理要做到早管、勤管。栽后 5 d 查苗、补苗，分类管理，提高烟田整齐度。

3.3.2 烟株现蕾前后，如气象预报降水量较多，应在降水之前揭去地膜，根部培土 10 cm 高。

3.3.3 平顶与留叶：烟株现蕾一周后打顶，留有效叶 20~22 片。化学药剂抑芽：止芽素+1% 洗衣粉。用软瓶滴注法。用药前先除去烟杈再用药，以提高药效。

3.4　调制

3.4.1 成熟采收：不采生，不漏熟，下部叶适时采收，中部叶成熟采收，上部叶充分成熟采收。

3.4.2 夹烟前对采收的烟叶按烟叶素质首先进行分类，将过熟、含水量大、薄叶分为一类；将适熟叶、含水量适宜、厚薄适中的烟叶分为一类；将欠熟、含水量小、厚叶分为一类；将病叶、残伤、破损叶归入过熟一类。做到分类夹烟，便于烘烤及烤后分级。

3.4.3 严格按照密集烤房烟叶烘烤技术进行烘烤。

3.5 仓储减少烟叶损耗，避免烟叶损失。

3.5.1 加强烟叶盘点和统计，确保库存烟叶数量无差错。

3.5.2 加强管理，做好防火、防盗工作，确保烟叶质量重大变化。

4 烟叶产品

4.1 重金属

严禁在土壤含铅、砷、镉等重金属含量高的地区种植烟叶，严禁施用重金属超标的农家肥。

4.2 农残

4.2.1 在无农药污染的土地上种植烟叶，控制农残超标。

4.2.2 利用农业防治、物理防治、生物防治相结合的办法，控制烟草病虫害，减少农药的摄入，使农残控制在合理范围内。

4.3 转基因成分

4.3.1 严禁种植杂劣品种、私自繁育品种、未经审定品种、不明来源品种或可能的转基因品种。

4.3.2 严禁在烟叶种植过程中使用诱发烟叶转基因检测结果呈阳性的农药、化肥等相关产品。

4.4 霉变

4.4.1 控制好入库烟叶的水分，以含水量 17% 为适宜。

4.4.2 坚持经常性多点测温，如发现包温升高，应立即采取散热排湿措施，做到在霉变发生前予以有效地防止。

4.4.3 根据烟叶品质的不同、含水量的高低，采取不同的垛形堆码及倒垛通风散热，确保仓储烟叶安全。

5 支持性文件

无。

6 附录（资料性附录）

序号	记录名称	记录编号	填制/收集部门	保管部门	保管年限
—	—	—	—	—	—

烟叶收购质量控制标准

1 范围

本标准规定了烟农分级、扎把、待售烟叶；烟站收购检验的烟叶；烟站收购库内储存的烟叶；烟站成包的烟叶等级质量控制要求。

本标准适用于宽窄高端卷烟原料生产基地烟叶收购质量控制。

2 控制内容

2.1 烟农挑拣过程内纯度、扎把规格及等级质量控制。

2.2 收购过程的烟叶质量控制。

2.3 入库过程的烟叶质量控制。

2.4 仓库内堆放过程的烟叶质量控制。

2.5 成包过程的烟叶质量控制。

3 控制依据

3.1 烤烟国家标准。

3.2 烟叶质量控制指标。

3.3 国家、省、市烟草主管部门对烟叶收购等级质量的具体要求。

3.4 参照国家标准化委员会审定的烟叶实物基准样品仿样。

4 控制指标

4.1 烟农待售烟叶

每把 20~25 片，把头周长 100~120 mm，绕宽 50 mm，扎成自然把或半自然把，无平摊烟把；把内叶片部位、颜色、长度、等级均匀一致，同级同腰，无垫头、无掺杂使假。纯度允差：上等烟≤10%，中等烟≤15%，下低等烟≤20%。

4.2 烟站收购烟叶

等级合格率达到80%，初烤烟自然含水率16%~8%，其中二、三季度16%~17%，一、四季度16%~18%，无水分超限烟，沙土率<1.1%。

4.3 烟站收购入库烟叶

分等级、分层摆把堆放，把头朝外，堆高≤1.5 m左右，无串等错级。

4.4 成包烟叶

规格每包净重 50 kg，允差±0.25 kg；包内烟叶分层摆把、堆放整齐，无窝把烟，无掺杂使假烟，无水分超限烟，无霉变烟，无混部、混色、混级烟，等级合格率达到80%以上；包长80 cm，宽60 cm，厚40 cm，烟包压实适度，无出油结饼；烟包捆绳横三竖二，每包缝合不少于48针；刷唛清晰，规范端正，包内烟叶等级与刷唛等级一致。

5 控制程序、要求

控制程序按照烟叶生产、交售、入库管理的程序，逐步控制，层层负责，质量管理控制递进，质量问题倒推追溯。

5.1 烟农质量控制

烟农堆烟叶自行按照控制指标，合理分级扎把，交由预检员预检审查。

5.2 预检员质量控制

5.2.1 监督烟农质量控制。

5.2.2 对烟农初步分级烟叶按照预检管理办法进行预检，对预检质量合格烟叶，填制预检证，同意送烟站交售；对达不到预检质量烟叶，指导烟农重新分级。

5.3 烟站检验员质量控制

5.3.1 监督预检员质量控制。

5.3.2 对预检烟叶按照控制标准和收购要求，进行质量审查、对预检不合格烟叶退回重新预检，对合格烟叶定级交售。

5.4 主检员质量控制

5.4.1 监督烟站检验员质量控制。

5.4.2 对烟站检验员进行的烟叶审查和定级，进行复查和审查。对定级有疑义的，重新审查，对质量合格和定级符合要求烟叶，收购入库。

5.5 仓库管理员质量控制

对收购入库烟叶，按照控制标准，入库管理，成包调运。

5.6 烟叶管理股股长质量控制

5.6.1 监督烟站收购烟叶质量。

5.6.2 检查指导烟站收购等级质量，平衡收购等级眼光，纠正收购等级偏差。

5.6.3 监督烟站收购入库、成包调出的等级合格率、把内纯度、扎把规格、包装质量。

5.7 经理、主管经理质量控制

5.7.1 监督烟叶管理股股长烟叶质量控制；

5.7.2 检查全县入户预检、复验、定级收购入库、成包烟叶等级合格率、把内纯度、扎把规格、包装质量。

6 质量控制措施

6.1 对质量控制人员进行质量管理、业务知识、职业道德培训。

6.1.1 烟农分级培训每年1次，由烟技员和预检员共同组织，培训到户，培训合格率95%。

6.1.2 预检员培训每年1次，由烟叶股组织，培训到人，培训合格率100%。

6.1.3 检验员培训每年1次，由烟叶股组织，培训到人，培训合格率100%。

6.1.4 仓库管理员培训每年 1 次，由烟叶股组织，培训到人，培训合格率 100%。

6.1.5 主检培训每年 1 次，由县（区）营销部组织，培训到人，培训合格率 100%。

6.2 对烟农的分级技术培训与入户指导，印发分级操作规程，达到户均 1 份，规范操作。

6.3 加强收购烟叶质量的过程控制，实行"到站验证、售前复验、公正定级"办法。坚持"逐户约时、分村排日、干部带队、轮流交售"制度，严格执行收购等级标准、保证收购等级平稳一致。烟叶执行收购质量的过程管理的规定。

6.4 坚持售前复验。坚持主检定级，收购确认。严格收购手续传递制度。

6.5 加强仓内烟叶质量控制，坚持入库烟叶"同级同垛摆把堆放"制度，确保在库烟叶等级纯度符合要求。

6.6 加强成包质量的过程控制

6.6.1 装箱成包烟叶包内烟叶要分层摆放，达到成包的同包烟叶等级纯度一致，无出油结饼，合格率达到 85%。

6.6.2 包重、包装麻片、捆绳、缝合、包型、刷唛等，要达到规定的标准要求。

6.6.3 对成品烟包，要分等级堆放，防止在集运装车时串等错级。

7 质量责任追究

实行质量责任制，明确每一个环节的质量责任，上一道程序要对下一道程序负责，下一道程序要对上一道程序实施监督，在哪一个环节上出现质量问题就追究哪一个环节的责任，并不准进入下一道环节。

7.1 检验员、主检员要对所复验、定级收购、调出烟叶的等级纯度、扎把规格及等级合格率负责，经检查若不符合要求或等级合格率低于规定标准，要追究各自的责任。

7.2 过磅员、保管员要对过磅、复秤入库及成包、调出的烟叶质量、数量负责，若发生数量亏损及入库、成包、调出烟叶等级纯度、扎把规格不符合要求或有掺杂使假的，追究各自的责任。

7.3 烟站站长（副站长）要对全站入户预检、复验、定级收购、成包调出的烟叶质量、包装质量负总责，若出现质量问题，要追究站长（副站长）的责任。

7.4 县公司烟叶收购质量巡回检验员、烟叶股长、主管经理、经理，要对全县入户预检、复验、定级收购、成包调出的烟叶质量、包装质量负责，若出现质量问题，按责任范围，分别追究各自的责任；凡因收购等级合格率低，或收购掺杂使假烟叶、水分超限烟叶、霉变烟叶，造成的降级、报废损失，以及因扎把规格、成包质量等问题而发生的挑拣整理费、二次成包费等，按责任范围，由有关责任人承担。

7.5 因违犯收购工作的要求和纪律，不按合同收购，降低标准收购，跨区收购，加价收购，内外勾结、体外循环、非法从外地收购烟叶，造成收购等级合格率低、收购烟叶质量低劣，损害企业信誉，给企业造成严重损失的，报请纪检监察部门按国家局、省局及市局（公司）有关纪律处罚规定，给予党纪、政纪处分，情节严重的移交司法机关追究刑事责任。

7.6 通过落实各环节人员质量责任制和责任追究制，促使各环节人员各司其职，各负其责，环环相扣，保证烟叶收购质量达到国标及市场要求，提升烟叶信誉，促进烟叶产业可持续发展。

8 支持性文件

无。

9 附录（资料性附录）

序号	记录名称	记录编号	填制/收集部门	保管部门	保管年限
—	—	—	—	—	—

烟叶质量检验技术规程

1　范围

本标准规定了烟叶质量检验方法、有关规定等。

本标准适用于宽窄高端卷烟原料生产基地烟叶质量检验工作。

2　规范性引用文件

下列文件中的条款通过本标准的引用而成为本标准的条款。凡是注明日期的引用文件，其随后所有的修改单（不包括勘误的内容）或修订版均不适用于本标准，然而，鼓励根据本标准达成协议的各方研究是否可使用这些文件的最新版本。凡是不注日期的引用文件，其最新版本适用于本标准。

GB 2635—1992　烤烟

3　术语

烟叶检验是根据烟叶分级标准，对烟叶的品质、水分、砂土率等项目进行科学的评定，并根据评定结果是否达到国标的规定。其检验方式包括抽样和检验。根据检验的需要分为室外检验（现场检验）和室内检验。

4　烟叶质量检验

4.1　抽样方法

抽样是指从被检商品总体中按照一定的方法采集部分具有代表性样品的过程，又称取样、拣样。抽样的方法主要有两种，即百分比抽样和随机抽样法。

4.2　检验的基本方法

4.2.1　检验时采用摸、折、握等手段进行，根据手感评定。烟草的品质指标油分可通过手感烟叶的油润与丰满度予以判定其多少；叶片结构则可体现在触觉的柔滑与拉手程度等方面；而烟叶水分则靠手感烟叶湿润与干燥程度来鉴定。

4.2.2　视觉检验

主要是利用人的视觉器官（眼）来鉴别烟叶外观特征的方法。通过眼睛的观察来判定烟叶部位、颜色、色度、残伤等。一般情况下，视觉检验应在日光或规定的灯光下进行。同时还要注意检验环境中墙壁、容器、物件等色泽的干扰，以确保检验的准确性。

4.2.3 听觉检验

是利用人的听觉器官来检验烟叶水分的方法。烟叶水分含量不同，手握时响声不同。手握时叶片沙沙响且烟片易碎，烟叶水分含量在15%以下；手握叶片有响声，稍碎，水分含量在16%左右；手握叶片稍有响声不易碎，水分含量在17%左右；叶片柔软，手握响声细微，水分含量在18%左右；叶片湿润，手握无响声，水分含量在19%以上。

5 烟叶检验的有关规定

5.1 烟叶收购检验等级合格率

对未成件的烟叶可全部检验，亦可按部位各抽取6~9处，或随机抽样，抽样数量3~5 kg或30~50把。检验以把为单位进行，按国家标准规定分组、分级逐项检验，以感官鉴定为主，检验时运用各等级的品质规定综合考虑，按把或按重计算等级合格率。

5.2 等级合格率的计算

5.2.1 以把数计算：只要符合纯度允差规定的烟把即为合格把。合格的烟把数占被检验总把数的百分比率，即为等级合格率，这是检验工作中常用的方法。

5.2.2 以重量计算：合格烟叶的重量占被检烟叶总重量的百分比率，即为等级合格率。

6 支持性文件

无。

7 附录（资料性附录）

序号	记录名称	记录编号	填制/收集部门	保管部门	保管年限
—	—	—	—	—	—

烟叶产品质量安全规程

1　范围

本标准规定了烟叶安全生产的要求。

本规程使用于四川中烟有限责任公司宽窄烟叶原料的烤烟生产。

2　烟叶生产物资

2.1　种子

统一由烟草公司供应烟草品种，禁止种植杂劣或自繁自育的种子。

2.2　农药

按国家公布农药目录使用，禁止使用目录外的农药。严格按说明使用农药剂量、浓度，防止出现药物中毒或药残量超标。

2.2.1　对症下药

农药品种很多，特点不同，应针对要防治的对象，选择最合适的品种。

2.2.2　适时用药

施药时间一般根据有害生物的发育期、作物生长进度和农药品种而定。

2.3　化肥

产区使用的化肥必须有国家质检部门检验证明，并且允许使用的品种。质量符合 GB 15063—2009 标准，氯离子≤1%。严禁使用三无或假冒产品，影响烟叶质量。

2.4　地膜

使用绿色无公害地膜，降低对土壤的危害。

2.5　包装物

2.5.1　麻绳规格直径 1 cm，重量 0.5 kg，单根长度 14 m，无潮湿、无霉变、无污染、无接头、脱胶好、柔软度好、耐拉力强。

2.5.2　麻袋片每片重量 500 g、长 130 cm、宽 110 cm，仅使用一次的旧麻袋片，大小、厚度均匀一致，无潮湿、无霉变、无污染、无字痕。

3　生产过程

3.1　育苗

3.1.1　品种严格按烟草公司提供的良种进行育苗，严禁种植杂劣品种。

3.1.2　温度按照培育壮苗的要求，严格控制温度，严防低温冻苗或高温烧苗。烟草幼苗生长的最适温度是 18~25℃，低于 17℃和高于 30℃则生长受到抑制，高于 35℃高温

易灼伤烟苗。当棚内温度高于 30℃ 时及时开棚通风降温。低于 17℃ 时及早关棚保温，或加盖草席等遮盖物

3.1.3 湿度湿度过高易造成育苗盘上蓝绿藻和霉菌的生长，在棚架上形成水滴下落会击伤烟苗，应及时开棚通风排湿。特别是在前一天温度较高，第二天突然降温的情况下，即是棚内温度低于 18℃，也要开棚排湿，排湿时间可尽量缩短，确保棚内温度不低于 10℃。

3.1.4 炼苗一是开棚通风，让烟苗适应棚外气候环境；二是进行断水断肥处理，上午 8 时从漂浮池内取出苗盘，下午 6 时放回漂浮池内，炼苗程度以烟苗中午发生萎蔫，早晚能够恢复为宜，若缺水用洁净自来水或井水用喷雾器喷水补充，确保提高移栽成活率。

3.2　栽培

3.2.1 整地保墒：前茬作物收获后，及时深耕（深度 20～25 cm），疏松土层，改善土体的通透性，蓄积有效降水；秋末冬初，耙地 1 次，切断土壤表层的毛细管，减少土壤水分蒸发，疏松土壤，增加土壤孔隙度，以利贮纳晚秋降水。

3.2.2 耙地保墒："惊蛰"前后，耙地 1 次，打碎胡基，整平地表，切断土壤表层的毛细管，减少土壤水分蒸发。

3.2.3 抢墒起垄覆膜：惊蛰后或移栽前遇降水抢墒起单垄覆膜，也可采用地膜覆盖垄沟栽培。

3.2.4 栽后及时中耕松土：烤烟移栽后行间土壤板结，水分蒸发快，要及早中耕松土锄草 2～3 次，保持行间土壤疏松，卫生良好。

3.2.5 适时灌溉：烟苗移栽时每株灌定根水 1～1.5 kg，干旱的情况下，移栽 15 d 后再补水一次，每株 2 kg。旺长期是烟株需水量最大的时期，此时土壤含水量应保持在田间相对含水量的 75%～85%，灌溉方法为穴灌或隔行漫灌。旺长期烟田灌溉要做到"早"灌，时间安排在 6 月中旬，每株灌水 3～4 kg，以促进烟叶旺长。

3.3　大田管理

3.3.1 田间管理要做到早管、勤管。栽后 5 d 内查苗、补苗，分类管理，提高烟田整齐度。

3.3.2 烟株现蕾前后，如气象预报降水量较多，应在降水之前揭去地膜，根部培土 10 cm高。

3.3.3 平顶与留叶：烟株现蕾 1 周后打顶，留有效叶 20～22 片。化学药剂抑芽：止芽素+1%洗衣粉。用软瓶滴注法。用药前先除去烟杈再用药，以提高药效。

3.4　调制

3.4.1 成熟采收：不采生，不漏熟，下部叶适时采收，中部叶成熟采收，上部叶充分成熟采收。

3.4.2 夹烟前对采收的烟叶按烟叶素质首先进行分类，将过熟、含水量大、薄叶分为一类；将适熟叶、含水量适宜、厚薄适中的烟叶分为一类；将欠熟、含水量小、厚叶分为一类；将病叶、残伤、破损叶归入过熟一类。做到分类夹烟，便于烘烤及烤后分级。

3.4.3 严格按照密集烤房烟叶烘烤技术进行烘烤。

3.5　仓储减少烟叶损耗，避免烟叶损失。

3.5.1　加强烟叶盘点和统计，确保库存烟叶数量无差错。

3.5.2　加强管理，做好防火、防盗工作，确保烟叶质量重大变化。

4　烟叶产品

4.1　重金属

　　严禁在土壤含铅、砷、镉等重金属含量高的地区种植烟叶，严禁施用重金属超标的农家肥。

4.2　农残

4.2.1　在无农药污染的土地上种植烟叶，控制农残超标。

4.2.2　利用农业防治、物理防治、生物防治相结合的办法，控制烟草病虫害，减少农药的摄入，使农残控制在合理范围内。

4.3　转基因成分

4.3.1　严禁种植杂劣品种、私自繁育品种、未经审定品种、不明来源品种或可能的转基因品种。

4.3.2　严禁在烟叶种植过程中使用诱发烟叶转基因检测结果呈阳性的农药、化肥等相关产品。

4.4　霉变

4.4.1　控制好入库烟叶的水分，以含水量17%为适宜。

4.4.2　坚持经常性多点测温，如发现包温升高，应立即采取散热排湿措施，做到在霉变发生前予以有效地防止。

4.4.3　根据烟叶品质的不同、含水量的高低，采取不同的垛形堆码及倒垛通风散热，确保仓储烟叶安全。

5　支持性文件

　　无。

6　附录（资料性附录）

序号	记录名称	记录编号	填制/收集部门	保管部门	保管年限
—	—	—	—	—	—

烟草及烟草制品水溶性糖的测定

1 范围

本标准规定了烟草中水溶性糖的测定方法。

本标准适用于烟草和烟草制品。

2 规范性引用文件

下列文件中的条款通过本标准的引用而成为本标准的条款。凡是注日期的引用文件，其随后所有的修改单（不包括勘误的内容）或修订版均不适用于本标准，然而，鼓励根据本标准达成协议的各方研究是否可使用这些文件的最新版本。凡是不注日期的引用文件，其最新版本适用于本标准。

GB/T 5606.1 卷烟抽样

YC/T 5 烟叶成批取样的一般原则

YC/T 31 烟草及烟草制品试样的制备和水分测定烘箱法

3 原理

用5%乙酸水溶液萃取烟草样品，萃取液中的糖（水溶性总糖测定时应水解）与对羟基苯甲酸酰肼反应，在85℃的碱性介质中产生一黄色的偶氮化合物，其最大吸收波长为410 nm，用比色计测定。

注：如用水萃取，某些样品中的蔗糖会水解。

4 试剂

使用分析纯级试剂，水应为蒸馏水或同等纯度的水。

4.1 Brij35 溶液（聚乙氧基月桂醚）

将 250 g Brij35 加入到 1 L 水中，加热搅拌直至溶解。

4.2 0.5 mol/L 氢氧化钠溶液

将 20 g 片状氢氧化钠加入到 800 mL，水中，搅拌，放置冷却。溶解后加入 0.5 mL Brij35（4.1），用水稀释至 1 L。

4.3 0.08 mo/L 氯化钙溶液

将 1.75 g 氯化钙（$CaCl_2 \cdot 6H_2O$）溶于水中，加入 0.5 mL Brij35 溶液（4.1），用水稀释至 1 L。

注：若溶液中有沉淀，应用定性滤纸过滤。

4.4 5%乙酸溶液

用冰乙酸制备5%乙酸溶液（此溶液用于制备标准溶液、萃取溶液）。

4.5 活化5%乙酸溶液

取 1 L 5%乙酸溶液（4.4），加入 0.5 mL Brij35 溶液（4.1）（此溶液用于冲洗系统）。

4.6 0.5 mol/L 盐酸溶液

在通风橱中，将 42 mL 发烟盐酸（质量分数为 37%）缓慢加入 500 mL 水中，用水稀释至 1 L。

4.7 1.0 mol/L 盐酸溶液

在通风橱中，将 84 mL 发烟盐酸（质量分数为 37%）缓慢加入 500 mL 水中，加入 0.5 mL Brij35 溶液（4.1），用水稀释至 1 L。

4.8 1.0 mol/L 氢氧化钠溶液

用 500 mL 水溶解 40 g 片状氢氧化钠用水稀释至 1 L。

4.9 5%对羟基苯甲酸酰肼溶液（$HOC_6H_4CONHNH_2$）

将 250 mL 0.5 mol/L 盐酸溶液（4.6）加入到 500 mL 容量瓶中，加入 25 g 对羟基苯甲酸酰肼，使其溶解。加入 10.5 g 柠檬酸 $[COH(COOH)(CH_2COOH)_2 \cdot H_2O]$，溶解后用 0.5 mol/L 盐酸溶液稀释至刻度。于 5℃ 贮存，使用时只取需要量。

注：对羟基苯甲酸酰肼（质量分数大于 97%）的纯度非常重要。如果有杂质将会在管路中形成沉淀。可以用水重结晶进行纯化。如有下列情形则表明对羟基苯甲酸酰肼不纯：

——白色的对羟基苯甲酸酰肼结晶中有黑色颗粒；

——5%对羟基苯甲酸酰肼溶液呈黄色；

——对羟基苯甲酸酰肼在 0.5 mol/L 氢氧化钠溶液中溶解困难；溶液中有悬浮颗粒；

——基线呈波浪形。

5%对羟基苯甲酸酰肼溶液也可用下述方法进行制备：向烧杯中加入 250 mL 0.5 mol/L 盐酸溶液，加热至 45℃，持续搅拌下加入对羟基苯甲酸酰肼和柠檬酸，冷却后转入容量瓶中，用盐酸溶液稀释至刻度。用这种方法制备的对羟基苯甲酸酰肼溶液可避免在管路中形成沉淀。

4.10 D-葡萄糖

4.11 标准溶液

4.11.1 储备液

称取 10.0 g D-葡萄糖（4.10）于烧杯中，精确至 0.001 g，用 5%乙酸溶液（4.4）溶解后转入 1 L 容量瓶中，用 5%乙酸溶液定容至刻度。贮存于冰箱中。此溶液应每月制备一次。

4.11.2 工作标准液

由储备液用 5%乙酸溶液制备至少 5 个工作标准液，其浓度范围应覆盖预计检测到的样品含量。工作标准液应贮存于冰箱中，每两周配制一次。

5 仪器设备

5.1 连续流动分析仪（见图1），由下述各部分组成：
    ——取样器；
    ——比例泵；
    ——渗析器；
    ——加热槽
    ——螺旋管；
    ——比色计，配410 nm滤光片；
    ——记录仪。

5.2 天平，感量0.000 1 g。

5.3 振荡器。

6 分析步骤

6.1 抽样

按GB/T 5606.1或YC/T 5抽取样品。

6.2 按YC/T 31制备试样，测定水分含量。

6.3 称取0.25 g试料于50 mL磨口三角瓶中，精确至0.000 1 g，加入25 mL 5%乙酸溶液，盖上塞子，在振荡器上振荡萃取30 min。

6.4 用定性滤纸过滤，弃去前几毫升滤液，收集后续滤液作分析之用。

6.5 上机运行工作标准液和样品液。如样品液浓度超出工作标准液的浓度范围则应稀释。

7 结果的计算与表述

7.1 水溶性糖的计算

以干基计的水溶性糖的含量，以葡萄糖计，由式（1）得出：

$$总（还原）糖（\%）= \frac{c \times v}{m \times (1-w)} \times 100 \tag{1}$$

式中 c——样品液总（还原）糖的仪器观测值，mg/mL；

       v——萃取液的体积，mL；

       m——试料的质量，mg；

       w——试样的水分含量。

7.2 结果的表述

以两次测定的平均值作为测定结果。

若测得的水溶性糖含量大于或等于10.0%，结果精确至0.1%；若小于10.0%，结果精确至0.01%。

8 精密度

两次平行测定结果绝对值之差不应大于0.50%。

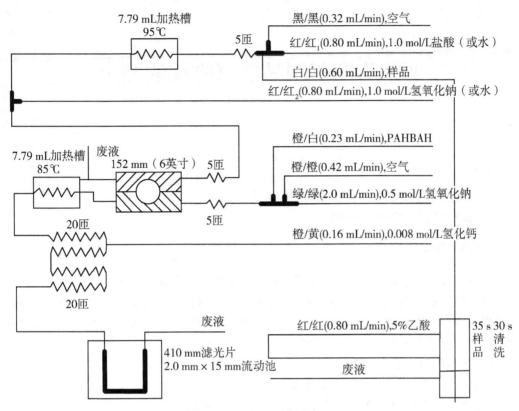

图1　水溶性糖测定管路图

注：测定总糖时，红/红$_1$为1.0 mol/L盐酸，95℃加热槽打开；测定还原糖时，红/红$_1$管为活化水，红/红$_2$管为水，95℃加热槽关闭。

烟草及烟草制品总植物碱的测定

1 范围

本标准规定了烟草中总植物碱的测定方法。

本标准适用于烟草和烟草制品。

2 规范性引用文件

下列文件中的条款通过本标准的引用而成为本标准的条款。凡是注日期的引用文件，其随后所有的修改单（不包括勘误的内容）或修订版均不适用于本标准，然而，鼓励根据本标准达成协议的各方研究是否可使用这些文件的最新版本。凡是不注日期的引用文件，其最新版本适用于本标准。

GB/T 5606.1 卷烟抽样

YC/T 5 烟叶成批取样的一般原则

YC/T 31 烟草及烟草制品试样的制备和水分测定烘箱法

YC/T 34 烟草及烟草制品总植物碱的测定光度法

3 原理

用水萃取烟草样品，萃取液中的总植物碱（以烟碱计）与对氨基苯磺酸和氯化氰反应，氯化氰由氰化钾和氯胺 T 在线反应产生。反应产物用比色计在 460 nm 测定。

注1：研究表明，用水和5%乙酸溶液萃取可得到相同的结果。若总植物碱和水溶性糖同时分析，建议采用5%乙酸溶液作为萃取剂。

4 试剂

使用分析纯级试剂，水应为蒸馏水或同等纯度的水。

4.1 Brij35 溶液（乙氧基月桂醚）

将 250 g Brij35 加入到 1 L 水中，加热搅拌直至溶解。

4.2 缓冲溶液 A

称取 2.35 g 氯化钠（NaCl）7.60 g 硼酸钠（$Na_2B_4O_7 \cdot 10H_2O$），用水溶解，然后转入 1 L 容量瓶中，加入 1 mL Brij35（4.1），用蒸馏水稀释至 1 L 使用前用定性滤纸过滤。

4.3 缓冲溶液 B

称取 26 g 磷酸氢二钠（Na_2HPO_4）、10.4 g 柠檬酸 [$COH(COOH)(CH_2COOH)_2 \cdot H_2O$]、7 g 对氨基苯磺酸（$NH_2CHSO_3H$），用水溶解，然后转入 1 L 容量瓶中，加入 1 mL brij35（4.1），用蒸馏水稀释至 1 L 使用前用定性滤纸过滤。

4.4　氯胺 T 溶液（N−氯−4−甲基苯硫酰胺钠盐）［CH_3CHSO_2N（NaCl）·$3H_2O$］

称取 865 g 氯胺 T 溶于水中，然后转入 500 mL 的容量瓶中，用水定容至刻度。使用前用定性滤纸过滤。

4.5　氰化物解毒液 A

称取 1 g 柠檬酸［COH（COOH）（CH_2COOH）$_2$·H_2O］、10 g 硫酸亚铁（$FeSO_4$·$7H_2O$），用水溶解，稀释至 1 L。

4.6　氰化物解毒液 B

称取 10 g 碳酸钠（Na_2CO_3），用水溶解，稀释至 1 L。

4.7　氰化钾溶液

氰化钾剧毒，操作应小心！

在通风橱中，称取 2 g 氰化钾于 1 L 烧杯中，加 500 mL 水，搅拌至溶解，储于棕色瓶中。

4.8　标准溶液

4.8.1　按 YC/T 34 测定烟碱或烟碱盐的纯度。

4.8.2　储备液：称取适量烟碱或烟碱盐于 250 mL 容量瓶中，精确至 0.000 1 g，用水溶解，定容至刻度。此溶液烟碱含量应在 1.6 mg/ mL 左右。贮存于冰箱中，此溶液应每月制备一次。

4.8.3　工作标准液：由储备液用水制备至少 5 个工作标准液，计算工作标准液的浓度时应考虑烟碱或烟碱盐的纯度，其浓度范围应覆盖预计检测到的样品含量。工作标准液应贮存于冰箱中，每两周配制一次。

5　仪器设备

5.1　连续流动分析仪，由下述各部分组成（图 1）：

　　——取样器；

　　——比例泵；

　　——渗析器；

　　——加热槽；

　　——螺旋管；

　　——比色计，配 460 mm 滤光片；

　　——记录仪或其他合适的数据处理装置。

5.2　天平，感量 0.000 1 g。

5.3　振荡器。

6　分析步骤

6.1　抽样，按 GB/T 5606.1 或 YC/T 5 抽取样品。

6.2　按 YC/T 31 制备试样，测定水分含量。

6.3　称取 0.25 g 试料于 50 mL 磨口三角瓶中，精确至 0.000 1 g，加入 25 mL 水，盖上

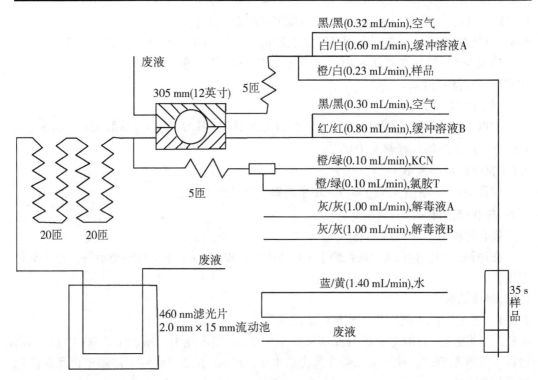

黑/黑(0.32 mL/min),空气
白/白(0.60 mL/min),缓冲溶液A
橙/白(0.23 mL/min),样品
黑/黑(0.30 mL/min),空气
红/红(0.80 mL/min),缓冲溶液B
橙/绿(0.10 mL/min),KCN
橙/绿(0.10 mL/min),氯胺T
灰/灰(1.00 mL/min),解毒液A
灰/灰(1.00 mL/min),解毒液B
蓝/黄(1.40 mL/min),水
废液
35 s 样品

废液
305 mm(12英寸)   5匝
20匝   20匝
废液
460 nm滤光片
2.0 mm × 15 mm流动池
5匝

图 1　总植物碱测定管路图

塞子,在振荡器上振荡萃取 30 min。

6.4　用定性滤纸过滤,弃去前几毫升滤液,收集后续滤液作分析之用。

6.5　上机运行工作标准液和样品液。如样品液浓度超出工作标准液的浓度范围,则应稀释。

7　结果的计算与表述

7.1　总植物碱的计算

以干基计的总植物碱的含量,由式(1)得出:

$$总植物碱(\%) = \frac{c \times v}{m \times (1 - w)} \times 100 \qquad (1)$$

式中　c——样品液总植物碱的仪器观测值,mg/ml;

v——萃取液的体积,mL;

m——试料的质量,mg;

w——试样的水分含量。

7.2　结果的表述

以两次测定的平均值作为测定结果,结果精确至 0.01%。

8　精密度

两次平行测定结果绝对值之差不应大于 0.05%。

烟草及烟草制品总氮的测定

1　范围

本标准规定了烟草中总氮的测定方法（不包括硝态氮）。
本标准适用于烟草和烟草制品。

2　规范性引用文件

下列文件中的条款通过本标准的引用而成为本标准的条款。凡是注日期的引用文件，其随后所有的修改单（不包括勘误的内容）或修订版均不适用于本标准然而，鼓励根据本标准达成协议的各方研究是否可使用这些文件的最新版本。凡是不注日期的引用文件，其最新版本适用于本标准。

GB/T 5606.1　卷烟抽样
YC/T 5　烟叶成批取样的一般原则
YC/T 31　烟草及烟草制品试样的制备和水分测定　烘箱法

3　原理

有机含氮物质在浓硫酸及催化剂的作用下经过强热消化分解，其中的氮被转化为氨。在碱性条件下，氨被次氯酸钠氧化为氯化铵，进而与水杨酸钠反应产生一靛蓝染料，在 660 nm 比色测定。

4　试剂

使用分析纯级试剂，水应为蒸馏水或同等纯度的水。

4.1　Brij35 溶液（聚乙氧基月桂醚）

将 250 g Brij35 加入到 1 L 水中，加热搅拌直至溶解。

4.2　次氯酸钠溶液

移取 6 mL 次氯酸钠（有效氯含量≥5%）于 100 mL 的容量瓶中，用水稀释至刻度，加 2 滴 Brij35（4.1）。

4.3　氟化钠—硫酸溶液

称取 10.0 g 氯化钠于烧杯中，用水溶解加入 7.5 mL 浓硫酸，转入 1 000 mL 的容量瓶中，用水定容至刻度，加入 1 mL Brij35（4.1）。

4.4　水杨酸钠—亚硝蕃铁氰化钠溶液

称取 75.0 g 水杨酸钠（$Na_2CH_5O_3$）、亚硝基铁氰化钠 [$NaFe(CN)NO \cdot 2H_2O$]

0.15 g 于烧杯中用水溶解，转入 500 mL 容量瓶中，用水定容至刻度加入 0.5 mL Brij35。

4.5 缓冲溶液

称取酒石酸钾钠（$NaKC_4H_4O_6 \cdot 4H_2O$）25.0 g、磷酸氢二钠（$Na_2HPO_4 \cdot 12H_2O$）17.9g、氢氧化钠（NaH）27.0 g 用水溶解，转入 500 mL 容量瓶中，加入 0.5 mL Brij35。

4.6 进样器清洗液

移取 40 mL 浓硫酸（H_2SO_4）于 100 mL 容量瓶中缓慢加水，定容至刻度。

4.7 氧化汞（HgO），红色。

4.8 硫酸钾（K_2SO_4）。

4.9 标准溶液

4.9.1 储备液

称取 0.943 g 硫酸铵于烧杯中精确至 0.000 1 g 用水溶解，转入 100 mL 容量瓶中，用水定容至刻度。此溶液氮含量为 2 mg/mL。

4.9.2 工作标准液

根据预计检测到的样品的总氮含量，制备至少 5 个工作标准液。制备方法是：分别移取不同量的储备液，按照与样品消化同样的量加入氧化汞硫酸钾、硫酸，并与样品一同消化。

5 仪器设备

5.1 连续流动分析仪（图1），由下述各部分组成：
——消化器，建议消化管容量为 75 mL；
——取样器；
——比例泵；
——渗析器；
——加热槽；
——螺旋管
——比色计，配 660 nm 滤光片；
——记录仪或其他合适的数据处理装置。

5.2 天平，感量 0.000 1 g。

6 分析步骤

6.1 按 GB/T 5606.1 或 YC/T 5 抽取样品。

6.2 按 YC/T 31 制备试样，测定水分含量。

6.3 称取 0.1 g 试料于消化管中，精确至 0.000 1 g，加入氧化汞（47）0.1 g、硫酸钾 1.0 g、浓硫酸 5.0 mL。

6.4 将消化管置于消化器上消化。消化器工作参数为：150℃、1 h，370℃、1 h 消化后稍冷，加入少量水，冷却至室温，用水定容至刻度，摇匀。

6.5 上机运行工作标准液和样品液。如样品液浓度超出工作标准液的浓度范围则应重

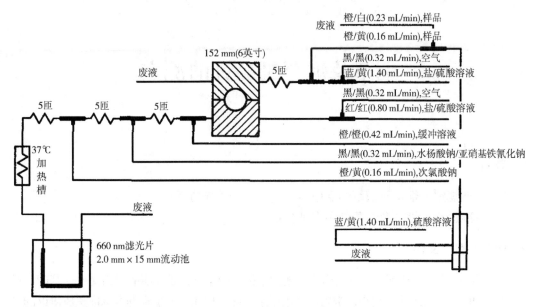

图 1　总氮测定管路图

新制作工作标准液。

7　结果的计算与表述

7.1　总氮含量的计算

以干基计的总氮的含量，由式（1）得出：

$$总氮(\%) = \frac{c}{m \times (1 - w)} \times 100 \qquad (1)$$

式中　c——样品溶液总氮的仪器观测值，mg；

m——试料的质量，mg；

w——试样的水分含量。

7.2　结果的表述

以两次测定的平均值作为测定结果，结果精确至 0.01%。

8　精密度

两次平行测定结果绝对值之差不应大于 0.05%。

烟草及烟草制品钾的测定

1 范围

本标准规定了烟草及烟草制品中钾的连续流动测定方法。

本标准适用于烟草及烟草制品中钾含量的测定。

2 规范性引用文件

下列文件中的条质通步标准的引用而成为本标准的条款，是注明的引用文件，其随后所有的修改单（不包括勘）或修过版均不话用于本标准，然而，鼓励根据本标准达成协议的各方研究是否可使用这些件时新版本凡是不注日期的引用文件，其量新版适用本标准。

GB/T 5606.1 卷烟 第1部分：轴样

GB/T 19616 烟草成批原料取样的一般原则（GB/T 19619—2004. ISO 4874：2000, MOD）

YC/T 31 烟可及烟草制品试样的制备和水分测定 烘箱去

3 原理

用水萃取样品，萃取液燃烧时，钾的外围电子吸收能量，由基态跃迁激发态。电子在激发态不稳定，又释放出能量，返回基态，其释放出的能量被光电系统检测，当钾的度在一定范围内时，其辐射强度同浓度正比。

4 试剂与材料

水应为蒸馏水或同等纯度的水。

4.1 氯化钾，基物物质

4.2 氯化钾标准溶液

4.2.1 储备溶液

称取1.91 g氯化至0.001 g，用水溶解于烧杯中，转入1 000 mL容量瓶中，用水定容至刻度。

4.2.2 工作标准溶液

由储备溶液用水制备至少5个工作标准溶液，其浓度范围覆盖检测到的样品含量。工作标准溶液应贮存于0~4℃条件下，每两周配制一次。

5 仪器

5.1 连续流动分析仪（图1），由下述各部分组成：
  ——取样器；
  ——比例泵；
  ——螺旋管；
  ——火焰光度计检测器；
  ——空气压缩机；
  ——液化气；
  ——记录仪或其他数据处理装置。

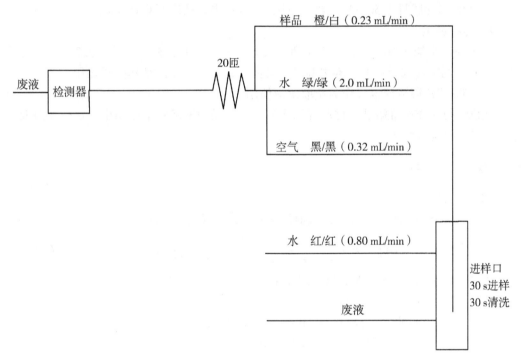

图1 钾测定管路图

5.2 分析天平，精确至 0.1 mg。

5.3 振荡器。

5.4 磨口具塞三角瓶，50 mL。

6 抽样

6.1 烟叶

按 GB/T 19616 抽取烟叶作为实验室样品。

6.2 卷烟

按 GB/T 5606.1 抽取卷烟作为实验室样品。

7 分析步骤

7.1 试样的制备

按 YC/T 31 制备试样。

7.2 测定

7.2.1 测定次数

每个试样应平行测定两次。

7.2.2 水分的测定

按照 YC/T 31 测定试样的水分含量。

7.2.3 称样

称取 0.25 g 试料于 50 mL 具塞三角瓶 (5.4) 中, 精确至 0.000 1 g。

7.2.4 钾的测定

将 25 mL 水加入 50 mL 具塞三角瓶中 (7.2.3), 加塞, 在振荡器 (5.3) 上振荡萃取 30 min。用定性滤纸过滤, 弃去前几毫升滤液, 收集后续滤液作分析之用。

注: 5% 的乙酸溶液也可作为萃取溶液使用。

上机运行工作标准溶液和样品提取溶液, 如样品提取溶液浓度超出工作标准溶液的浓度范围, 则应稀释重新进样。

8 结果的计算与表述

8.1 结果的计算

C 表示以干基计的钾的含量, 数值用%表示, 由式 (1) 得出:

$$C(\%) = \frac{X \times V}{(m_1 - m_2) \times (1 - w) \times 1\,000} \times 100 \qquad (1)$$

式中 X——样品溶液钾的仪器观测值, mg/mL;

$\quad\quad V$——样品液的定容体积, mL;

$\quad\quad w$——试样的水分百分含量 (质量分数),%;

$\quad\quad m_1$——称量瓶质量与样品质量之和, g;

$\quad\quad m_2$——称量瓶质量, g。

8.2 结果的表述

结果以两次测定的平均值表示, 精确至 0.01%。

8.3 精密度

两次平行测定结果绝对值之差不应大于 0.05%。

烟草及烟草制品 氯的测定 连续流动法

1 范围

本标准规定了烟草及烟草制品中氯的连续流动测定方法。

本标准适用于烟草及烟草制品中氯的测定。

本方法测定烟草及烟草制品中氯的检出限为 0.92 mg/L，定量限为 3.07 mg/L。

2 规范性引用文件

下列文件对于本文件的应用是必不可少的。凡是注日期的引用文件，仅注日期的版本适用于本文件，凡是不注日期的引用文件，其最新版本（包括所有的修改单）适用于本文件。

GB/T 6682 分析实验室用水规格和试验方法

YC/T 31 烟草及烟草制品试样的制备和水分测定烘箱法

3 原理

用水萃取样品中的氯，氯与硫氰酸汞反应，释放出硫氰酸根，进而与 3 价铁反应形成络合物，反应产物在 460 nm 处进行比色测定。反应方程式如下：

$$2Cl^- + Hg(SCN)_2 \longleftrightarrow HgCl_2 + 2SCN^-$$

$$nSCN^- + Fe^{3+} \longleftrightarrow Fe(SCN)_n^{3-n}$$

注：用 5%乙酸水溶液作为萃取液亦可得到相同的结果。

4 试剂与材料

除特别要求以外，均应使用分析纯试剂，水应符合 GB/T 6682 中一级水的规定。

4.1 硫氰酸汞，纯度>99.0%。

4.2 硝酸铁，9 水合硝酸铁 [Fe(NO$_3$)$_3$·9H$_2$O]，纯度>99.0%。

4.3 浓硝酸，浓度为 65%~68%（质量分数）。

4.4 氯化钠标准物质 [GBW(E)060024c]。

4.5 Brij35 溶液（聚乙氧基月桂醚）：称取 250 g Brij35 于 3 000 mL 烧杯中，精确至 1 g，用量筒量取 1 000 mL 水，加入烧杯中，混合均匀。

4.6 硫氰酸汞溶液：称取 2.1 g 硫氰酸汞（4.1）于烧杯中，精确至 0.1 g，加入甲醇溶解，转移至 500 mL 容量瓶中，用甲醇定容至刻度。该溶液在常温下避光保存，有效期为 90 d。

4.7 硝酸铁溶液：称取 101.0 g 硝酸铁（4.2）于烧杯中，精确至 0.1 g，用量筒量取

200 mL 水，加入烧杯中溶解。后用量筒量取 15.8 mL 浓硝酸（4.3），加入溶液中，混合均匀，将混合溶液转移至 500 mL 容量瓶中，用水定容至刻度。该溶液在常温下保存，有效期为 90 d。

4.8 显色剂：用量筒分别量取硫氰酸汞溶液（4.6）和硝酸铁溶液（4.7）各 60 mL 于同一 250 mL 容量瓶中，用水定容至刻度，加入 0.5 mL Brij35 溶液（4.5）。显色剂应在常温下避光保存，有效期为 2 d。

4.9 硝酸溶液（0.22 mol/L）：用量筒量取 16 mL 浓硝酸（4.3），用水稀释后，转入 1 000 mL 容量瓶中，用水定容至刻度。

4.10 氯标准溶液

4.10.1 标准储备液（1 000 mg/L，以 Cl 计）

称取 1.648 g 干燥后的氯化钠标准物质（4.4）于烧杯中，精确至 0.1 mg，用水溶解，转移至 1 000 mL 容量瓶中，用水定容至刻度。

注：国家标准物质中心的氯标准溶液 [1 000 mg/L，GBW（E）080268] 亦可作为标准储备液。

4.10.2 标准工作溶液

由标准储备液（4.10.1）制备至少 5 个工作标准液，其浓度范围应覆盖预计检测到的样品含量。

5 仪器

5.1 具塞三角瓶，50 mL。

5.2 定量加液器或移液管。

5.3 快速定性滤纸。

5.4 分析天平，感量 0.1 mg。

5.5 振荡器。

5.6 连续流动分析仪，由下述各部分组成：

——取样器；

——比例泵；

——螺旋管；

——透析槽；

——比色计，配 460 nm 滤光片；

——数据处理装置。

6 分析步骤

6.1 试样制备

按 YC/T 31 制备试样，并测定其水分含量。

6.2 样品处理

称取 0.25 g 试样于 50 mL 具塞三角瓶中（5.1），精确至 0.1 mg，加入 25 mL 水，盖上塞子，在振荡器（5.5）上振荡（转速>150 r/min）萃取 30 min。用快速定性滤纸

（5.3）过滤萃取液，弃去前 2~3 mL 滤液，收集后续滤液作分析之用。

6.3　仪器分析

上机运行标准工作溶液（4.10.2）和滤液（6.2），分析流程图参见附录 A。如样品浓度超出工作标准溶液的浓度范围，则应稀释后再测定。

7　结果的计算与表述

7.1　氯含量的计算

a 表示以干基试样计的氯的含量，数值以%表示，由式（1）计算：

$$a(\%) = \frac{c \times V}{m \times (1-w)} \times 100 \qquad (1)$$

式中　c——萃取液氯的仪器观测值，mg/mL；

　　　　V——萃取液的体积，mL；

　　　　m——试样的质量，mg；

　　　　w——试样水分的质量分数,%。

7.2　结果的表述

以两次平行测定结果的平均值作为测定结果，结果精确至 0.01%。两次平行测定结果绝对值之差不应大于 0.05%。

8　精密度和回收率

本方法的精密度和回收率见表 1、表 2 和表 3。

表 1　方法测定精密度 （$n=5$）

项目	相对标准偏差（RSD）（%）	
	日内	日间
烤烟	4.00	1.84
香料烟	3.56	1.31
白肋烟	1.29	1.11

表 2　方法的低、中、高加标回收率 （$n=6$）

项目	回收率（%）		
	低	中	高
氯	99.9	101.0	99.7

表 3　不同含量样品加标回收率 （$n=6$）

项目	回收率（%）		
	低含量样品（烤烟）	中含量样品（香料烟）	高含量样品（白肋烟）
氯	99.0	105.2	101.2

9　试验报告

试验报告应说明：

——识别被测试样需要的所有信息；

——参照本标准所使用的试验方法；

——测定结果，包括各单次测定结果及其平均值；

——与本标准规定的分析步骤的差异；

——在试验中观察到的异常现象；

——试验日期；

——测定人员。

附录 A

（资料性附录）

氯的连续流动分析流程图

氯的连续流动分析流程图见图 A.1。

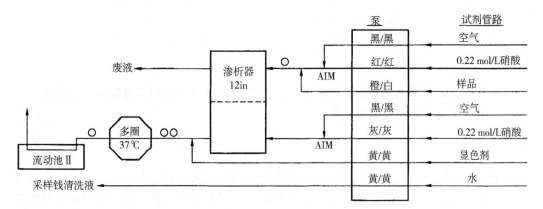

O =5圈螺旋管
OO =10圈螺旋管
AIM=空气模块

比色参数	采样参数	泵管流速
滤光片：460 nm	分析速率：40次/h	黑/黑=0.32 mL/min
流动池：10 mm × 1.5 mm i.d.	1:1	红/红=0.80 mL/min
		橙/白=0.23 mL/min
		灰/灰=1.00 mL/min
		黄/黄=1.20 mL/min

图 A.1　氯的连续流动分析流程

烟草及烟草制品 试样的制备和水分测定 烘箱法

1 范围

本标准规定了供常规分析用试样的制备方法及试样水分的测定方法——烘箱法。

本标准适用于烟草及烟草制品。

2 引用标准

下列标准所包含的条文，通过在本标准中引用而构成为本标准的条文。本标准出版时，所示版本均为有效。所有标准都会被修订，使用本标准的各方应探讨使用下列标准最新版本的可能性。

GB/T 5606.1—1996 卷烟抽样

YC/T 5—1992 烟草成批取样的一般原则

3 原理

将烟草或烟草制品经过低温烘干，研磨成一定粒度的烟末，在一定条件下烘干试料，由烘干前后的质量差求出试样的水分含量。

4 仪器设备

4.1 烘箱，鼓风式，控温精度±1℃，温度均匀度±1℃。烘箱的近似调节：新鲜空气入口开 1/5，空气排气口开 1/3。

4.2 粉碎机。

4.3 筛网孔径 0.45 mm（40 目）。

4.4 硅胶干燥器。

4.5 称量皿，磨口具盖，直径 40~65 mm，深 20~45 mm。

4.6 广口瓶，磨口瓶具塞，容积 250 mL。

5 抽样

5.1 烟叶

按 YC/T 5 抽取烟叶作为实验室样品。

5.2 卷烟

按 GB/T 5606.1 抽取卷烟作为实验室样品。

6 分析步骤

6.1 试样的制备

若为烟叶，从实验室样品各部分随机抽取一部分烟叶，用软毛刷将烟叶上的细土和砂粒刷去，抽去主脉，将烟叶剪成片或切成丝；若为卷烟，应将卷烟纸和滤材从烟丝中剔除干净。

将烟叶（或烟丝）放入烘箱中，在不高于40℃的烘箱（4.1）中烘干，直至可用手指捻碎。

从烘箱中取出烘好的烟叶（或烟丝），马上研磨，持续研磨时间不应超过2 min。然后过筛，未过筛的细脉应重新研磨过筛。

注：研磨时间过长会造成样品温度升高，可能引起植物碱逸失。

将过筛粉末立即装入洁净干燥的广口瓶（4.6）中密闭起来。充分摇动，混匀。此即为制备好的试样。

6.2 水分测定

6.2.1 测定次数

每个试样应平行测定两次。

6.2.2 测定方法

将编写有号码的洁净称量皿（4.5）打开盖子，一同放入烘箱（4.1），在（100±1）℃下烘干2 h。加盖取出称量皿，放入硅胶干燥器中冷却至室温（约30 min），立即称重m_0，精确至0.001 g。向称量皿中加入2~3 g试料，称重m_1，精确至0.001 g。将称量皿打开盖子，一同放入烘箱中，每275 cm^{2}放置一个称量皿，且只使用烘箱中央的一层搁板，在（100±1）℃烘干2 h。加盖取出称量皿，放入硅胶干燥器中冷却至室温（约30 min），称重m_2，精确至0.001 g。

7 结果的计算与表述

7.1 计算

试样的水分质量百分含量，按式（1）进行计算：

$$w(\%) = \frac{m_1 - m_2}{m_1 - m_0} \times 100 \tag{1}$$

式中 w——试样的水分质量百分含量，%；

m_0——称量皿质量，g；

m_1——烘干前称量皿与试料的总质量，g；

m_2——烘干后称量皿与试料的总质量，g。

7.2 结果的表述

以两次平行测定的平均值作为测定结果，精确至0.01%。

水分测定值的有效期为15 d。

8 精密度

两次平行测定结果绝对值之总差不应大于0.10%。

第十部分　生产管理服务

现代烟草农业生产模式

1 范围

本标准规定了现代烟草农业生产模式、要求。

本标准适用于宽窄高端卷烟原料生产基地现代烟草农业生产模式。

2 规范性引用文件

下列文件对于本文件的应用是必不可少的。凡是注日期的引用文件，仅所注日期的版本适用于本文件。凡是不注日期的引用文件，其最新版本（包括所有的修改单）适用于本文件。

GB 2635 烤烟

GB/T 25241.2 烟草集约化育苗技术规程 第2部分：托盘育苗

YC/T 340 烟草害虫预测预报调查规程

YC/T 341 烟草病害预测预报调查规程

3 现代烟草农业生产模式特点

现代烟草农业生产模式主要有以下特点。

（1）烟叶种植规模化。

（2）生产经营集约化。

（3）生产分工专业化。

（4）烟叶管理信息化。

（5）生产过程标准化。

（6）烟田作业机械化。

（7）工作标准规范化。

4 要求

4.1 烟叶种植规模化

规模化的具体要求如下。

（1）选择自然生态条件好、烟农种烟积极性高、有发展潜力、社会经济条件满足烟叶持续发展需要，适宜机械作业的成方连片地块实施适度规模种植。

（2）规模烟田山区不宜少于 6.67 hm²，平原区不宜少于 66.67 hm²。

（3）基本烟田满足二年以上轮作要求。

（4）种烟专业户、家庭烟叶农场、专业合作社成为烟叶生产主体，规模种植面积达到80%以上；户均种植面积1.33 hm²以上。

4.2 生产经营集约化

集约化的要求如下。

（1）以基地单元为单位，规划建设集约化育苗工场。

（2）商品化、集约化托盘育苗率达到100%。

（3）按照集群建设、统一烘烤、合作经营的要求，规划建设50座以上集约化烘烤工场。

（4）密集烤房烘烤率达到100%。

4.3 生产分工专业化

专业化的要求如下。

（1）引导发展服务烟叶生产为主的专业合作组织，实现烟叶生产的专业化分工。

（2）根据生产环节成立育苗、机耕、移栽、植保、烘烤、分级等专业化服务组织。

（3）提倡建立综合型服务合作社。

4.4 烟叶管理信息化

信息化的要求如下。

（1）利用四川省现代烟草农业辅助决策系统，实现烟叶生产精细化、基础设施建设、生态村建设、电子结算、中心储运站、烟叶病虫害防治管理等系统的集成整合。

（2）建立烟叶生产信息数据库，从烟田基础数据、生产设施、气象预报、生产技术、病虫害防治、烘烤技术、质量评价、成本控制等方面与烟叶生产主体、服务主体进行双向交流，提高工商信息交互利用，并提供在线专家咨询。

4.5 生产过程标准化

标准化的具体要求如下。

（1）落实烤烟综合标准体系，实现产前、产中、产后标准化。

（2）全面实施标准化生产。

标准化生产面积达90%以上。

4.6 烟田操作机械化

4.6.1 平原烟田操作机械化

烟田操作机械化的要求如下。

（1）烟叶生产机械化率平均达到60%以上。

（2）提高烟叶生产重点环节机械化使用率：

——烟田机耕、起垄施肥、盖膜机械化达到100%；

——移栽机械化达到50%以上；

——中耕除草机械化达到80%以上；

——植保机械化达到70%以上；

——烟秸处理机械化达到90%以上。

（3）生产用工：

——种烟专业户控制在20个/667 m²以内；

——家庭烟叶农场控制在16个/667 m²以内；

——专业合作社控制在12个/667 m²以内。

4.6.2　山区烟田操作机械化

烟田操作机械化的要求如下。

（1）烟叶生产机械化率平均达到 40%以上。

（2）提高烟叶生产重点环节机械化使用率：

——烟田机耕、起垄施肥、盖膜机械化达到 80%；

——移栽机械化达到 30%以上；

——中耕除草机械化达到 60%以上；

——植保机械化达到 50%以上；

——烟秸处理机械化达到 70%以上。

（3）生产用工：

——种烟专业户控制在 20 个/667 m^2 以内；

——家庭烟叶农场控制在 18 个/667 m^2 以内；

——专业合作社控制在 14 个/667 m^2 以内。

4.7　工作标准规范化

4.7.1　计划合同管理

根据国家分配的烟叶种植收购计划，与烟农签订种植收购合同，按照 Q/SDYC 1110 规定执行。

4.7.2　烟用物资管理

烟用物资管理要求如下。

（1）建立物资采购、供应管理办法及物资标准。

（2）严格按照烟叶生产计划采购、供应烟用物资，做到物资与种植面积配套。

（3）严格按照合同约定及相关标准要求进行物资验收。

4.7.3　育苗移栽管理

根据卷烟品牌原料质量风格需求，结合生态条件选择确定适宜的育苗方式和移栽要求。

4.7.4　机械作业管理方法

（1）建立农机专业合作社，开展机械化作业服务。

（2）建立整地、起垄、覆膜、移栽、中耕、拔秆等机械化作业的技术要求和作业标准。

4.7.5　植保管理

建立病虫害预测预报网络，加强病虫害测报调查，指导病虫害防治。具体按下列标准执行：

——烟草害虫预测预报按 YC/T 340 规定执行；

——烟草病害预测预报按 YC/T 341 规定执行。

4.7.6　采收烘烤管理

建立烟叶采收烘烤技术规范，优化密集烘烤工艺，提高烘烤质量。

4.7.7　分级收购管理

建立烟叶质量标准、收购规程、质量追踪体系等，加强烤烟分级收购管理。

现代烟草农业组织形式

1 范围

本标准规定了宽窄高端卷烟原料生产基地现代烟草农业组织形式的类型、特点及要求。

本标准适用于宽窄高端卷烟原料生产基地现代烟草农业组织建设。

2 术语和定义

下列术语和定义适用于本文件。

2.1 种烟专业户

在家庭承包经营基础上，以农户自有劳动力为主的从事烟叶生产主体。

2.2 家庭烟叶农场

在土地流转的基础上，形成以家庭成员管理、聘工作业为主的烟叶生产主体。

2.3 专业合作社

在农村家庭承包经营基础上，形成以烟农为主、自愿联合、民主管理的互助性经济组织。

2.4 生产型合作社

依托土地资源建立生产合作社，包括互助型合作社和紧密型合作社两种。

2.5 专业服务型合作社

依托设施设备资源建立服务合作社，包括农机合作社、植保合作社、烘烤合作社、分级合作社等。

2.6 综合服务型合作社

依托基地单元建立综合性服务合作社。

3 要求

3.1 种烟专业户

3.1.1 具有一定植烟设施和生产管理能力。

3.1.2 种植规模 $0.67 \sim 6.7$ hm^2。

3.1.3 部分土地来自流转，部分用工来自雇工。

3.1.4 生产管理精细，管理水平较高。

3.2 家庭烟叶农场

3.2.1 具有一定经济实力和较强的生产组织管理能力。

3.2.2 土地全部通过土地经营权流转，种植规模在 6.7 hm² 以上。

3.2.3 以家庭成员管理、雇工作业为主，实行独立经营，自负盈亏。

3.2.4 利于提高规模化种植、集约化经营水平，推广机械化作业。

3.3 专业合作社

3.3.1 成员以农民为主体，不少于 5 人，农民成员比例不得低于 80%。

3.3.2 有统一的合作社章程和社员行为准则。

3.3.3 以服务成员为宗旨，谋求全体成员的共同利益。

3.3.4 入社自愿、退社自由。

3.3.5 成员地位平等，实行民主选举、民主管理、民主决策、民主监督、民主分配。

烟用物资管理发放规程

1 范围

本办法规定了宽窄高端卷烟原料生产基地烟用物资采购、质量标准、验收、结算，烟用物资发放的原则，物资投放标准，发放办法，监督机制等。

本办法适用于宽窄高端卷烟原料生产基地烟用物资管理发放工作。

2 采购原则

烟用物资的采购坚持"公开招标、优质优价、同质比价、同价比质"的原则进行采购。

3 采购依据

根据省局（公司）下达的年度烟叶生产产前投入补贴标准，由种烟县结合当年烟叶生产实际，按照种植面积提报计划，市局（公司）会议研究，确定采购品种和数量。

4 采购办法

烟用物资采购由四川中烟工业责任有限公司进行公开招标采购。

5 合同签订

根据公开招标确定的供应单位，由四川中烟工业责任有限公司签订烟用物资采购合同。

6 质量标准

所有采购的烟用物资必须符合产品质量国家标准。

7 验收入库

7.1 接收

供方根据需方合同签订的品种、数量、交货时间地点发货，需方由专人负责接收，不符合合同规定的品种、数量拒绝接收。

7.2 抽检

组织烟叶、财务、质量监督部门同供方按 10% 的比例抽检，检验合格的填写入库验收单，不合格的做退货处理。

8　货款结算

种烟县局将物资入库后，收货单传市公司烟叶科，烟叶科填写验收单、调拨单，财务科根据合同、验收单按审批程序付款，种烟县局根据调拨单记账保管。

9　物资兑现发放原则

统一兑现标准，统一扶持项目，统一账务处理，统一监督管理。

10　物资发放办法

10.1　种烟县局根据当年烟叶补贴标准，按照合同种植面积核定发放标准。

10.2　各烟站按照辖区种植面积，统一领用保管。

10.3　保管员按照合同发放物资，烟农在领用花名册上签字确认。

10.4　技术员监督指导烟农使用。

10.5　对可重复使用的烟用物资做好回收工作。

11　监督管理制度

11.1　各烟站要张榜公布物资发放情况，公开举报电话，接收群众监督。

11.2　对各烟站领用清单、库存实物进行核查，存在问题限期整改。

11.3　对虚报冒领等方式套取物资投机盈利，一经发现，按照有关规定对责任人以经济和行政处罚，直至撤职、辞退。

11.4　各烟站工作人员要妥善保管票据、账簿。

12　支持性文件

无。

13　附录（资料性附录）

序号	记录名称	记录编号	填制/收集部门	保管部门	保管年限
—	—	—	—	—	—

烟用物资供应服务标准

1 范围

本标准规定了烤烟生产配套物资采购、供应等具体服务措施。

本标准适用于凉山宽窄烟叶原料产区烤烟生产配套物资供应服务。

2 计划编制

种烟县局（营销部）根据烟叶种植收购计划及产前投入计划，对烟用物资数量、品种需求编制计划，上报市烟草公司。

3 物资采购

由凉山宽窄烟叶原料产区根据批复需求计划，统一组织公开招标采购。

4 物资供应

4.1 按照烟用物资供应标准，根据烟农种植面积统一发放，造册登记，接受烟农监督。

4.2 可重复使用的要搞好回收，由烟站统一保管，以备下年使用。

5 供应期服务

5.1 烟用物资的供应要提前准时发放。

5.2 按种植面积投放，烟农签字确认。

6 售后服务

6.1 烟用物资使用技术指导

6.1.1 举办烟用物资使用技术培训班。

6.1.2 烟叶技术员深入农户，检查指导。

6.2 服务监督

凉山宽窄烟叶原料产区负责对烟用物资的发放进行监督，设立烟农监督举报电话。

6.3 了解烟农对烟用物资供应服务的评价

6.3.1 走访烟农，发放调查问卷。

6.3.2 召集烟农代表开座谈会征求意见。

6.3.3 收集物资供应信息，归纳汇总上报。

7　支持性文件

无。

8　附录（资料性附录）

序号	记录名称	记录编号	填制/收集部门	保管部门	保管年限
—	—	—	—	—	—

标准化烟叶收购站管理规程

1 范围

本标准规定了标准化烟站的管理工作。

本标准适用于凉山宽窄烟叶原料产区烟叶收购站的管理。

2 规范性引用文件

下列文件中的条款通过本标准的引用而成为本标准的条款。凡是注明日期的引用文件，其随后所有的修改单（不包括勘误的内容）或修订版均不适用于本标准，然而，鼓励根据本标准达成协议的各方研究是否可使用这些文件的最新版本。凡是不注日期的引用文件，其最新版本适用于本标准。

GB 2635—1996 烤烟

3 人员编制

3.1 站长

1 名，负责站内各项工作。

3.2 副站长

1 名，协助站长工作，负责烟站业务工作。

3.3 技术员

若干名，负责辖区烟叶生产指导和收购工作。

3.4 安检员（兼）

1 名，负责烟站安全保卫、物资保管和发放工作。

3.5 会计员（兼）

1 名，负责烟站财务登记清算工作。

3.6 微机操作员（兼）

1 名，负责烟站相关数字资料输入上报及微机维护工作。

3.7 炊事员

1 名，负责烟站员工的饮食生活。

4 岗位职责

4.1 站长职责

4.1.1 负责烟站的全面工作，是各项工作的第一责任人。

4.1.2 负责烟站的组织管理，组织烟站工作人员学习国家法律、法规。

4.1.3 负责技术员队伍管理，考核、考评，确保各项工作落到实处。

4.1.4 负责辖区烟叶生产布局调制和阶段性工作安排。

4.1.5 服从当地政府与烟草局双重管理，协调好烟站与乡镇及各种烟村、组之间关系，争取地方政府对烟叶生产、收购工作的支持。

4.1.6 负责业务手续审签工作，做到票据账务等真实、合法。

4.1.7 完成上级部门交办的工作任务。

4.2 副站长职责

4.2.1 协助站长工作，主要负责烟站业务工作。

4.2.2 组织辖区烟叶生产及收购工作。

4.2.3 负责烟站烟叶生产技术员工作情况检查、指导。

4.2.4 负责烟站生产技术试验、推广工作。

4.2.5 负责技术员、烟农的技术培训工作。

4.2.6 负责烟叶规范化生产收购措施的落实，对烟叶收购质量负主要责任。

4.2.7 完成站长交办的工作任务。

4.3 烟技员职责

4.3.1 具体负责实施对烟叶生产和收购工作。

4.3.2 负责与烟农的产购合同签订工作。

4.3.3 负责烟农技术培训和指导。

4.3.4 负责烟农进行户籍化管理。

4.3.5 负责辖区烟叶生产物资的使用指导和监督。

4.3.6 负责提供所驻村、组、户烟叶生产所需翔实、准确的数据资料。

4.3.7 协调好种烟村组及烟农的关系，争取村组干部和烟农的支持。

4.3.8 完成站长、副站长交办的工作任务。

4.4 安检员（兼保管员、门卫）职责

4.4.1 执行上级各项政策、法规，遵守烟站各项规章制度。

4.4.2 负责出入烟站人员安全检查和物资出入登记。

4.4.3 负责生产物资的领用、保管、登记、发放工作。

4.4.4 负责不定期对烟站安全工作进行检查，杜绝各种安全隐患。

4.4.5 负责烟站卫生及公用设施维修管理。

4.5 会计员职责

4.5.1 严格执行财务制度和财经纪律。

4.5.2 负责烟站财产、包装物的登记管理和使用监督。

4.5.3 负责物资扶持费的管理，做到账票相符、账账相符、账物相符。

4.5.4 负责汇总上报各类账表和烟叶生产统计资料。

4.5.5 协助站长搞好内务管理。

4.6 微机操作员职责

4.6.1 严格执行烟站各项规章制度。

4.6.2 负责按操作规程管理、使用资料、维护微机。

4.6.3 负责输入烟叶生产、收购资料，按时上传数据。

4.6.4 负责核实、打印收购发票，并妥善管理。

4.6.5 负责微机资料的管理、保存。

4.7 炊事员职责

4.7.1 遵守烟站各项规章制度。

4.7.2 负责烟站饮食的改善和提高。

4.7.3 监督核实食品质量，做好采购登记。

4.7.4 负责饮食卫生和消毒工作。

4.7.5 定期公布灶务账目。

5 烟站人员的培训

5.1 工作要求

各烟站要制定好年度烟站人员的培训计划，烟站人员应积极参加烟站组织的各项培训活动，并做好培训情况登记、考核。

5.2 培训方式

各烟站人员有计划地分类培训，实行长期与短期相结合，理论学习与生产实践相结合，系统教学与专题研讨相结合的方式进行培训。

5.2.1 理论培训：由烟站副站长根据阶段性生产技术要求进行培训。

5.2.2 现场培训：由烟站召集人员在生产现场进行操作技术演示、培训。

6 烟站制度

6.1 学习制度

6.1.1 坚持个人自学为主，烟站每月开展两次集体学习。利用生产间隙，通过座谈会、理论探讨、心得交流等形式相互学习、相互促进。

6.1.2 建立学习考核制度，各烟站对技术员学习情况进行检查登记。

6.1.3 突出业务重点，积极探索研究烟叶生产科技知识。

6.2 工作制度

6.2.1 例会制度。周一上午，烟站召开本周工作布置会。周六中午，烟站召开本周工作汇报会，解决工作中存在问题。

6.2.2 请销假制度。烟站人员不得无故旷工、缺岗、缺勤，请假 1～2 d 以书面形式向站长请假，3 d 以上以书面形式由站长同意后报烟叶股审批，每月累计请假不得超过 6 d，生产关键环节一律不准请假，全年累计请假不得超过 20 d。站长、副站长请假报烟叶股审批。

6.2.3 技术指导与服务制度。落实与烟农的"全面服务、分类到户"的见面制度，并填写指导烟农服务明白卡，以便检查。技术员对烟农进行技术分类指导。

6.3 廉洁制度

6.3.1 严禁利用职务上的便利，为他人谋取私利，收受贿赂。

6.3.2 严禁利用职务上的便利，侵吞、骗取、贪污公私财物。

6.3.3 严禁吃请，因工作需要就餐者，要及时付费。

6.3.4 烟站的账目、物资到账清楚，物资入库准确，账物相符。

6.3.5 严格执行国家标准收购烟叶，严禁抬价和压级。

6.3.6 严禁参与倒卖、走私烟草制品。

6.4 安全制度

6.4.1 严格遵守交通规章制度，严禁超速行驶和无证驾驶车辆。

6.4.2 烟站设备、机械严格按操作规程使用管理，进入烟站严格登记检查。

6.4.3 严禁私拉乱接电线，严禁使用电炉。

6.4.4 烟站要坚持值班和巡查制度。

6.4.5 烟站库区严禁吸烟，不准存放易燃易爆物品。

6.4.6 做好安全检查记录登记，定期查找、分析、讲评安全工作。

7 烟站收购

烟叶收购要严格执行国家标准和省市公司有关烟叶收购制度规定，按照收购规程执行。

8 考核奖惩

年终根据各项制度、目标任务完成情况对烟站进行考核联评，市局（公司）研究奖惩。

烟叶生产技术指导服务标准

1 范围

本标准规定了烟叶生产技术指导服务内容、方式等。

本标准适用于凉山宽窄烟叶原料产区烟叶生产技术指导。

2 内容

2.1 种植布局规划、烟田选择。

2.2 种植收购合同签订。

2.3 烟田冬翻整地技术。

2.4 品种选择及育苗技术。

2.5 施肥、起垄、覆膜技术。

2.6 规范化移栽技术。

2.7 平顶、打杈合理留叶及病虫害综合防治等田间管理技术。

2.8 烤房建设、维修及养护。

2.9 成熟采收及科学烘烤技术。

2.10 烟叶保管、分级扎把技术。

3 方式

3.1 培训

集中培训：邀请专家对技术管理人员培训，技术管理人员对烟站技术人员培训，由烟站技术人员对烟农进行阶段性生产技术培训。

现场培训：由包片技术员或烟站召集烟农在生产现场进行操作演示、培训。

3.2 现场指导

3.2.1 包片服务制度：以村为单位派驻一名生产技术员，负责指定区域内的各项指数指导。

3.2.2 户籍服务管理制度：包片技术员对辖区内烟农户按户籍化管理标准划分为 A、B、C 分类，建立烟农户籍档案，实行分类技术指导服务。

4 生产技术指导的检查督促

县局（营销部）按计划落实育苗、移栽、大田管理、采收烘烤、分级收购 6 个阶段组织生产检查，督导各烟站生产技术落实，每月对各烟站工作进行考核考评。

5　支持性文件

无。

6　附录（资料性附录）

序号	记录名称	记录编号	填制/收集部门	保管部门	保管年限
—	—	—	—	—	—

烟叶生产技术培训管理规程

1 范围

本标准规定了对烟叶生产人员、烟农、管理人员的培训管理及方法。

本标准适用于凉山宽窄烟叶原料产区烟叶生产技术培训工作。

2 培训内容和对象

2.1 以《凉山州烤烟综合标准体系》为基础教材。重点培训：集约化漂浮育苗；平衡施肥；大田管理；成熟采收；科学烘烤；分级扎把；新技术推广。

2.2 培训对象为所有烟叶生产人员、收购人员、烟农及各级管理人员。

3 培训方法采取分层次培训

3.1 第一层次培训

由市局（公司）组织培训。培训对象为市县局烟叶生产管理人员、各烟叶收购站站长、片区技术员负责人、部分乡村干部、烟农代表。

3.2 第二层次培训

由种烟县营销部组织培训。培训对象为烟叶股、烟叶收购站工作人员、相关村组干部、全体技术员、烟农代表。

3.3 第三层次培训

由烟叶收购站组织培训。培训对象为各烟叶收购工作人员、全体烟叶生产技术人员。

3.4 第四层次培训

由烟叶股人员负责，烟站站长配合分环节对全体烟农进行培训。培训到位率达到100%，培训地点在各种烟村村委会。

4 培训要求

4.1 每次培训都要有培训内容及培训过程记录。

4.2 从各烟叶收购站起，逐级制定培训方案，上报市局（公司）备案。

5 支持性文件

无。

6　附录（资料性附录）

序号	记录名称	记录编号	填制/收集部门	保管部门	保管年限
—	—	—	—	—	—

烟叶质量追踪流程

1 范围

本体系规定了烟叶的身份识别、质量追踪的步骤和方法。

本标准适用于凉山宽窄烟叶原料产区烤烟质量管理追踪。

2 规范性引用文件

下列文件对于本文件的应用是必不可少的。凡是注日期的引用文件，仅所注日期的版本适用于本文件。凡是不注日期的引用文件，其最新版本（包括所有的修改单）适用于本文件。

GB 2635　烤烟

YC/T 192　烟叶收购及工商交接质量控制规程

国烟办〔2009〕174 号　烟叶收购等级质量管理规定

3 术语和定义

下列术语和定义适用于本文件。

3.1 预检员

负责入户指导烟农分级扎把、初步检验的工作人员。

3.2 初检员

负责对烟农交售的烟叶进行编码、等级质量、水分、扎把规格检查的工作人员。

3.3 定级员

负责本磅组烟叶收购等级质量的工作人员。

3.4 保管员

负责烟叶打包、标识粘贴、仓储保管的工作人员。

3.5 主检

负责本烟站烟叶收购等级质量，组织对本烟站收购入仓烟叶等级质量的自查工作。

3.6 总检

负责县（市）级烟草分公司烟叶收购等级质量，制定本县烟叶收购等级质量检验的具体方案，组织对辖区内烟站的烟叶收购等级质量进行监督检查工作。

3.7 总监

负责地（市）级烟草有限公司烟叶收购等级质量，制定本市烟叶收购等级质量检验的具体方案，组织本市范围内的烟叶收购等级质量检验和指导工作。

4 烟叶收购过程中质量追踪流程

4.1 成包

收购站点严格按封闭密码收购程序组织收购，烟叶入库后分磅组及时打包，同一磅组交售的同一等级烟叶不够一包的另行包装，严格禁止不同磅组的烟叶混合打包。成包后烟叶粘贴烟包标识，表明每包烟叶的收购日期、站点、品种、磅组、烟叶等级、重量、主检员姓名、保管员姓名，以便进行质量追踪。

4.2 质量检查

烟站主检每天检查收购质量1~2次，若出现等级质量偏差，应及时调整定级员等级质量目光。

县（市）级烟草分公司总检对各站收购成包烟叶，按实际收购数量确定上等、中等和下低等级烟叶抽查比例，定时抽检（1次/7 d），做好检查记录，存档备查。

4.3 质量追踪

地（市）级烟草有限公司、县（市）级烟草分公司复检烟叶等级质量，存有等级纯度、水分、扎把问题的，应实施责任追究，根据烟包条码信息，应追溯到相关人员。

4.4 追踪流程（图1）

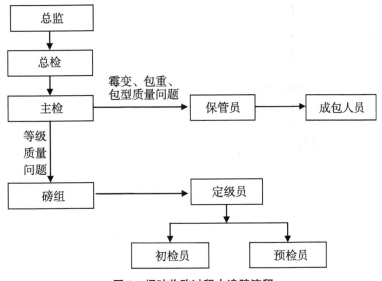

图1 烟叶收购过程中追踪流程

5 烟叶调运过程中的质量追踪流程

5.1 烟叶入库

烟叶内部交接时，各烟站详细填写移库单，表明烟包数量、品种、等级、总重量。储运站接收检验人员对照移库单，认真检查每批入库烟叶的等级、包重。检验合格的入垛存放，并标明等级代码、入库时间、储运站等级复验员、称重员、储运保管员。

5.2 抽检方法

入库数量 100 件以下的，现场随机抽取 10%～20% 的样件，超出 100 件的部分取 5%～10% 的样件，必要时酌情增加取样比例。从抽取的所有样件中，按五点抽样法，每点随机抽取 2 把作为检验样品。

5.3 烟叶调拨

烟叶调拨运输时，专人填写烟叶调拨运送清单，表明产地市（县）、烟站名称、烟叶等级、烟包数量、总重量，运送清单随车同行。

5.4 工商交接

工业公司根据烟叶购销合同和运送清单对调入烟叶，进行验收，进行工商交接。

5.5 质量追踪

对工业公司验收质量不合格烟叶，由地（市）级烟草有限公司烟叶质量总监，组织烟叶质量检验人员进行等级质量检查，依据质量问题实施责任追究。

5.6 追踪流程（图 2）

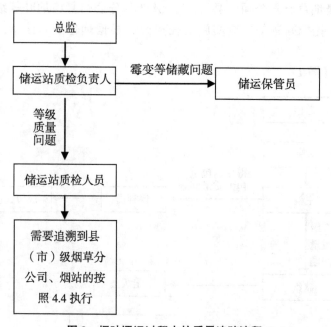

图 2　烟叶调运过程中的质量追踪流程